O VIKING NEGRO

BERGSVEINN BIRGISSON

O VIKING NEGRO

A SAGA ESQUECIDA DE UM DOS MAIORES HERÓIS NÓRDICOS

Tradução de Guilherme da Silva Braga

GLOBOLIVROS

N NORLA
Norwegian
Literature Abroad

A publicação desta tradução foi subsidiada pela Norwegian Literature Abroad (Norla).

Texto fixado conforme as regras do Acordo Ortográfico da Língua Portuguesa
(Decreto Legislativo nº 54, de 1995).

Título original: *Den svarte vikingen*

Editora responsável: Amanda Orlando
Assistente editorial: Isis Batista
Preparação de texto: Mariana Donner
Revisão: Marcela Isensee e Theo Cavalcanti Silva
Diagramação: Douglas K. Watanabe
Capa: Estúdio Insólito
Imagens de capa: Pxfuel e Unsplash

1ª edição, 2021

CIP-BRASIL. CATALOGAÇÃO-NA-FONTE
SINDICATO NACIONAL DOS EDITORES DE LIVROS, RJ

B518v
    Birgisson, Bergsveinn, 1971-
        O viking negro : a saga esquecida de um dos maiores heróis nórdicos / Bergsveinn Birgisson ; tradução Guilherme da Silva Braga. – 1. ed. - Rio de Janeiro : Globo Livros, 2021.
        336 p. ; 23 cm.

        Tradução de: Den svarte vikingen
        ISBN 978-65-5987-014-1

        1. Geirmund Heljarskinn, [ca. 846-ca. 905]. 2. Vikings – Islândia – História. I. Braga, Guilherme da Silva. II. Título.

21-72697
        CDD: 949.1201
        CDU: 94(491.1)

Camila Donis Hartmann - Bibliotecária - CRB-7/6472

Direitos de edição em língua portuguesa para o Brasil
adquiridos por Editora Globo S.A.
Rua Marquês de Pombal, 25 — 20.250-240 — Rio de Janeiro — RJ
www.globolivros.com.br

Em memória do meu antigo professor Preben Meulengracht Sørensen (1940-2001).

Receio, pois seja ato de loucura,
Se eu me resigno a cometer a empresa.

DANTE ALIGHIERI, *A divina comédia.*
"Inferno", Canto II.

SUMÁRIO

Introdução 11

A origem dramática 27

No mais longínquo e escuro mar 79

A terra que verte sangue e mel 145

De campo de caça a ilha de sagas 207

Posfácio 305

Notas 310

INTRODUÇÃO

Geirmund "Pele-Negra" Hjörsson

Ýri Geirmundardóttir	875
Oddi Ketilsson	920
Hallveig Oddadóttir	980
Snorri Jörundarson	1012
Gils Snorrason	1045
Þórður Gilsson	1075-1150
Sturla Þórðarson	1115-1183
Helga Sturludóttir	1180
Gyða Sölmundardóttir	1225
Helga Nikulásdóttir	1240
Einar Þorláksson	1280
Ónefnd Einarsdóttir	1340
Narfi Vigfússon	1365
Halldóra Narfadóttir	1400
Narfi Þorvaldsson	1425-1485
Anna Narfadóttir	1475
Loftur Guðlaugsson	1500-1564
Arnór Loftsson	1540-1610
Anna Arnórsdóttir	1590
Halldóra Björnsdóttir	1620
Ásgeir Jónsson	1650-1703
Guðmundur "o jovem" Ásgeirsson	1687-1739
Ólöf Guðmundsdóttir	1723
Bjarni Pétursson	1745-1815
Jón Bjarnason	1793-1877
Halldór Jónsson	1831-1885
Ragnheiður Halldórsdóttir	1876-1962
Guðjón Guðmundsson	1917-2010
Birgir Guðjónsson	1940
Bergsveinn Birgisson	1971

Pescando no Ginnungagap do passado

DURANTE A MINHA INFÂNCIA, um senhor costumava fazer visitas à nossa casa na periferia de Reykjavík. Era o início da década de 1980. O homem era amigo dos meus pais e chamava-se Snorri Jónsson. Snorri tinha crescido em Hornstrandir, uma zona litorânea inóspita no extremo norte da Islândia. Como muitas outras pessoas, havia se mudado na década de 1950, mas em pensamento ainda vivia lá, e com frequência falava com ternura sobre aquele antigo cenário. Snorri era um homem magro com uma voz possante, capaz de vencer o alarido dos pássaros e o rumor das ondas — um célebre *sigemann*, como eram chamados os homens que se dependuravam em cordas nas encostas e balançavam-se entre os ninhos em busca de ovos.

Seu grande herói era Geirmund Pele-Negra, um dos colonizadores originários da Islândia e meu antepassado em trigésimo grau. Nem mesmo a então recém-eleita presidente da Islândia, Vigdís Finnbogadóttir, era mencionada com o mesmo respeito. Eu devia ter entre dez e doze anos, e não entendia boa parte das histórias que Snorri contava sobre Geirmund e seus homens. A maioria dessas histórias apagou-se da minha lembrança, mas houve uma que deixou uma impressão tão forte, que ainda a recordo. Era mais ou menos assim:

Em Hornstrandir, Geirmund tinha muitos escravos irlandeses. Os escravos viviam em condições muito ruins: trabalhavam duro e tinham pouca comida. Certo dia resolveram fugir. Roubaram um pequeno barco e puseram-se a remar para longe. Não sabiam muita coisa sobre navegação, mas queriam simplesmente afastar-se da costa o quanto fosse possível. E assim remaram até chegar a uma ilhota no ponto em que o fiorde abria-se para o mar. Essa ilhota chamava--se Íraboði — a ilhota dos irlandeses. Se tivessem continuado em frente, aqueles coitados teriam chegado ao Polo Norte.

Imaginei essa história. Por um motivo ou outro, eu pensava nos escravos como monges, com roupas de tecido rústico e os cabelos meio raspados. Eles tinham o rosto sujo e olhares penetrantes. Há angústia naqueles olhares. Uns trazem remos, enquanto outros empunham tábuas com as quais tentam remar. Olhos brancos em rostos encardidos. Aqueles homens remam para salvar a própria vida. Para longe de tudo. Qualquer lugar seria melhor do que aquele de onde haviam saído. E, então, os homens chegam à ilhota no ponto em que o fiorde se abre para o mar. Devem ter pensado: onde vamos parar se não nos detivermos aqui? Será que vamos remar até os confins da terra? Vejo-os tremendo de frio na ilhota em meio aos uivos do vento norte. Quando terminam de comer e beber tudo aquilo que têm, a morte insinua-se sob a forma do frio. Aos poucos todos sentem os braços e as pernas entorpecerem-se. Será que entoaram tristes canções folclóricas ou salmos irlandeses (uma vez que eram provavelmente cristãos) e então se deitaram próximos uns dos outros a fim de preservar o calor? Talvez mal seja possível imaginar o horror de uma morte lenta como essa. Será que se ajudaram a morrer?

Nesse meio-tempo, Geirmund Pele-Negra descobriu a fuga dos escravos e fez-se ao mar a fim de procurá-los. Será que estavam vivos ou mortos quando foram reencontrados no escolho? Será que viram o navio do senhor aproximar-se?

A única certeza é que todos acabaram mortos. E as ondas levaram os restos mortais, rasgaram o tecido rústico que outrora havia guardado o calor, limparam os esqueletos da carne e dos tendões para então pulverizar os ossos em uma tempestade qualquer no oceano Ártico, até que não restasse mais nenhum traço daqueles homens. Todos morreram. Mas, apesar de tudo, morreram como homens dignos naquela ilhota onde ninguém decidia nada por eles e ninguém os humilhava.

Aquele tornou-se um território irlandês e recebeu um nome que faz com que essa lembrança viva para sempre: Íraboði.

E Snorri foi embora, mas não a história que contou.

Mais ou menos dez anos depois de ouvir Snorri falar a respeito dos escravos irlandeses, no verão de 1992, encontro-me em um pequeno barco pesqueiro nos Fiordes Ocidentais da Islândia, logo ao sul de Hornstrandir. Naquela época, eu me ocupava pescando nos verões. Alugava de um parente um pequeno barco, que as línguas mais afiadas chamavam de "bacia", e pescava no verão para financiar meus estudos em Reykjavík no inverno. Paro, olho para o mapa e penso sobre o melhor local para a pesca no dia seguinte quando, de repente, encontro uma velha conhecida no mapa, que se destaca em meio a outras ilhotas e escolhos a mais de dez quilômetros da terra: Íraboði.

A imagem reapareceu. Os trajes de tecido rústico. Os olhos arregalados nos rostos encardidos. Os homens que remavam com tábuas para longe de uma escravidão terrível. Os corpos que tremiam no escolho. As ondas que se quebravam contra o escolho.

Acredito que seja à história que Snorri contou, ou melhor, à vivência que teve dessa história, que eu deva atribuir a escritura deste livro. Inclusive porque, muito tempo mais tarde, notei que os eruditos da Idade Média, que foram os primeiros a registrar as sagas relativas ao início da colonização da Islândia, não pareciam muito dispostos a falar sobre Geirmund. De onde Snorri havia tirado aquele material? Será que eu havia presenciado um dos últimos vestígios da cultura oral que existia em Hornstrandir desde os tempos mais antigos? A pergunta não saía da minha cabeça: *quem era Geirmund Pele-Negra*? O que estava fazendo com escravos no extremo norte? Por que não havia nenhuma saga a respeito dele — ele, que era descrito como "o mais grandioso dentre todos os colonizadores"? Por que era descrito como preto e feio, como em geral se descreviam os escravos? Será mesmo que tinha antepassados na Biármia? De onde havia tirado escravos irlandeses? Será que os havia capturado ou comprado? Por quanto? A história de que era riquíssimo seria mais do que uma fantasia? Em uma Islândia inóspita? Será que tudo isso não seria material suficientemente bom para uma saga?

Por uma ironia do destino percebi aos poucos, à medida que eu me aprofundava na história de Geirmund Pele-Negra e pesquisava os topônimos, que a história sobre a ilhota dos irlandeses deveria ser mais recente. Existem muitas histórias como essa, que tentam dar sentido ao nome de lugares antigos. Já o nome Íraboði pode remontar aos tempos mais antigos e aponta para um momento em que irlandeses, livres ou não, deliberadamente ou não, puseram os pés naquela ilhota.

As pessoas lembram e moldam vivências em histórias e anedotas sem se perguntar se essas histórias e anedotas são verdadeiras ou não — perguntam-se apenas se fazem sentido. Provavelmente Geirmund tinha centenas de escravos irlandeses em suas muitas propriedades na Islândia. Um grande número desses escravos acabou na região ao norte de Hornstrandir quando os recursos começaram a se esgotar em Breiðafjörður, onde Geirmund a princípio havia se fixado. Em geral os escravos vinham de lugares mais amenos, e deve ter sido muito duro viver nas condições implacáveis que havia por lá. É possível que alguns tenham empreendido tentativas de fuga — a maioria das histórias de escravos nos textos escritos em nórdico antigo versa sobre escravos que fogem dos senhores. Em vista disso, a história de Íraboði pode ter acontecido em qualquer momento posterior. Talvez os escravos de Geirmund tenham acabado os dias em Íraboði. Talvez não.

Uma pessoa qualquer do passado juntou os fragmentos a respeito de Geirmund Pele-Negra que existem nos textos mais antigos com o nome de um lugar naquela região para fazer com que tudo se encaixasse. Esta história é uma tentativa de lembrar o misterioso Geirmund Pele-Negra, trazê-lo para junto de nós, lembrar suas admiráveis façanhas no oceano Ártico e marcar sua posição como um grande e, por vezes, implacável senhor de escravos.

***

Este é um livro sobre um homem que viveu 1.100 anos atrás. A vida dele foi preservada somente em fragmentos, aos quais faltam todos os detalhes necessários para fazer com que um nome do passado transforme-se em um personagem cheio de vida. As fontes não revelam nada sobre a personalidade de Geirmund Pele-Negra. Será que tinha um sorriso largo que revelava os dentes gastos? Será que era implacável ou justo em relação aos subordinados? Será que tinha uma atitude bem-humorada em relação à vida? Será que sorria quando estava bravo ou ficava angustiado ao conduzir o navio em meio a uma tempestade? Será que empregava palavras grandiosas quando bebia? Será que mancava ou tinha cicatrizes? Será que chorava às vezes? Será que guardava toda a dor para si ou será que a descontava nas pessoas mais próximas?

Não temos como saber.

Acompanhar a vida de um viking de trinta gerações atrás, do nascimento à morte, não é uma tarefa simples. Geirmund é uma sombra, uma voz na escuridão entre a pré-história e a história, com todas as perguntas sem resposta que essa situação traz consigo. Ele precisa ser resgatado do Ginnungagap.

Seria possível reviver uma sombra a ponto de outras pessoas se interessarem em ler a respeito dela? Será que os leitores conseguem aguentar um narrador que por vezes tateia no escuro, como Dante no Inferno?

Com frequência pensei sobre o que me levou — depois de escrever um rascunho atrás do outro, de amassá-los, jogá-los na parede e dizer para mim mesmo: NÃO É POSSÍVEL! — a seguir em frente, como um obstinado, resmungando como os habitantes de Trøndelag quando Hákon, o bom apresentou-lhes o cristianismo, e a pensar que talvez desse para cavar um pouco mais aqui, um pouco mais ali, mesmo que no fundo eu pensasse que nunca encontraria nada de especial.

O trabalho neste livro por vezes me fez lembrar de uma anedota sobre um velho capitão, um parente que, assim como eu, vem de uma família de timoneiros e imediatos obstinados que não se dobram com facilidade. O velho estava avançado nos anos quando a história aconteceu e comandava um barco pesqueiro com dois ou três homens na tripulação: havia neblina no mar. Ele estava no timão, com óculos de lentes grossas, enquanto os outros tripulantes encontravam-se na proa e diziam, primeiro a meia-voz e ainda um pouco tímidos, que parecia haver um escolho à frente, e então em voz um pouco mais alta: "Você está indo direto ao encontro de um escolho! Volte agora mesmo!". Esse meu velho parente gritou de volta, falando no dobro da altura: "Não pode haver escolho nenhum por aqui! Não vejo escolho nenhum!".

E então o barco abalroou o escolho.

Assim, este é um livro sobre o meu tataravô × 25. Pensemos um pouco sobre a nossa própria vida: provavelmente conhecemos os nossos avós e, por meio deles, ouvimos umas poucas histórias a respeito dos nossos bisavós, e talvez umas pouquíssimas histórias sobre os nossos trisavós no meio disso tudo. Meu avô gostava de contar sobre a maneira como o meu bisavô fora concebido. Meu trisavô, na época um homem de vinte e poucos anos que vivia no noroeste da Islândia, tinha de entregar um pacote em uma propriedade localizada dois fiordes mais ao norte, em Strandir, nos Fiordes Ocidentais. Quando ele bateu à porta, todos estavam ocupados com a fenação, a não ser por uma mulher de 38 anos. Naquela época ela já tinha enviuvado duas vezes, tido quatro filhos e perdido todos. Havia perdido tudo. Mas talvez houvesse percebido a vida nos olhos daquele jovem carteiro, se lembrado dos velhos tempos e pensado que talvez nem tudo estivesse perdido. Ela o convida para entrar e cozinha uma morcilha preta para oferecer-lhe. De fato ele merece repousar um pouco antes de atravessar novamente o urzal...

Nove meses depois meu bisavô nasceu, ou, como o meu avô costumava dizer: devemos nossa vida e nosso destino a um naco de morcilha preta. Afora isso, sabemos pouco sobre o meu trisavô; ele não quis reconhecer o meu bisavô como filho enquanto não se estabeleceu como um contramestre de navio bem-sucedido com uma família e uma grande propriedade. Meu tataravô na mesma linhagem, por outro lado, foi capitão e prático em Breiðafjörður, salvou a tripulação de um navio dinamarquês naufragado e recebeu uma condecoração em Copenhague. Virou o casco de um antigo navio e cortou-lhe uma abertura para que fosse usado como abrigo para os pobres durante um período de frio e de fome. Isso tudo enquanto os meus antepassados em Strandir reviravam o lixo em busca dos sapatos que haviam jogado fora anos antes. Pretendiam recuperar as solas e fritá-las no fogo, de tanta fome que passavam.

Além disso, havia a família da minha bisavó, que era de Skarðsströnd (onde Geirmund Pele-Negra se estabeleceu). Os membros da família tinham os joelhos tão valgos que, ao verem-se as pegadas que deixavam na neve, era impossível saber se estavam indo ou vindo. E depois tudo começa a desaparecer. Dizem que passados cem anos tudo é esquecido, e passados 250 o musgo toma conta. Pelo menos a minha família corresponde a essa descrição. Se começo a procurar as histórias passadas de uma geração para a outra, logo me vejo em meio à escuridão. Depois é preciso buscar as fontes escritas, registros paroquiais e livros de família impiedosamente breves, nos quais consta, por exemplo, que meu tatatataravô Guðbrandur desapareceu em meio a uma nevasca em Tröllatunguheiði e foi "encontrado na primavera seguinte"; o pai dele, o pastor e médico Hjálmar, "gostava de cerveja e era mulherengo, como outros membros da família"(!); Halldór, o avô dele, era "impaciente e alcoolizado"; Páll, o pai deste último, foi "um pastor que esteve na vanguarda da caça às bruxas no século XVII..." e que mais tarde esteve entre os *lovsigemenn* — os legíferos de Skarð.

Na sequência, por mais estranho que pareça, essas pessoas chegam mais perto e parecem mais vivas, uma vez que começam a aparecer como personagens de várias sagas. A família inclui personagens célebres como Snorri de Skarð (morto em 1260) e Þorkell Eyjólfsson, que se casou com Guðrun Ósvifursdóttir antes de morrer afogado em Breiðafjörður. Þorkell voltou dos mortos como um *draug* e disse para Guðrun, enquanto a água pingava-lhe das roupas: "Guðrun, trago grandes notícias". Segundo a *Laxdæla saga*, Guðrun teria respondido, sem nenhuma compaixão: "Então guarde-as para si, miserável". Esse mesmo ramo da família leva então a Auð, a Profunda, e a seu marido Ólaf, o Branco, rei de Dublin — é o 32º descendente deste rei que escreve estas palavras.

Teria sido bem mais fácil escolher uma pessoa mais próxima no tempo, ou pelo menos um tempo em que já existissem pergaminhos, ou mesmo papel, quando de fato haveria a esperança de pôr as mãos em algo que se parecesse com uma pessoa viva.

Mas "o primeiro" exerce um fascínio maior do que aqueles que vêm depois. Com Geirmund estamos na origem do povo islandês, na origem de uma nação que reuniu tudo aquilo que podia sobre os primeiros a se estabelecerem no país, que anotou tudo, o que explica o paradoxo de que sabemos mais sobre muitas das antigas figuras históricas da Islândia do que sobre pessoas bem mais próximas no tempo. Uma figura da época da colonização da Islândia não apenas se encontra no limite do quanto é possível voltar na história, mas também revela aquilo com que os primeiros escribas se ocupavam.

Existem fragmentos sobre Geirmund Pele-Negra, e a bem dizer um número de fragmentos razoavelmente maior do que aqueles que dizem respeito a Njáll Þorgeirsson, por exemplo, que foi queimado em sua propriedade no sul da Islândia. A diferença é que a história de Njáll foi contada em uma saga — a *Njáls saga*. Um grande autor que viveu provavelmente no século XIII ocupou-se de reunir fragmentos escritos e histórias a respeito dessa figura para, então, acrescentar detalhes geniais que fazem com que Njáll torne-se uma pessoa viva — Njáll e seus conterrâneos foram personagens imaginados e discutidos por muitas gerações. Geirmund Pele-Negra, por outro lado, não passa de uma sombra, uma vez que ninguém quis escrever uma saga a seu respeito. Se houve alguém que fez isso, seus escritos não sobreviveram.

De qualquer modo, o simples ato de reunir esses fragmentos e examinar o que nos dizem é capaz de fornecer os contornos de uma existência fascinante: Geirmund Heljarskinn ["Pele-Negra"] Hjörsson começou a vida como uma criança abandonada. Cresceu com escravos, porém mais tarde foi revelado que era descendente de uma das mais importantes linhagens reais da Noruega. Acabou a vida como o maior nobre de toda a história da Islândia, "o mais grandioso dentre todos os colonizadores". Na época de glória, cavalgava em meio às suas propriedades com uma companhia de oitenta homens. Para efeitos de comparação, Harald Belos-Cabelos era acompanhado por sessenta homens em tempos de paz. Geirmund era proprietário de escravos que valiam somas vultuosas. Na Islândia, tinha diversas propriedades em Hornstrandir e Strandir, e colocou seus homens em Breiðafjörður e em vários pontos nos Fiordes Ocidentais. As fontes associam-no a quatro lugares diferentes: Rogaland, na Noruega, onde nasceu e cresceu em uma propriedade real; Biármia, provavelmente em algum lugar na Sibéria, de onde a mãe vinha; Irlanda, onde se estabeleceu nas proximidades de Dublin; e, por fim, Islândia, onde tornou-se um dos primeiros colonizadores.

Todas as fontes descrevem-no como tendo um aspecto "preto e feio"; "Heljarskinn" quer dizer "aquele que tem a pele preta". Além disso, contam que foi o maior de todos os "reis do mar" e que tinha uma grande esquadra; todo o oceano Atlântico era, para ele, um local de trabalho. Geirmund Pele-Negra foge da propriedade real do pai em Rogaland quando Harald Belos-Cabelos assume o poder, e decide não medir forças contra este último, ainda que tenha sido desafiado a tanto. Existe uma saga que o descreve como "o mais conhecido dentre todos os vikings na Rota do Oeste". Ao mesmo tempo, fica claro que não enriqueceu por causa da pirataria e da pilhagem, como em geral se pensa a respeito dos vikings. Existem histórias nas quais é descrito como um senhor gentil para com os escravos, enquanto fragmentos escritos revelam que era implacável contra aqueles que se punham em seu caminho. Tinha poderes mágicos, como se diz a respeito de vários homens das regiões setentrionais. De qualquer forma, o nome de Geirmund aparece ligado a duas ou três esposas, e, mesmo que vários filhos sejam mencionados, as fontes concordam apenas em relação à filha Ýri — que não recebeu um nome nórdico. Geirmund era um aristocrata com muitos subordinados e, se confiarmos nos fragmentos, um grande importador de escravos para a Islândia.

Mesmo com o caráter implacável da concisão fragmentária, as fontes oferecem-nos o vislumbre de uma história abrangente e cativante. Muitas coisas atiçaram minha curiosidade quando dei início a este trabalho. À medida que eu encontrava uma ou outra coisa que se parecia com uma resposta, novas perguntas surgiam, e estas, por sua vez, levavam a outras. Tão logo eu achava que tinha posto as mãos em Geirmund, ele me escapava. Não havia nenhum caminho desimpedido para chegar a esse sujeito — se fosse para existir, ele teria de existir nos desvios que naquela época eu relutava em tomar: as áreas de especialidade de outros pesquisadores. Eu tinha um punhado de perguntas sem resposta na primeira vez em que desisti.

Em primeiro lugar, era uma ideia deprimente escrever um livro sobre uma pessoa que eu nem ao menos sabia de onde vinha; seria mesmo possível estabelecer em que parte de Rogaland Geirmund havia crescido? Por que, afinal de contas, era descrito como "preto e feio", com a aparência de um escravo, enquanto a genealogia indicava que era o filho de um rei e um aristocrata, o mais grandioso de todos? Será que havia uma explicação para essa aparência? No século IX, os nórdicos da Irlanda estavam no norte da África capturando negros (gaélico: *gorma*) como escravos — seria essa uma pista?

Além disso, havia a ligação de Geirmund com a Biármia. Quando comecei a analisar as fontes, notei que apontavam para um lugar perto do mar Branco ou da península de Kola. Será que a menção à Biármia poderia ser um erro de cópia cometido por um escriba na Idade Média? Que motivo as pessoas de Rogaland teriam para fazer todo o longo caminho até lá no século IX? Ademais, havia a Irlanda. Poderia mesmo ser verdade que Geirmund houvesse se estabelecido com tanta força na Rota do Oeste, quando nada indicava que houvesse se envolvido em expedições tipicamente vikings, com direito a pilhagem e destruição? Onde esse fugitivo de Rogaland teria arranjado o capital necessário para comprar todos os escravos que as fontes lhe atribuíam? Será que os encontrara na Islândia? E por que, afinal de contas, ninguém havia escrito uma saga a respeito do mais grandioso dentre todos os colonizadores? Ao mesmo tempo, uma coisa era certa: dificilmente uma explicação dessas seria registrada por escrito no século XII ou XIII, a não ser que houvesse uma tradição para justificá-la.

Essas eram algumas das questões que me ocupavam quando eu desisti. Mas não consegui deixar o assunto de lado. Em um momento qualquer da década de 1990, durante os meus estudos, fiz uma cópia de um mapa dos Fiordes Ocidentais e a pendurei em um painel de cortiça. Por hobby, comecei a espetar alfinetes nos lugares que, de acordo com as fontes, eram habitados por gente que pertencia ao grupo de Geirmund.

Um padrão impressionante começou a surgir — um padrão que me levou a duvidar de que os escribas da Idade Média o tivessem notado: as propriedades daquela gente tinham localizações estratégicas junto a várias rotas e vias que saíam de Hornstrandir. Todos esses caminhos levavam a um único lugar: a propriedade principal de Geirmund em Breiðafjörður! Ocorreu-me que deveriam ser rotas de transporte, e, uma vez que as estradas eram muitas e havia uma série de pessoas envolvidas, tudo indicava que mercadorias ou recursos valiosos eram transportados por aqueles caminhos. Senti que lá poderia estar a explicação para o rápido estabelecimento na Irlanda e comecei a imaginar o que teria levado Geirmund à Islândia: seria o mesmo homem que outrora havia levado sua família à Biármia?

Esse foi um ponto decisivo: a curiosidade venceu o ceticismo. O mapa que eu havia preparado conferia força às fontes segundo as quais Geirmund era um homem rico e poderoso, com uma intensa atividade na Islândia. Ao mesmo tempo, eu não confiava nos eruditos medievais, que explicavam essa riqueza dizendo que Geirmund tinha grandes rebanhos de animais: uma explicação que não se sustentava. Fiz uma viagem de barco a Hornstrandir com o meu tio, que organizava passeios turísticos por lá. Era uma região implacável e inóspita. As condições para a pecuária eram péssimas, mal havia grama suficiente para alimentar uma única vaca; mesmo assim, as fontes diziam que Hornstrandir era a base para toda a atividade de Geirmund, desde a época do primeiro centro de colonização em Breiðafjörður. Se Geirmund tivesse se dedicado à pecuária em Hornstrandir, o resultado não permitiria que comprasse vários escravos no mercado de Dublin — naquela época os escravos eram um artigo em falta no mundo muçulmano e, portanto, um recurso valioso. Em outras palavras: a tradição não podia ser posta de lado, mas oferecia explicações errôneas. Os eruditos dos séculos XII e XIII não tinham uma visão panorâmica; conheciam a tradição que falava sobre a riqueza de Geirmund, mas já não tinham nenhuma explicação para ela — ou, se a tinham, por um motivo ou outro não quiseram compartilhá-la com as gerações futuras.

Depois me dediquei à tarefa de seguir todos os rastros na Islândia, em Rogaland, na Biármia e na Irlanda, bem como a ler um monte de literatura especializada. Boa parte desse trabalho me levou a labirintos, enquanto outras pistas impediam o projeto de ser engavetado. Espero que o leitor me acompanhe por esses caminhos. Para encontrar respostas acerca da origem de Geirmund, precisamos fazer um desvio pelos estudos dos topônimos; para compreender a Biármia e a Islândia, precisamos ver como os barcos vikings eram construídos; e, para distinguir entre o material antigo e o novo nas fontes, precisamos ter conhecimento acerca dos escribas da Idade Média.

Uma vez ou outra, muitos anos atrás, tive a impressão de ter embarcado em um caminho sem volta. Talvez eu estivesse agindo como o meu parente que disse que não havia escolho algum toda vez que eu encalhava em um problema: assim eu podia levar o barco de volta à água e continuar navegando por aqueles mares quase desconhecidos, em meio à escuridão silenciosa dos séculos, em busca do meu antepassado de trinta gerações atrás.

Até onde sei, não existem livros de história sobre a época dos vikings que acompanhem os fatos da vida de uma mesma pessoa desde o nascimento até a morte. O ponto em comum à maioria dos livros existentes é que seguem as exigências tradicionais da objetividade acadêmica; são mais descritivos do que apelativos. Será que uma pessoa daquela época pode ser trazida para junto de nós? Será que pode ser despertada para a vida?

Os historiadores da Idade Média gostavam de acompanhar as pessoas do berço à sepultura em textos que eram ao mesmo tempo históricos e literários. Os historiadores minuciosos juntavam todos os fragmentos e informações disponíveis acerca de uma determinada pessoa e, então, se dedicavam a transformar aquilo em uma história viva — e tudo era organizado em uma estrutura de causas e consequências plausíveis, com detalhes característicos relativos ao personagem principal. O resultado desse trabalho era uma *saga*. Mas, enquanto os antigos mestres das sagas escondem esse trabalho artesanal, eu tento chamar a atenção do leitor para o trabalho que fiz. Existe uma tradição longa e interdisciplinar com a qual é preciso relacionar-se quando estudamos a época dos vikings, e em certos casos a intuição treinada pode oferecer uma perspectiva panorâmica que os antigos não tinham. Decidi me ater ao método científico, acima de tudo por medo de que este livro acabasse em meio aos incontáveis romances e livros de fantasia sobre a época viking, o que impediria a minha pesquisa de chegar mais longe. Quando uma pessoa volta demasiado distante na história, faz-se necessário um intérprete, uma voz que possa jogar luz sobre o que se encontra envolto em sombras. Quando não tenho certeza, valho-me daquilo que chamo de fantasia com base científica, ao mesmo tempo em que explico o que de fato sabemos e o que precisamos supor. Os raciocínios que fiz encontram-se nas notas ao fim do volume.

Enquanto eu trabalhava com esse material, percebi que a ausência de uma saga a respeito de Geirmund não era uma simples coincidência. Os contornos do *mito fundador* da Islândia começaram a se revelar enquanto tornava-se cada vez mais claro que Geirmund Pele-Negra não fazia parte daquele contexto. Um mito fundador mostra-nos condições ideais — aquilo que falta ao presente. Quando boa parte da história da Islândia foi desenhada, uma guerra civil estava em curso. E naquele momento era conveniente lembrar-se do oposto — dos bons e velhos tempos, quando todos eram iguais e o poder não estava concentrado nas mãos de uns poucos chefes, conforme acontecia durante a época em que as sagas foram escritas.

Já ouvi muitas vezes a história da colonização da Islândia: um bando de grandes fazendeiros foge do terrível rei absoluto Harald Belos-Cabelos para tornarem-se livres e independentes. Eles colocam os rebanhos em um navio, lançam-se ao mar e chegam à ilha, constroem propriedades nos lugares onde os pés entalhados das cadeiras de honra vão dar para a costa e comportam-se como "nobres pagãos", ou mesmo como bons cristãos, ainda que a cristandade fosse uma fé ainda desconhecida para aquela gente. Dizem que a sociedade da nova Islândia era marcada pela igualdade entre as pessoas e as famílias — os grandes fazendeiros eram independentes, mantinham poucos escravos e cuidavam pessoalmente da fenação e dos animais domésticos, cada um na sua propriedade.

O que você está prestes a ler é uma história completamente distinta.

A ORIGEM DRAMÁTICA

ROGALAND (846-860)

Gangleri disse: "Qual foi a origem, ou como foi que tudo começou, e o que havia antes?".

Alto responde: "É como diz o *Völuspá*:

> Na aurora dos tempos
> nada existia,
> nem areia nem mar
> nem ondas tíbias;
> não havia terra
> nem céu acima,
> havia o Ginnungagap,
> e nenhuma grama crescia. [...]"

Gangleri disse: "E como foi antes que as linhagens existissem e as famílias dos homens crescessem?". [...]

Então Igualmente Alto disse: "A parte do Ginnungagap que dava para o norte encheu-se da carga e do peso de geada e gelo, e no interior havia névoa e chuva. Mas a parte sul do Ginnungagap era mais amena ao se aproximar das chispas e dos jatos de fogo que se erguiam de Múspellsheim. [...] E ao encontrar-se com o sopro do calor, a geada derreteu e pingou, e das gotas surgiu a vida com a ajuda daquele que enviou o calor. Essa gota transformou-se na imagem de um homem, e ele chamou-se Ýmir [...]".

Então Gangleri disse: "Onde morava Ýmir, e do que vivia?".

Alto respondeu: "Depois que a geada pingou, uma vaca surgiu a partir daquilo. Chamava-se Auðhumla, e das tetas dela corriam quatro rios de leite, e era assim que alimentava Ýmir".

Logo Gangleri disse: "O que fizeram os filhos de Bor, se crês que eram deuses?".

Alto respondeu: "Não é pouco a contar. Eles pegaram o *jötunn* Ýmir e o colocaram no centro do Ginnungagap e a partir dele criaram a terra; do sangue fizeram o mar e as águas, a terra foi feita da carne, e as montanhas, dos ossos; as pedras e as rochas foram feitas dos dentes e molares e de ossos partidos em pedaços".

Então disse Igualmente Alto: "Do sangue que saía das feridas e escorria, fizeram o mar, que então ataram e usaram para amarrar a terra; dispuseram-no como um anel ao redor da terra, e a maioria das pessoas acredita que é impossível atravessá-lo."[1]

Nossa saga começa no ano 846 depois de Cristo.

Existem aproximadamente 100 mil pessoas espalhadas por todo o território da Noruega. A maior cidade em toda a Escandinávia é Hedeby, na Dinamarca, que tem entre 2 e 3 mil habitantes. As maiores cidades do mundo são Constantinopla, Bagdá e a Xi'an da dinastia Tang, na China, com cerca de 1 milhão de habitantes cada. Anos mais tarde, a dinastia chinesa cai, enquanto o célebre Tu Fu escreve seu mais belo poema. Na Guatemala, na América Central, os maias dominam o território enquanto cadáveres humanos rolam pelas escadas nas pirâmides de Tikal. O povo da Mongólia divide-se em incontáveis clãs que matam e saqueiam uns aos outros — e essa é a situação de muitos outros países. Os mouros e os sarracenos navegam pelo Tibre e chegam a Roma. Roubam o altar erguido sobre os restos mortais do apóstolo Pedro, bem como os ornamentos e os tesouros que lá se encontravam.

O evento traz consequências para todo o mundo cristão.

No mesmo ano, matilhas de até trezentos lobos atacam pessoas e animais domésticos na Gália, devorando todos aqueles que oferecem resistência. Logo antes da Páscoa, um homem é preso por ter mantido relações sexuais com uma égua; os francos queimam-no vivo. O rei dinamarquês Harald Halfdansson, encarregado de defender a costa frisiana contra os ataques dos vikings, morre na Frísia. Seu bom amigo, o missionário Ansgar, continua a propagar boas notícias quanto ao salvador do mundo em Birka, na Suécia, apesar de sofrer com um caso grave de eczema. Nesse ano, os vikings da Noruega lançam um ataque bem-sucedido contra o leste da Irlanda e chegam em bandos cada vez maiores à ilha verdejante na Rota do Oeste — muitos saídos de Rogaland.

O rei irlandês Cerball (Kjarval) dá início a uma ambiciosa batalha. Prepara-se para enfrentar um dos rivais irlandeses em um combate no qual 1.200 homens hão de tombar.

Vamos conhecer um país que ainda não se converteu à fé no Cristo Branco, que Carlos Magno espalhou com a força da espada continente afora. Um país onde as pessoas ainda mantêm as tradições dos antepassados. No mar, a Serpente de Miðgarð (Midgard) se contorce, na abóbada celeste a ponte do arco-íris Bifröst (Bifrost) cintila e na terra as nornas e os mortos cuidam de seus afazeres. A vida segue no ciclo eterno, no qual os deuses e os frutos da terra sucumbem à força dos gigantes para então vencer novamente com o nascer do sol. Um rei menor entra em guerra com outro nesse país que se estende por centenas de milhas náuticas de norte a sul. Uma terra habitada por diferentes povos, que mesmo assim têm um senso de comunidade, visto que compartilham uma via de tráfego naval que passa ao longo da extensa costa: a Rota do Norte.

Em relação a isso, as condições não se alteraram muito nos últimos séculos. Colocaram-se velas nos navios.

No mais, tudo continua praticamente igual.

O "preto e feio" vem ao mundo

Em um lugar de Rogaland encontramos a morada de um rei, e lá dentro uma mulher chamada Ljufvina, que está em trabalho de parto. Naquela época, as pessoas acreditavam que, no momento do parto, as nornas decidiam o destino do recém-nascido: a longevidade, a felicidade e a riqueza. Os escaldos chamam a morte de "veredito das nornas", enquanto o destino é "posto" (*lagt*) nas pessoas (como se percebe na palavra *lagnad*, que designa o destino). Podemos acompanhar as nornas do destino no momento em que chegam voando pelos ares e se aproximam dos gritos de Ljufvina. Enquanto flutuamos acima dos campos e prados, vemos cavalos e rebanhos que dormem e repousam na grama orvalhada. Vemos lavouras de cereais que mal começaram a brotar após o recente sacrifício de primavera.

O dia começa a clarear naquele início de manhã. Os telhados de grama verde-acinzentada integram-se muito bem ao cenário. As pessoas ainda não se levantaram. À beira-mar, dois navios de mastros altos encontram-se ancorados; na orla, os abrigos que os protegem estão tapados com peles. A fumaça ergue-se do telhado da morada real de onde vêm os gritos.

Ainda não sabemos muita coisa sobre essa mulher que dá à luz, a não ser que tem uma aparência incomum, porque não parece ser nórdica nem germânica. Essa mulher tem cabelos pretos e a pele mais escura que a maioria dos habitantes locais já tinha visto; além disso, tinha pregas mongólicas nos olhos e um rosto arredondado e chato. Podemos imaginá-la rodeada por outras mulheres, umas brancas e outras de pele mais escura, como ela própria. Em ambos os lados da cama entalhada, chamas de óleo ardem em lamparinas de pedra-sabão. As mulheres de pele escura invocam um espírito poderoso, enquanto as nórdicas clamam pelas deusas. Uma das mulheres nórdicas começa a entoar cânticos mágicos, outra aperta as runas que facilitam o parto contra a barriga da mulher — as *bjargrúnir*.

Assim que a cabeça da criança surge na abertura, as mulheres param de invocar essas forças. Logo começam a chamar pela mulher em trabalho de parto.

Nasce um menino.

Depois outro.

Os meninos são envoltos em cobertores de tecido rústico. Têm a pele escura e cabelos pretos; os rostos são arredondados e chatos, como o da mãe. O nariz é achatado e mal se veem as narinas. Os olhos têm pregas mongólicas. Não há nenhum traço do pai naquelas crianças! Um choque silencioso espalha-se entre as mulheres.[2]

Há motivos de sobra para acreditar que o rei não vá gostar nem um pouco daquilo. Será que poderia mesmo ser o pai de ambos os recém-nascidos?

A história desses gêmeos, Geirmund e Hámund Pele-Negra, é como uma fábula desde o princípio, mas também é mais do que isso. É uma história extraordinária preservada no *Landnámabók*,[3] e que precisa ser citada na íntegra. Nenhum dos outros pioneiros na colonização da Islândia teve a história da própria infância tão bem preservada, e há bons motivos para acreditarmos que o cerne da história seja autêntico:

> *O rei Hjör devastava a Biármia. Lá tomou Ljufvina, filha do rei da Biármia, como prisioneira de guerra. Ela permaneceu em Rogaland quando Hjör partiu rumo à batalha. Lá deu à luz dois filhos, um chamado Geirmund, o outro, Hámund. Os dois eram totalmente pretos. E a escrava dela deu à luz um filho; chamava-se Leif, filho do escravo Loðhött. Leif era branco. Assim a rainha trocou os meninos com a escrava e tomou Leif para si. Mas quando o rei tornou à casa, empalideceu ao ver Leif e disse que aquele era um filho desonroso. Quando o rei lançou--se em mais uma expedição viking, a rainha chamou o escaldo Bragi à sua casa e pediu que cuidasse dos meninos. Na época tinham três anos. Ela trancou os meninos na sala da casa com Bragi e escondeu-se sob o assoalho de madeira. Então Bragi declamou:*

> > *Dois entraram — eu*
> > *nos dois tenho confiança,*
> > *Hámund e Geirmund,*
> > *filhos de Hjör.*
> > *Leif é o terceiro,*
> > *filho de Loðhött.*
> > *Se o criares, mulher,*
> > *co' os anos há de piorar!*

> *Então bateu com um bastão na tábua onde a rainha estava. Quando o rei tornou à casa, ela contou-lhe essa história, e o rei viu seus dois filhos. Ele disse que jamais tinha visto uma pele tão preta, e assim passaram a ser chamados os dois irmãos.*

As estrofes de Bragi são importantes — são provavelmente o motivo para que a história da origem de Geirmund tenha sobrevivido ao esquecimento.

Na cultura nórdica antiga, os poemas eram usados para memorizar histórias e acontecimentos importantes. Como Snorri Sturluson escreve: "Passaram-se mais de 212 invernos desde a construção da Islândia até que os homens se pusessem a escrever sagas, e esse teria sido um tempo demasiado longo para que as sagas fossem lembradas se não fossem os poemas, tanto novos como antigos, que sustentam esse conhecimento."

Essa pequena estrofe sobre os irmãos revela tanto a origem nobre de Geirmund como a rejeição da mãe, além de oferecer uma sugestão quanto ao que ela deve fazer. A estrofe de Bragi sobreviveu nos manuscritos em seis variantes, todas idênticas tematicamente, porém distintas na escolha das palavras. As variantes provavelmente se devem às diferentes tradições orais que passaram a estrofe adiante, até que por fim ganhasse uma forma escrita. Quase tudo sugere que a estrofe seja antiga,[4] e portanto a história também deve ser. Com essa estrofe de Bragi, o Velho, como pano de fundo, podemos construir uma imagem das condições dramáticas que acompanharam os primeiros anos de vida de Geirmund.

Bragi, o Velho, compôs o famoso poema *Ragnarsdrápa* mais ou menos na mesma época em que Geirmund e Hámund davam os primeiros passos. Existem vários indícios de que Bragi trabalhava como escaldo para o rei Hjör, mas, como Harald Belos-Cabelos dificilmente teria admitido elogios a um velho adversário, nenhum poema a respeito desse rei foi preservado.

Outro ponto em comum a todas as fontes é que os meninos são descritos não apenas como pretos, mas também como sendo inigualavelmente feios — *furðu ljótir*. Há também a descrição de um episódio em que Geirmund e Hámund veem Leif, o filho do escravo, brincando com uma pepita de ouro. Os dois se aproximam de Leif, tomam-lhe o ouro e o empurram, de maneira que Leif começa a chorar. A anedota parece ter sido um elemento decorativo da história, capaz de levar o escaldo Bragi a compreender quem eram aqueles gêmeos.

A *Hálfs saga* conta-nos que o pai, o rei Hjör, quase entra em choque na primeira vez que vê os filhos — na época, os dois tinham quatro anos. Ele pede que os tirem de perto e afirma que jamais vira *heljarskinn* como aquelas. O epíteto remete a Hel, a personificação feminina da morte nos mais antigos versos dos escaldos. Hel tinha o rosto preto, exatamente como os cadáveres sobre os quais reinava. O epíteto "Heljarskinn", dado aos meninos pelo rei Hjör ou pelo escaldo Bragi, significaria nesse caso "que tem a pele como a de Hel", ou seja, que tem a pele preta. Hel foi gerada por Loki e por uma feiticeira má chamada Angrboða, portadora da tristeza, e não se prestava a associações muito positivas na época dos vikings. Mas agora voltemos àquela estranha história.

Há muitos elementos desconexos — e precisamos descobrir o que originalmente estava por trás de tudo. O primeiro é o fato de que a própria rainha acha que os filhos que deu à luz são pretos, feios e impossíveis de serem amados, conforme a *þátt* ("breve narrativa") acerca de Geirmund que aparece na *Sturlunga saga*, e por esse motivo os troca pelo filho branco de uma escrava. Na *Hálfs saga*, a rainha tem um nome nórdico — Hagný Hauksdóttir. Informações abstratas via de regra transformam-se à medida que a história é passada de geração para geração, e isso também inclui nomes de pessoas. Nesse ponto vislumbramos uma tendência xenofóbica na escritura das sagas islandesas: os escribas concentram-se na origem norueguesa dos primeiros colonizadores e, sempre que possível, relegam à sombra os personagens vindos de outras culturas. E foi assim que escribas da tradição escrita mais tardia deram à mulher da Biármia um nome nórdico. A essência dessa lenda, no entanto, é a mesma por toda parte.

Se imaginarmos que a história diz respeito a uma rainha nórdica, então a rainha deve ter sido infiel, provavelmente com um escravo. Nesse caso ela tem medo de que a aparência dos filhos a denuncie, e assim os troca por um filho branco. Mas não há qualquer tipo de especulação relativa à ascendência dos meninos, seja em versos ou em histórias: eles são filhos de Hjör. A ascendência real aos poucos se mostra nas qualidades dos garotos, e a nobreza se revela apesar da aparência vulgar, ao mesmo tempo em que essa mesma natureza "vulgar" revela-se no filho branco da escrava, que se torna a cada dia pior, segundo Bragi, o Velho.

Após um tempo pensando a respeito dessa história e tentando compreendê-la, meus pensamentos voltaram-se para o *Landnámabók,* no qual consta que a rainha Ljufvina vinha da Biármia. O rei Hjör vem de uma família real do oeste da Noruega, é um nórdico de fisionomia germânica — um branco, em suma.

De onde poderia vir aquele aspecto "preto e feio"? O historiador Peter Andreas Munch optou por confiar na tradição segundo a qual os meninos teriam antepassados na Biármia e escreveu que a explicação mais simples para os cabelos e a tez escuros dos irmãos seria a "ascendência chude pelo lado materno".[5]

O que nos permite confiar na descrição da aparência de Geirmund e Hámund é o fato de que ambos são descritos de maneira contrária aos estereótipos do período. Tanto nas sagas como na poesia, os escravos são consistentemente descritos como pretos e feios. Assim, a única maneira de atribuir sentido a essa descrição quando aplicada aos filhos de um rei é aceitar que se baseia na realidade. O fato de que as fontes concordam no que diz respeito à aparência dos irmãos também confirma que o rei Hjör efetivamente teve contato com o norte longínquo.

Mas isso nos leva a um novo enigma quando pensamos na *þátt* acerca de Geirmund: como a rainha poderia não gostar do aspecto dos filhos, quando estes se pareciam com ela?

A história nos diz que Ljufvina foi capturada na Biármia: *[Hjǫr] tók þar at herfangi Ljúfvinu dóttur Bjarmakonungs*. O escriba que consagrou essas palavras a um pergaminho durante a Alta Idade Média acrescentou detalhes a seu bel-prazer — também se esforçava para atribuir sentido a esses fragmentos. Além do medo de estrangeiros, descobrimos outra tendência clara nesses pioneiros: uma visão do passado que parte do pressuposto de que a única maneira de tornar-se rico na época dos vikings seria por meio da pirataria e da pilhagem. Se um homem acumulava posses durante a época dos vikings, as fontes da Idade Média tratavam-no como um bárbaro saqueador. Podemos chamar essa visão de "vikinguização".

Vamos aceitar por um momento que essas fontes estejam corretas e que Ljufvina tenha sido raptada para tornar-se concubina do rei Hjör, conforme sabemos que muitas vezes acontecia. Sendo uma concubina, Ljufvina teria o status de uma escrava, e assim poderíamos imaginar que para ela seria uma alegria descobrir que o filho se parecia consigo, e não com o povo que a havia subjugado!

No entanto, uma análise mais detida revela que a probabilidade de que tenha sido concubina é pequena. Em primeiro lugar, o nome Ljufvina significa "amiga alegre" em nórdico antigo.[6] Em segundo, essa mulher é uma rainha com todos os direitos inerentes a essa posição, casada com um rei — o *Landnámabók* afirma tratar-se pura e simplesmente de uma *rainha*. Ljufvina troca os meninos pelo filho da própria escrava; a história naturalmente não funcionaria caso ela não tivesse um status superior ao da escrava.

Muitas revelações importantes surgem a partir dessa compreensão. A informação segundo a qual Ljufvina teria sido escravizada por um exército inimigo deve-se provavelmente a um escriba da Idade Média. Ele quis oferecer uma explicação para a longa viagem de Hjör à Biármia: deve ter sido uma expedição viking (como aquela feita por Þóri Sabujo Þórisson no *Heimskringla*, por exemplo). Mas logo vamos descobrir que o rei Hjör assumiu um outro compromisso que o contador da história perdeu de vista. O fato de que Ljufvina era rainha demonstra que havia uma aliança matrimonial entre uma aristocracia nórdica em um lugar qualquer de Rogaland no século IX e um povo ainda desconhecido da longínqua Biármia. Por enquanto, sabemos apenas que esse povo tem uma aparência não germânica. É um povo de pele escura, percebido como feio. E mesmo assim o rei Hjör quis tomar para si uma esposa com essa aparência? Dificilmente poderíamos imaginar que se tratasse de um *girndarráð* na perspectiva nórdica, ou seja, de "um matrimônio baseado no desejo", o que hoje nos parece uma obviedade. Devemos prestar atenção àquilo que era o normal na época dos vikings: o casamento como resultado de uma aliança entre dois grupos distintos com interesses econômicos em comum.

Isso nos indica que dificilmente a própria rainha acreditasse haver um problema com os meninos. Ela deve ter pensado e agido de acordo com o que imaginava ser a vontade do rei e do "povo branco".

Quando pessoas de ascendência germânica e pessoas de ascendência mongol ou asiática têm filhos juntas, a chance de que herdem os traços mongóis é maior do que a chance de que herdem os traços germânicos.[7] A explicação para a troca das crianças efetuada por Ljufvina obviamente não se encontra apenas na ideia de que o povo nórdico não gostava muito daquela aparência, mas também no fato de que, assim, a herança genética do pai se tornava invisível.

Dessa forma é possível compreender essa velha história. Ljufvina quer agradar ao marido e sabe o que o "povo branco" pensa a respeito da aparência dela e de seus filhos; por isso, sente-se constrangida ao ver que os filhos se parecem consigo.

E assim talvez possamos compreender a reação do rei Hjör quando enfim pôs os olhos nos filhos. A história conta que os gêmeos tinham quatro anos quando Ljufvina pegou-os de volta e os mostrou para Hjör após a exortação do escaldo Bragi. Ljufvina deve ter se angustiado muito com esse encontro. Por quase quatro anos, fizera o rei de bobo e negligenciara os filhos; há vários elementos que atentam contra a honra nesse comportamento.

Segundo a *Hálfs saga,* ao ver os meninos, o rei Hjör teria gritado: *Ber í burt!,* ou seja, "Tirem-nos daqui!". Ele não aguentou a visão dos próprios filhos. Do ponto de vista dos meninos, dificilmente esse pode ter sido um primeiro contato agradável. O maior impacto desse choque talvez se devesse ao fato de que os filhos não se pareciam em nada com o rei.

Mas o rei Hjör superou o choque inicial. Seja logo após vê-los e ouvir as palavras conciliatórias do sábio escaldo, ou então mais tarde, quando os meninos já estavam mais velhos. Nesse momento recebeu os filhos "pretos" de braços abertos na morada real, de acordo com os costumes e os hábitos da época. Os meninos foram postos no colo do rei, em cima da cadeira de honra — um ritual conhecido pelo nome de *knésetja* —, e então o rei derramou água por cima das franjas pretas, deu-lhes os nomes e sem dúvida resmungou por baixo da barba que aqueles meninos não tinham nenhum traço do pai, aqueles *heljarskinn.* Mas esse foi um sapo que o rei teve de engolir, inclusive porque, segundo as fontes, não tinha outros filhos. Foi somente após esse ritual que os meninos se tornaram membros plenos da família real.

Foi nesse momento que a vida deles começou de verdade.

Mesmo que o rei Hjör e outras pessoas ligadas à casa real viessem a se acostumar àquela aparência, da mesma forma como paramos de perceber as pessoas como feias ou bonitas depois que as conhecemos, havia outro problema com o qual era mais difícil lidar: os meninos eram dois. De acordo com o que sabemos a respeito do direito à herança na época dos vikings, para que o reino perdurasse deveria haver somente um único herdeiro. A situação era grave — e prenunciava uma batalha interna e um conflito capaz de enfraquecer a monarquia. Se Ljufvina realmente trocou os filhos assim que nasceram, seria difícil saber quem foi o primogênito, uma vez que essa era a regra vigente — o primogênito herdava as terras e o reino. Tudo indica que os meninos eram muito parecidos, gêmeos univitelinos.

Mais perto de Geirmund

Sabemos, portanto, que o rei Hjör tinha contato com o povo distante de um lugar que os eruditos da Idade Média chamavam de Biármia. Na metade do século IX, a esposa dele, que pertencia a esse povo estrangeiro, deu à luz dois irmãos gêmeos em um lugar qualquer em Rogaland.[8]

Mas onde foi que Geirmund nasceu? Como as fontes dizem que ele cresceu em uma propriedade real em Rogaland, a verdade é que existem poucos lugares dentre os quais escolher. Na Rogaland do século IX, vemos que os principais centros de poder localizavam-se em Avaldsnes na ilha de Karmøy, em Rennesøy (Utstein) e na região norte de Jæren (Sola). Geirmund deveria estar ligado a um desses locais.

A árvore genealógica de Geirmund estabelece uma ligação imediata com Avaldsnes. A linhagem real do oeste norueguês à qual pertence tem uma ligação com esse ponto estratégico da antiga Noruega: "Geirmund Pele-Negra e Hámund Pele-Negra eram filhos de Hjör Hálfsson, filho do rei Hjörleif, o Mulherengo, filho de Hjör, filho de Jösur, filho de Ögvald de Avaldsnes".[9] Geirmund pertencia a uma linhagem que teria deixado qualquer príncipe sedento de poder com inveja; provavelmente a única linhagem real autenticamente norueguesa do sul do país que as fontes conservaram até os nossos dias. Harald Belos-Cabelos não tinha uma linhagem dessa estirpe para exibir,[10] e por esse motivo Geirmund Pele-Negra tinha um ponto de partida melhor do que aquele para tornar-se rei de toda a Noruega.[11]

A linhagem real de Avaldsnes é associada a diversas criaturas místicas e pré-históricas, como era costume na Idade Média, mas vamos começar com o rei Ögvald, que emprestou o nome ao promontório da saga.

Esta é, portanto, a árvore genealógica de Geirmund Pele-Negra e do parente e irmão de criação Úlf, o Vesgo. Como podemos ver, Högni, o Branco, pai de Úlf, era irmão de Signy, esposo de Örlyg Bödvarsson, que foi representante de Geirmund na Islândia. Ketill Vapor, filho de Örlyg e Signy, mais tarde se tornou genro de Geirmund na Islândia.

As fontes estão de acordo em relação a essa genealogia — a única discrepância é que algumas delas invertem as posições de Ótrygg e Óblauð na linhagem de Úlf, o Vesgo.[12] Tendo em vista os cálculos que fiz a respeito das primeiras expedições de Geirmund à Islândia, concordo com a antiga datação de Guðbrandur Vigfússon, que situa o nascimento dos irmãos no ano de 846. Se calcularmos trinta anos para cada geração, isso significa que o rei Ögvald teria nascido na segunda metade do século VII.

Árvore genealógica de Geirmund Pele-Negra

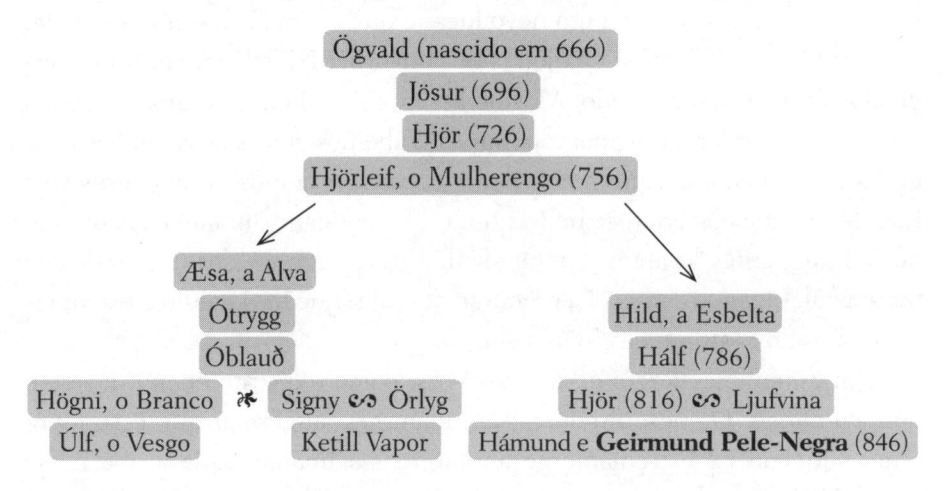

Ögvald (nascido em 666)
Jösur (696)
Hjör (726)
Hjörleif, o Mulherengo (756)

Æsa, a Alva
Ótrygg
Óblauð
Högni, o Branco ⚔ Signy ∞ Örlyg
Úlf, o Vesgo   Ketill Vapor

Hild, a Esbelta
Hálf (786)
Hjör (816) ∞ Ljufvina
Hámund e **Geirmund Pele-Negra** (846)

∞ Cônjuges ⚔ Irmãos

Mesmo assim, uma explicação dessas não basta, porque uma linhagem real pode mudar a localização do centro de poder.

Nas fontes islandesas da Idade Média, Rogaland não tinha o mesmo tamanho de hoje. O nome islandês Jaðarr — Jæren — provavelmente se referia à parte sul de Rogaland, enquanto o nome Rogaland se referia à região localizada a norte do Boknafjorden, talvez até a região de Stord e Kvinnherad.[13] Não temos nenhuma fonte que ligue Geirmund a um centro de poder em

Jæren. Se acompanharmos a antiga definição de Rogaland, tanto Utstein como Sola estariam em Jæren, uma vez que se localizam ao sul do Boknafjorden. Visto dessa forma o assunto estaria resolvido: Geirmund seria de Avaldsnes. Mas infelizmente não é tão simples, uma vez que não há consenso em relação aos pontos em que as antigas fontes delimitavam Rogaland.

Precisamos fazer uma pesquisa mais aprofundada.

Minha busca por Geirmund aos poucos começou a se parecer com um trabalho de detetive em que o cadáver tem 1.100 anos e encontra-se há muito tempo pulverizado. Cheguei a pensar se não haveria coisas que as pessoas levassem consigo ao chegar a um novo lugar e que assim pudessem denunciar de onde vinham. Objetos? Maneiras de construir? Na Islândia todos os resquícios tinham desaparecido. Mesmo assim, talvez houvesse uma categoria útil para desvendar o enigma: topônimos! Sabemos graças às tradições mais tardias, como aquelas que remontam à época em que os noruegueses e os islandeses estabeleceram-se no Meio-Oeste americano durante o século XIX, que os imigrantes levaram topônimos de lugares conhecidos e queridos da terra natal. Quando comecei a procurar, descobri que havia muitos exemplos desse mesmo costume nas fontes antigas.

Um exemplo concreto é Voss, ou Vǫrs, como o distrito chamava-se em nórdico antigo. Os pesquisadores são unânimes ao afirmar que esse topônimo norueguês é extremamente antigo, mas a unanimidade acaba nesse ponto. Uns associam-no ao rio Vossoelva, outros, a elevações na paisagem. O topônimo remonta aos tempos primordiais dos povos nórdicos (séculos III-VI) e é tão antigo que os vikings, assim como nós, já consideravam impossível saber o que significava ou a que forma da natureza se referia. Independentemente disso, existem cinco lugares chamados Voss na Islândia. Os habitantes de Voss levaram o nome consigo para a Islândia; dez são mencionados no *Landnámabók*. Um deles chamava-se Þorvið, um homem que "foi de Voss para a Islândia, e Loft, seu amigo, deu-lhe terras em Breiðamýr, e ele passou a morar em Ossabæ" (H324). O amigo Loft vinha de Gaulum e morava em "Gaulverjabæ í Flóa".

No entanto, uma certa falta de consistência revelou-se de imediato nessa busca pelos nomes levados pelos imigrantes; os topônimos reutilizados nem sempre se adequavam às formas da natureza no novo país. Muitas vezes esses topônimos queridos são levados por motivos sentimentais, e assim há casos em que não se conformam ao terreno do novo lugar. Um exemplo concreto é o topônimo Alviðra i Dýrafjörður na Islândia, que as pessoas de Alver em Hordaland provavelmente levaram consigo.[14] Literalmente, esse nome significa "todo o clima", e Oluf Rygh explica o sentido como sendo "completamente desprovido de proteção, exposto às intempéries". Na Islândia o nome torna-se enganador, porque Dýrafjörður é, na verdade, um dos lugares mais agradáveis em toda a costa noroeste da ilha — e dispõe de uma proteção especial contra o vento norte!

Uma vizinha de Geirmund, Auð, a Profunda, vinha de Kvam i Aurland (em nórdico antigo, Hvammr). Ela chamou a propriedade onde passou a morar na Islândia de Hvammr. Uma pesquisa revelou que os dois lugares, ou seja, a propriedade principal da família em Kvam e Hvammur, junto ao Hvammsfjörður, na Islândia, não têm absolutamente nenhuma característica em comum no que diz respeito à topografia. Por esse motivo podemos supor que os pensamentos de Auð estavam "na casa do pai, onde havia passado a infância" quando deu esse nome ao novo lugar na Islândia. Há motivos de sobra para acreditar que Geirmund e seus homens tenham feito o mesmo.

Uma coisa é ter uma boa ideia — outra coisa muito diferente é colocá-la em prática. Para o meu grande temor, não havia nenhum material topográfico atual em formato digital; foi preciso arregaçar as mangas e fazer uma comparação manual durante os meses do outono de 2009. Tomei nota dos topônimos em Sola, Utstein e Avaldsnes e comparei-os com os topônimos ligados ao centro de colonização estabelecido por Geirmund em Breiðafjörður para descobrir que região norueguesa tinha o maior número de nomes idênticos aos topônimos islandeses. Dividi esse material em três grupos. No primeiro, reuni todos os topônimos conservados em Sola, Utstein e Avaldsnes, bem como o percentual que correspondia aos topônimos nas principais terras de

Geirmund, ou seja, Búðardalur, Skarð e Geirmundarstaðir (vide Figura 1). Nessa comparação também estão incluídos os nomes da zona portuária e das ilhas, ilhotas e escolhos próximos.

No segundo grupo estavam os topônimos ao redor das propriedades principais, tanto na Noruega como na Islândia (vide Figura 2),[15] enquanto o terceiro reunia os nomes das fazendas ao redor das três propriedades reais.[16] A grande obra de Oluf Rygh intitulada *Norske Gaardsnavne* faz com que essa parte dos topônimos noruegueses seja a mais bem documentada.[17]

O resultado foi bastante convincente: Avaldsnes tinha a pontuação mais alta em todas as três categorias. Respectivamente, os topônimos nas propriedades principais de Geirmund na Islândia eram idênticos aos de Avaldsnes em 19% dos casos; 40% dos topônimos ao redor dessas propriedades principais (Avaldsnes e Skarð) eram também idênticos, e 16% dos nomes das propriedades ao redor de Avaldsnes foram reutilizados no centro de colonização estabelecido por Geirmund na Islândia.

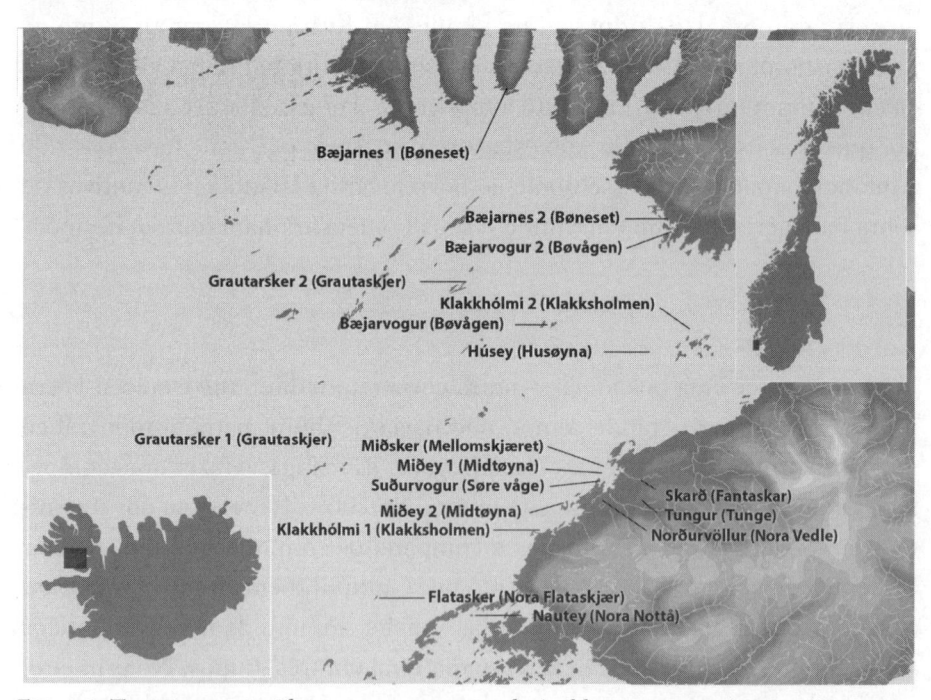

Figura 1: Topônimos coincidentes, com os nomes de Avaldsnes entre parênteses. Os topônimos islandeses se encontram todos na região principal ocupada por Geirmund.

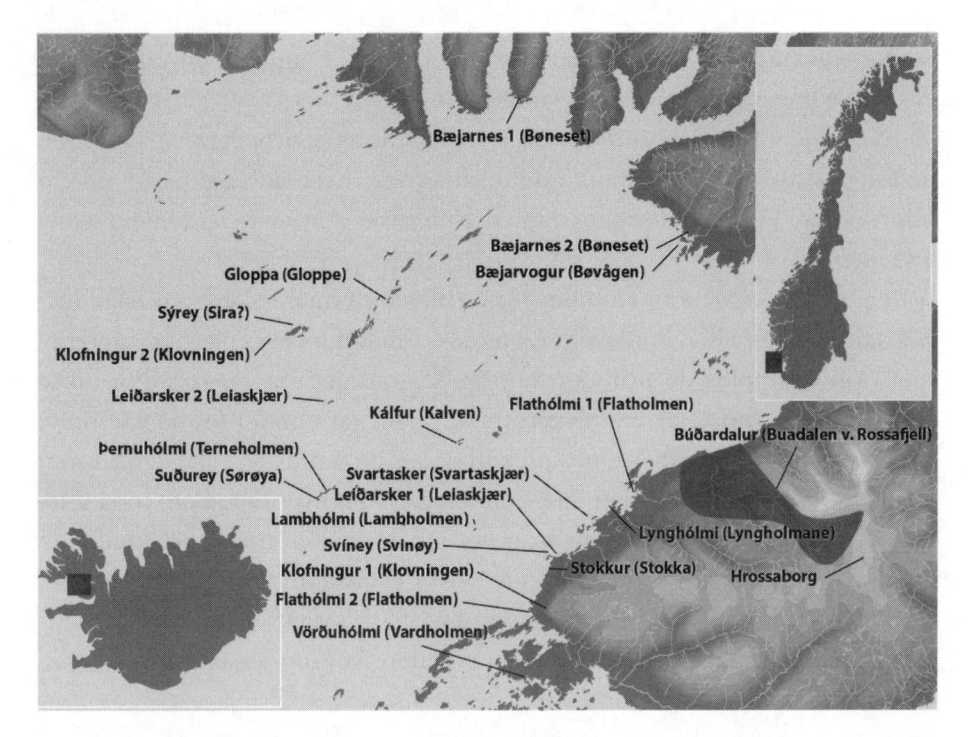

Figura 2: Topônimos coincidentes na região ao redor de Avaldsnes e ao redor das propriedades principais de Geirmund.

Boa parte das coincidências entre Avaldsnes e Skarðsströnd baseiam-se em topônimos frequentes e bastante difundidos em ambos os países.[18] Mas também há certas inconsistências em relação aos topônimos que Geirmund e seus homens levaram consigo para a Islândia. Perto da igreja de Avaldsnes (e provavelmente do antigo salão real) há um pequeno mas notável desfiladeiro no panorama que hoje se chama Fantaskar. Esse desfiladeiro provavelmente chamava-se apenas Skarð na época de Geirmund, uma vez que o prefixo *fanta-* vem do nórdico antigo *fantr* ("recém-chegado"), e essa palavra surgiu apenas na era cristã.[19] Skarð é um topônimo importante em Geirmundarstaðir na Islândia, uma vez que deu nome a toda a costa próxima ao centro de colonização estabelecido por Geirmund — Skarðsströnd. Skarð é um topônimo bastante comum, porém o interessante é observar a maneira incomum como foi usado em Breiðafjörður. Fantaskar, em Avaldsnes, oferece aquilo que geralmente se entende por um desfiladeiro — uma quebra no panorama. Mas, na Islândia, Skarð é o nome de um grande vale que se estende a partir da propriedade rumo ao leste.

Não encontrei nenhum outro exemplo, em toda a topografia islandesa, de um vale que receba o nome de desfiladeiro. Esse detalhe pode indicar que o nome do desfiladeiro foi dado por motivos sentimentais (vide o mapa a seguir).

Examinemos agora os nomes Grautaskjer ("Grautarsker" em islandês) e Klakksholmen (Klakkhólmi). O site de cartografia norgeskart.no oferece--nos dois exemplos do primeiro nome: Grautaskjer em Austevoll, a norte de Stord, e Grautskjær em Tvedestrand, além do nosso próprio exemplo: Grautaskjæret em Bukkøya, nas proximidades de Avaldsnes. De acordo com o *Islands-atlaset* (2006) existe um único lugar com esse nome em toda a Islândia, ao norte das ilhas Ólafseyar, um território supostamente dominado por Geirmund, onde se imagina que possa estar enterrado.[20] No entanto, uma análise dos registros toponímicos em Skarðsströnd revela mais um lugar chamado Grautarsker, ainda mais próximo da propriedade principal de Geirmund em Breiðafjörður.

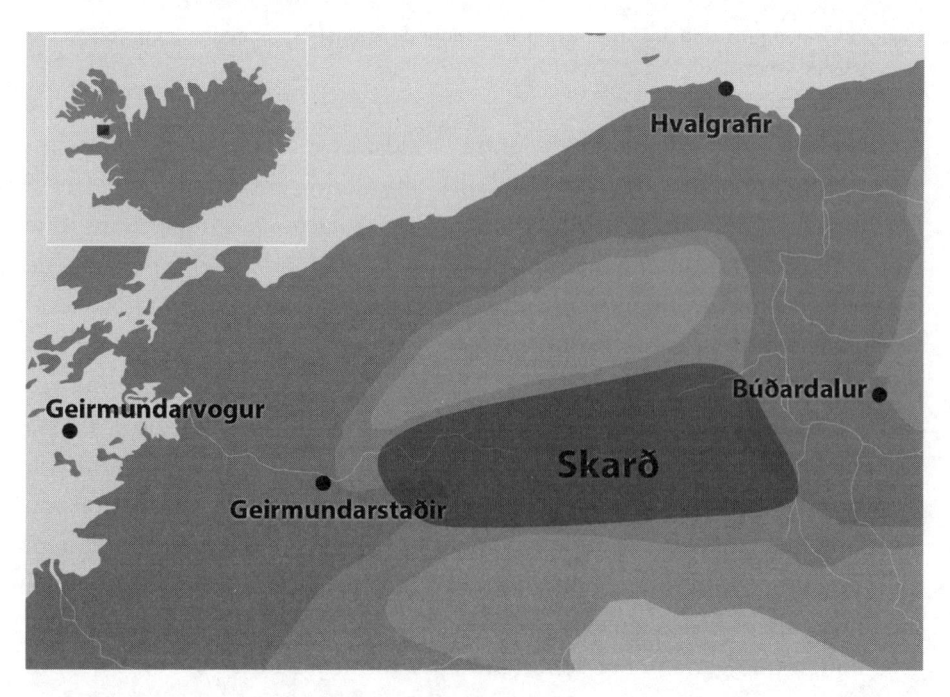

Trata-se de um detalhe interessante, porque o prefixo *graut-*[21] revela ser este um topônimo antigo na Noruega, uma vez que, mesmo na época dos vikings, as pessoas mal sabiam o que significava. Na Islândia, o prefixo *graut-* é utilizado somente nos escolhos mencionados.[22] Essa é uma indicação de que Grautarsker é um nome que os colonizadores trouxeram consigo desde a terra natal, e o que acontece com o topônimo Klakksholme em Avaldsnes é ainda mais estranho. De acordo com o norgeskart.no, não há registro de nenhum lugar com o nome de Klakksholme na Noruega, e existe apenas um único lugar com esse nome em toda a Islândia, perto de Klofning (Klovning), no ponto mais ocidental de Skarðsströnd. Essa pode ser uma dica valiosa em relação à origem de Geirmund.

Por fim: os islandeses referem-se à região que mais tarde passou a ser chamada de Dalasýsla, onde Geirmund foi o maior dentre todos os colonizadores, como "os vales" (como se observa nas expressões islandesas *fara í dalina* e *vestur í dali,* por exemplo). Esse detalhe é bastante especial, porque os vales e a ida aos vales não são mais característicos nessa região do que em outras regiões da Islândia. A questão é determinar se essa referência não poderia basear-se em antigas maneiras de falar que o povo de Geirmund poderia ter levado consigo. É interessante notar que desde muito tempo atrás as pessoas de Karmøy referem-se à região com as maiores propriedades de Avaldsnes até Visnes como Dalen ("o Vale"). Geirmund veio de Dalen e se estabeleceu em Dalene ("os Vales").

A conclusão, que também se insinua em fontes escritas, é que Geirmund provavelmente vinha da propriedade real de Avaldsnes, localizada na ilha de Karmøy, no condado de Rogaland.

Certo dia, enquanto dirijo até a biblioteca para buscar uns livros, ouço no rádio uma entrevista com Yngve Slyngstad, o chefe do Fundo do Petróleo Islandês. Descubro que ele e os colegas, ao fazerem investimentos inteligentes ao longo do ano anterior e aumentaram o patrimônio do fundo em algumas centenas de bilhões. A equipe apresenta o relatório trimestral e é recebida com entusiasmo pela imprensa. Eu, por outro lado, a seguir vou ao Historiesenteret em Avaldsnes apresentar — por ocasião do jubileu de cinco anos do centro histórico — o meu relatório trimestral: a pesquisa sobre a origem de Geirmund. Entre outras pessoas, há na sala um arqueólogo de Stavanger. Ele discorda da minha conclusão e diz em estilo tipicamente acadêmico: "Esses são topônimos comuns, afinal de contas", e acrescenta, não sem uma certa dose de provincianismo, que Geirmund era de Jæren.

Assunto encerrado.

Muitas das minhas tentativas de fazer com que os diferentes aspectos dessa história se articulassem em um todo coeso não resultaram em respostas ou conclusões definitivas, e teria sido desonesto apresentá-las dessa forma. Mas eu tentei e cavei tão fundo quanto me foi possível. A questão é que estamos tão distantes quanto se pode chegar na história, e nesse limiar da pré-história as respostas raramente são absolutas. Mas, conforme veremos mais tarde, apesar disso existem vários achados pontuais que sustentam a conclusão retirada a partir da pesquisa sobre os topônimos.

Avaldsnes — o trono mais antigo da Noruega?

Karmøy é descrita nos seguintes termos por Snorri Sturluson:

"É uma grande ilha, longa e pouco larga na maior parte da extensão, localizada na parte externa da rota principal; lá existe um grande vilarejo, embora seja quase todo desabitado no lado que dá para o mar."[23]

Aqui temos ilustrada a localização estratégica de Avaldsnes. A rota de navegação fica no interior da ilha, no lugar que hoje chama-se Karmsundet. A terra onde Geirmund cresce tem o nome dessa rota ao longo da costa, que em nórdico antigo chamava-se Norðrvegr e mais tarde transformou-se em Noregr. Norge — o nome da Noruega em norueguês — significa simplesmente "caminho rumo ao norte". Avaldsnes era um ponto estratégico porque o tráfego de navios ao longo da antiga Rota do Norte, tanto no sentido sul como no sentido norte, tinha de passar pelo Karmsundet. E, em um certo ponto não muito distante de Avaldsnes, o Karmsundet se afunila até se tornar uma pequena corrente com poucas centenas de metros entre os dois lados do estreito. Esse ponto chama-se hoje em dia Salhusstrømmen, provavelmente do nórdico antigo *sáluhús*, ou seja, "casa para os recém-chegados".

Quando os navios aproximavam-se de Salhusstrømmen na época de Geirmund, os recém-chegados podiam ver, no lado de Karmøya, o grandioso Salhushaugen — um outeiro com quarenta ou cinquenta metros de diâmetro e seis metros de altura. Esse era um ponto de parada natural, uma vez que os navios com frequência tinham de esperar que a corrente virasse. Quem detivesse o poder sobre aquela parte do Karmsundet deteria o controle sobre todos os navios que passavam. Um arqueólogo afirmou que o Karmsundet não era apenas um corredor para o tráfego de navios entre o norte da Noruega e os países banhados pelo mar do Norte, mas também um ponto de partida para viagens rumo às ilhas da Escócia, às Órcades, às Hébridas e à Ilha de Man. A história que estamos desvendando encaixa-se muito bem a essa visão.

Não é nem um pouco surpreendente que o mais poderoso trono no oeste da Noruega seja associado a esse cenário nas fontes escritas; os vários montes tumulares majestosos — as pirâmides do norte — espalham-se por toda a região. Pesquisadores já compararam Avaldsnes a Lejre, o trono central da Dinamarca, e também a Uppsala, na Suécia. Avaldsnes oferece um panorama cultural único e constitui-se como um dos lugares com a maior concentração de sítios históricos em toda a Noruega.[24] Harald Belos-Cabelos apossou-se de Avaldsnes após a vitória em Hafrsfjord — ele também queria garantir o controle sobre o tráfego ao longo da Rota do Norte.

Enquanto Geirmund crescia naquela região, provavelmente era o rei Hjör e seu povo que tomavam conta desse posto de controle no Salhusstrømmen. Se dissermos que Geirmund é uma sombra, então Hjör, o pai, não seria mais do que a sombra de uma sombra. Ele era filho do célebre viking Hálf (a respeito de quem falaremos em breve) e, segundo tudo indica, foi um homem que apostava mais em negociar mercadorias importantes do que em promover guerras — e deve ter sido um exímio marinheiro.

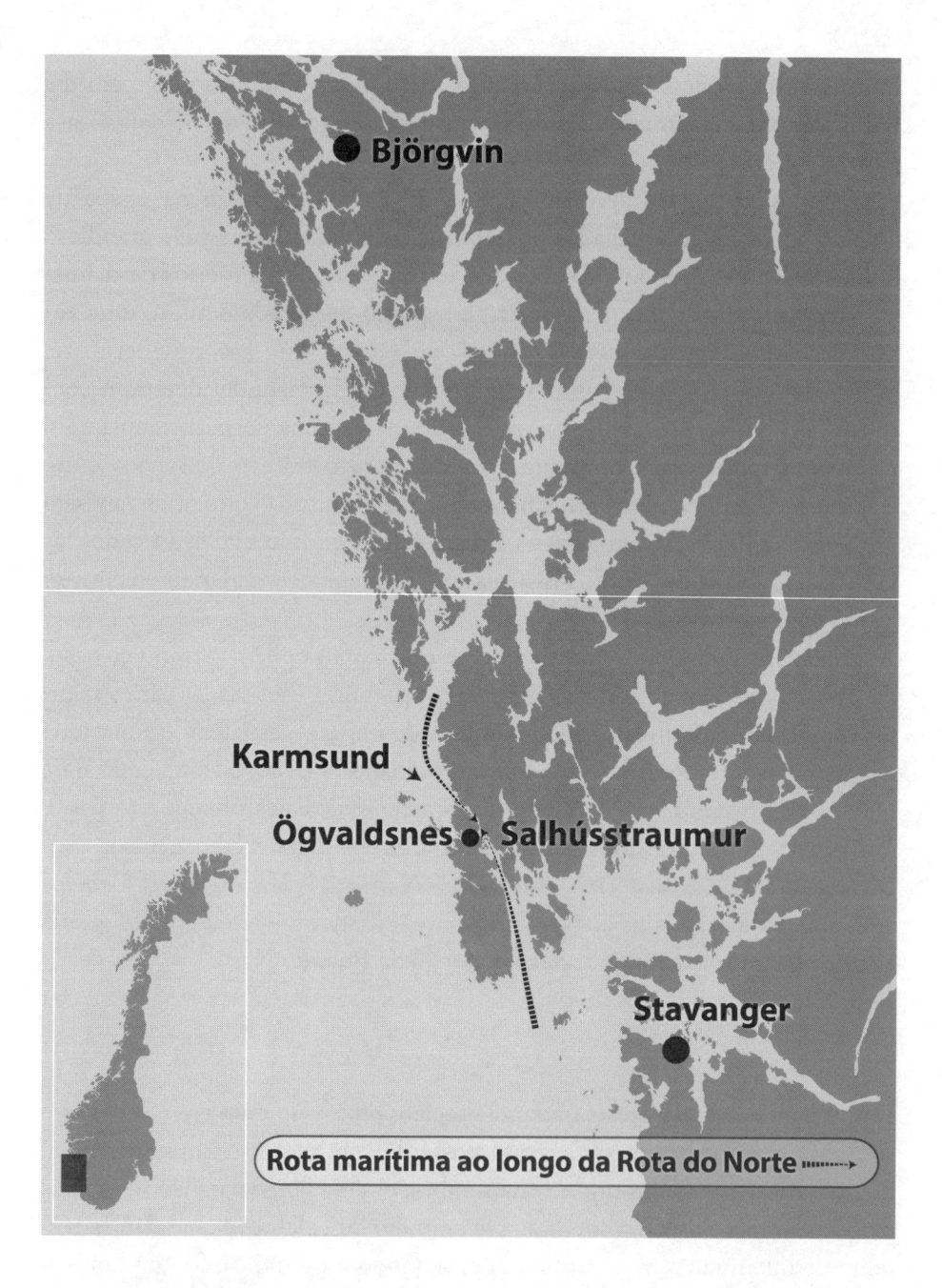

Se tentarmos imaginar a movimentação no Karmsundet, Avaldsnes dificilmente pareceria um posto alfandegário do mesmo tipo que encontramos nas fronteiras de hoje. Existem vários portos localizados perto de Avaldsnes e de Salhus onde os navios atracam. Eles podem ser entendidos como os postos de gasolina da época — lugares que podiam oferecer serviços a navios e tripulações; em certos casos, podemos imaginar o comércio ou o simples escambo. O rei de Avaldsnes agiu como o administrador de um porto, como os grandes chefes da Islândia faziam na época das sagas.[25] O pagamento de taxas alfandegárias provavelmente era feito sem grande hesitação, uma vez que os chefes e seus agentes também prestavam serviços aos viajantes. Esses serviços diziam respeito a situações do dia a dia em função das quais os autores das sagas não viram razão para gastar tinta: certos navios faziam água e tinham de ser levados à terra e reparados, outros precisavam de cera no casco, costuras nas velas, óleo ou alcatrão. Cabos e estais eram necessários para arrumar o massame, velas tinham de ser remendadas e materiais tinham de ser comprados; uns tinham de alugar abrigos para os navios ou navios menores para viajar pela região próxima, enquanto outros precisavam de mantimentos, água, e assim por diante. Naquela rota havia uma constante necessidade de serviços. Era lá que os homens do rei Hjör, sob o comando de seu representante, prestavam serviços para essa gente toda, para garantir o lucro do senhor em um lugar onde as taxas alfandegárias subiam na mesma proporção em que a oferta de serviços aumentava.

O lugar fervilhava de vida e de cultura. Comerciantes barganhavam em voz alta com os passantes, construtores de navios em uma nuvem de serragem partiam tábuas, ferreiros pretos de fuligem martelavam junto ao fole, veleiros cortavam panos com a agulha presa entre os lábios e soldados praticavam a arte da guerra no gramado. À tarde os escaldos declamavam poemas enquanto as pessoas bebiam hidromel em chifres de bode.

O rei Hjör devia ter um grupo considerável de homens armados. Sem um conjunto desses, não conseguiria manter controle sobre o posto alfandegário caso vários navios atravessassem o estreito ao mesmo tempo, nem proteger as mercadorias ou as próprias terras. Esse grupo devia ser composto por *frelsingjar,* homens livres que podiam se casar e ter filhos; um bando de escravos armados poderia a qualquer momento virar-se contra o senhor.

Na vasta e fértil Avaldsnes viviam muitos escravos e trabalhadores que se ocupavam com os animais, o cultivo da terra e a fenação na época em que Geirmund cresceu.

O registro de propriedades começou apenas em 1723, quando o pastor de Avaldsnes semeou 28 e colheu 120 barris de cereais. Mesmo se imaginarmos um número mais elevado na época dos vikings, uma vez que a região da propriedade era maior e a temperatura média era mais alta, seria impensável que a população de Avaldsnes fosse autossuficiente no que dizia respeito à alimentação. Claro que os representantes de Hjör podem ter pegado uma parte do cereal que era levado para as regiões ao norte (como os representantes de Harald mais tarde fizeram), mas também há vários indícios relativos a alianças com figuras importantes de regiões mais ricas em cereais. Naturalmente pode-se mencionar Åkra, a maior propriedade em Karmøy, descrita nas fontes mais antigas como uma "conveniente terra de grãos" — uma ideia expressa no próprio topônimo (Akrar).

Outra circunstância que sugere uma aliança é a fiscalização na Rota do Oeste — alguém deve ter tentado escapar, e esses nomes podiam ser incluídos ou excluídos nos registros do porto de Åkrahamn, o mais importante da região Oeste.

Essa grande quantidade de pessoas tornava necessária uma grande quantidade de animais domésticos. O jovem Geirmund cresceu em meio a vacas, porcos, ovelhas e cabras, e com certeza teve uma relação próxima com os animais — os aristocratas de verdade também usavam cavalos para o transporte. As brincadeiras desse menino devem ter sido correr atrás das galinhas que zanzavam campo afora ou montar e andar nas costas de grandes porcos. Os escravos e as escravas (*man* em nórdico antigo) ordenhavam e cuidavam dos animais para que estivessem gordos na época do abate; segundo uma tradição mais tardia, Avaldsnes tinha pastagens de verão em Vormedal, do outro lado do estreito — e assim podemos imaginar que havia uma região maior sob o domínio de Avaldsnes na época dos vikings. Os homens de confiança do rei levavam peixe fresco à propriedade real, e pelo menos no lado oeste da ilha também havia focas. Mesmo assim, o lucro obtido com a agricultura e a pesca em Avaldsnes na época dos vikings não pode ser comparado ao lucro proporcionado pelo tráfego dos navios.

O lado vulnerável

Voltemos à infância de Geirmund. Durante os primeiros três ou quatro anos de vida, ele esteve ao lado de uma escrava de nome desconhecido; o marido dela era capataz e chamava-se Loðhött. O filho deles chamava-se Leif. Como já foi dito, o rei Hjör somente haveria de ver os meninos pela primeira vez quando já haviam completado quatro anos. Nesse caso, eles não teriam crescido na propriedade real, mas em uma casa habitada por escravos e escravas. Na Idade Média era comum que os escravos vivessem por conta própria nos arredores da propriedade onde serviam, e provavelmente era assim também na época dos vikings: era vantajoso ter os escravos a uma certa distância, porém não tão longe a ponto de tornar a situação inconveniente. Como exemplo temos o topônimo Manheimar ("lar dos escravos"), a cerca de 150 metros da propriedade principal de Geirmund, Geirmundarstaðir, na Islândia.[26]

Assim, é na casa dos escravos que Geirmund Pele-Negra começa a vida. Será que recebeu amor e cuidados, ou será que ele e o irmão foram negligenciados? Será que cresceu na "palha como outros filhos de escravos", como se lê na *Sturlunga saga,* com mantimentos escassos e pobres, trajando roupas sujas e esfarrapadas de tecido rústico? Neste ponto temos de retornar à história de Ljufvina, a mãe.

Nessa história, Ljufvina comporta-se de maneira estranha, para dizer o mínimo. Segundo o *Landnámabók,* ela se esconde assim que o escaldo chega, mesmo que o tenha chamado para aconselhar-se em relação aos meninos. Outras fontes afirmam que ela se esconde sob uma pilha de roupas, como se não conseguisse mais lidar com a realidade. Será que estaria exausta e deprimida por sentir-se dividida entre o amor de mãe e as vontades e os desejos de outras pessoas? Por estar cansada de ocultar a verdade? Não sabemos, mas é fácil imaginar que essas coisas todas devem ter sido um peso na consciência, pois os meninos pareciam-se com a mãe e a lembravam do povo distante a que pertencia.

Há motivos para supor que Ljufvina simplesmente não conseguia manter-se afastada e que fazia visitas aos filhos escondida do rei ou quando ele viajava. A questão era que ao fim de cada visita tornava-se necessário abandonar os filhos mais uma vez — Ljufvina tinha de lhes dar as costas. O laço natural entre mãe e filhos dificilmente poderia ter surgido nessas condições. Mesmo que os meninos tivessem uma mãe terna e carinhosa, ela se afastava antes que pudessem descobrir esses traços de personalidade. Os meninos viviam na casa da escrava branca, que não gostava daquela troca, mas não podia contestar a rainha.

A rejeição dos pais em um estágio tão incipiente pode causar traumas profundos e pode doer ainda mais quando as crianças são tratadas com afeto e indiferença, proximidade e rejeição pela mesma pessoa. Pressentimos uma infância com uma mãe que parecia estar alternadamente ligada e desligada e uma escrava obediente porém distante, que poderia descontar sua frustração nos meninos quando não havia ninguém por perto. E vislumbramos também um pai bastante ríspido. Não é exatamente um começo ideal para a vida.

O que mais chama a atenção nessa história é a distância que guarda em relação à lenda prototípica do herói norueguês Askeladden, conhecido em nórdico antigo pelo nome de *kolbítr* ("mordedor de carvão"): essa história foi muito popular entre a época dos vikings e a Idade Média. Nessas histórias é comum que o *kolbítr* seja a menina dos olhos da mãe enquanto outros homens zombam dele. Na história de Geirmund é a mãe que rejeita os filhos, e mais tarde é um homem vindo de fora que restaura a honra dos meninos. Aqui temos mais um traço antiestereotípico que sugere haver um núcleo factual na essência dessa história. A estrofe de Bragi fez o quanto era possível no sentido de preservar aquilo que a história tinha de especial.

Os filhos eram, portanto, dois — mas o reino era um.

O rei Hjör estava diante de uma escolha importante, uma escolha que possivelmente tinha de ser feita para evitar disputas e dissidências futuras. Quando precisou dividir o reino entre os filhos, Gengis Khan teria contado a eles a fábula mongol sobre a serpente com uma cabeça e a serpente de várias cabeças.[27] O reino precisava de uma cabeça principal se quisesse manter-se.

Na época dos vikings parece ter sido natural que os pais dispensassem um tratamento diferente aos filhos; era possível expressar de maneira clara que se amava um dos filhos mais do que o outro. De acordo com a saga, Böðvar era o filho favorito de Egill Skallagrímsson, o que o poema sobre a perda do filho confirma. Da mesma forma, diz-se que Harald Belos-Cabelos preferia Eirík a todos os demais filhos, por isso ele pôde assumir o lucrativo comércio ao norte e — conforme a vontade do pai — herdou aquele reino despótico.

Quem foi o escolhido de Hjör? Quem haveria de assumir o reino depois de sua morte? O rei Hjör não mantinha contato apenas com as regiões ao norte — igualmente importante era o contato com as forças dos reis nórdicos em Dublin. Um dizia respeito ao acesso a recursos, o outro, ao comércio desses recursos. Conforme veremos, Geirmund não participa das expedições de Hjör pela Rota do Oeste. O herdeiro do trono haveria de herdá-lo graças à manutenção de alianças políticas e econômicas e de bons contatos. Hámund está com o pai e, na Rota do Oeste, faz um pacto de sangue com Helgi, o Magro, filho do construtor de navios Eyvind do Leste, aliado do rei de Avaldsnes. Dessa forma o contato seria mantido mesmo que os mandachuvas caíssem. O fato de que o rei Hjör levou Hámund consigo oferece-nos uma pista sobre quem era o filho preferido.

A razão para essa preferência é desconhecida. Será que Hámund tinha uma disposição mais parecida com a do pai? Ou será que tinha uma disposição mais flexível e era mais amável do que Geirmund? Será que enquanto o rei Hjör caminhava dentro d'água no trajeto entre o navio e a terra depois de uma longa expedição era Hámund quem saltava-lhe ao colo, enquanto Geirmund permanecia na orla e recebia um tapinha no ombro quando Hjör passava com Hámund nos braços?

Um possível favorecimento de Hámund também pode ter dado a Geirmund a sensação de que não era bem-vindo nesse mundo. Desde antes ele já não era como as outras crianças; era isso o que sentia ao ver a própria imagem refletida nas águas do lago e também sempre que olhava para o irmão gêmeo.

Ele era preto. Ele era feio. Era diferente, e pode ser que tenha ouvido piadas como as que os noruegueses contavam sobre o povo mais ao norte, que tinham rostos com um côvado de largura e sem nariz, pele e cabelos pretos e eram absolutamente "imbeijáveis". Nas sagas, é assim que o povo mais ao norte encontra-se descrito.

Será que os irmãos ouviam comentários mordazes e gargalhadas vindas de um escravo mais velho e mais agressivo quando estavam sentados à mesa de refeições? Palavras dolorosas e difíceis de esquecer: *vocês parecem ser escravos muito promissores!* Não temos como saber, mas os meninos devem ter sido um alvo fácil para a frustração dos escravos. Afinal, ninguém sabia que haviam de voltar para o lado da rainha e tornar-se filhos do rei. Quando Ljufvina não estava por perto, os meninos não tinham nenhum tipo de proteção.

O lado forte

Geirmund Pele-Negra tem um outro lado que estabelece um forte contraste em relação a essa origem rústica. Ele enfrentou muitas dificuldades no início da vida, porém mais tarde ficou claro que pertencia à camada mais alta da aristocracia numa sociedade em que as distinções entre classes eram consideradas normais. Ele era um dos raros privilegiados que viviam à custa de um grande número de pobres, e aos poucos os escravos e trabalhadores dobram-se perante essa autoridade. As pessoas calam-se quando ele fala, e de repente todos passam a tratá-lo com respeito.

Já no início dessa nova vida as histórias sobre os antepassados poderosos adentram o imaginário dos meninos e fazem com que ambos se encham de orgulho. O sentimento de pertencer a uma linhagem funcionava como "uma espécie de 'eu' amplificado" nessa sociedade em que a linhagem e a honra eram dois lados de uma mesma moeda. A linhagem de Geirmund poderia reivindicar a soberania em Avaldsnes traçando a árvore genealógica da família de volta "aos montes tumulares e ao paganismo", como se pode ler nas leis da Idade Média — e os túmulos comunais eram muitos. Quando mais tarde Geirmund adentra o calor da morada real, vê-se recebido e abraçado por amigos e figuras importantes que a frequentam e se enche de honra e orgulho.

Os antepassados pitorescos

Nossa fonte mais importante em relação aos antepassados de Geirmund é a *Hálfs saga*, uma *fornaldarsaga* ("saga lendária"). Nos estudos da antiguidade geralmente descritos como "crítica de sagas", todas as sagas lendárias eram rejeitadas como fontes históricas. Essa visão aos poucos vem se tornando um pouco mais nuançada. Entre outras descobertas, recentemente a filologia demonstrou de que maneira os textos que servem como base para a *Hálfs saga* são mais antigos do que todas as versões do *Landnámabók*.[28]

Quando lemos as fontes escritas em nórdico antigo, precisamos ter em mente que as descrições das histórias têm muitas marcas da época em que foram escritas. Na vertente mais radical da crítica de sagas é comum ver com ceticismo a qualidade histórica dos textos escritos em nórdico antigo, mas o maior dentre os céticos não é necessariamente o maior dentre os cientistas. A antiga cultura nórdica desenvolveu técnicas mnemônicas avançadas para recordar poemas, o que por sua vez ajudava as pessoas a recordar histórias — em outras palavras, a recordar o passado.

A história sobre os antepassados célebres misturou-se ao crepitar e à luz do fogo que ardia à noite no salão do rei. As histórias talvez se parecessem com aquelas presentes na *Hálfs saga* e podem ter deixado marcas na memória dos meninos. Ögvald, o pentavô de Geirmund, era um personagem muito extravagante. Uma fonte afirma que tinha uma vaca que considerava sagrada — a vaca era enfeitada com ouro, sacrifícios eram feitos em sua honra e era levada para toda parte. Segundo essa mesma fonte, Ögvald considerava "refrescante beber-lhe o leite".[29] A associação com o gigante primordial da mitologia nórdica chama a atenção — imaginamos Ögvald como Ýmir, com o rosto enterrado no úbere de Auðhumla para sorver o alimento da vaca sagrada. A finalidade dessa história pode ter sido conferir à linhagem de Avaldsnes um brilho extra por força de uma associação com a vida e as forças criadoras na época primordial. Não temos como chegar mais longe do que isso. O rei Ögvald teria sido enterrado num túmulo em Avaldsnes, e a vaca, em outro, logo ao lado. Odd, o monge afirma, em sua versão latina da *Óláfs saga Trygvassonar*, que Ólaf Tryggvason mandou abrir esses túmulos e descobriu ossos humanos em um e ossos de vaca no outro.[30]

De acordo com a cronologia em que tudo isso se baseia, também poderíamos imaginar que o túmulo em Avaldsnes conhecido como Storhaug seria um monumento em memória do carismático Hjörleif, o Mulherengo. Hjörleif era outro antepassado do qual o jovem Geirmund podia sentir-se orgulhoso. Descrevem-no como um grande sedutor, mas talvez nesse caso trate-se aqui de "resquícios" de alianças econômicas feitas por meio do casamento. Segundo a *Hálfs saga*, Hjörleif vivia como um legítimo gângster: muitas mulheres, grandes gastos — *brustu lausafé fyrir örleika*. Traído por Æsa, a primeira esposa, Hjörleif espera pela morte, amarrado e pendurado pelos cadarços dos sapatos na sala do rei Reidar da Dinamarca, pai da esposa dinamarquesa Ringja, morta ainda jovem. Ele é resgatado por Hild, a terceira esposa. Dito de outra maneira, trata-se de amor e de ciúmes dignos de uma novela. Mesmo que os homens de Hjörleif condenem Æsa ao afogamento em um pântano, Hjörleif permite-lhe que viva e simplesmente a manda embora. O autor da saga retrata Hjörleif como um sujeito relativamente humano.

Mas o avô de Geirmund superou tanto Ögvald como Hjörleif. O rei viking Hálf Hjörleifsson, homem preocupado com a ética, é um dos reis da pré-história nórdica rodeados pelo maior número de lendas. O rei Hálf foi traído e queimado com muitos de seus homens por um rei vizinho. Sabemos que a história de sua morte ainda estava fresca na memória das pessoas quando os mais antigos poemas escáldicos foram compostos na segunda metade do século IX na Noruega. No *Ynglingatal*, escrito aproximadamente entre os anos 890 e 900, encontramos uma perífrase, o *kenning* "o flagelo de Hálf". Essa é uma referência ao fogo, que alude à ocasião em que Hálf foi queimado. O material na *Hálfs saga* tem origem na tradição que remonta às últimas décadas do século IX.[31]

O *Flateyjarbók* menciona um fabuloso anel de ouro que teria pertencido ao rei Hálf. Mesmo que possamos colocar em dúvida a existência desse anel, a menção indica-nos que as pessoas que escreveram as sagas na Idade Média consideravam Hálf, avô de Geirmund, como o maior dentre todos os reis vikings. Hálf foi um dos homens mais célebres na época dos vikings, e sua linhagem era uma das mais poderosas. Anéis de ouro impressionantes foram encontrados nos grandes túmulos comunais de Avaldsnes, inclusive em Storhaug. Pode-se imaginar que este seja o túmulo de Hjörleif, o Mulherengo, pai de Hálf.

Aos doze anos, o rei Hálf lançou-se em uma expedição viking. Não se preocupou em levar muitos homens consigo no navio — apenas os melhores e os mais fortes. Esses homens ficaram conhecidos como "os campeões de Hálf" — nunca mais do que sessenta, de acordo com a *Hálfs saga*, nunca menos do que nove vezes seis, segundo os faroeses cantam no poema sobre o rei. Jamais atacavam mulheres e crianças e usavam espadas curtas para que pudessem chegar perto dos inimigos; cada um deles tinha a força de doze homens comuns. Jamais colocavam bandagens nos ferimentos antes do dia seguinte à batalha. Na tripulação do rei Hálf, todos eram tão bons amigos, que, quando eram surpreendidos por uma tempestade e tinham de aliviar o peso no barco lançando homens ao mar, não era preciso fazer sorteio; cada um dos homens dispunha-se a fazer esse sacrifício pelos companheiros.

O rei Hálf foi traído e queimado por volta dos trinta anos.

Mas ele morreu sorrindo.[32]

Independentemente daquilo em que optemos por acreditar, a *Hálfs saga* oferece-nos um vislumbre das normas e dos valores com que Geirmund cresceu. Os vikings não teriam obtido tanto sucesso se não fosse por um sentimento de fraternidade e uma força mental e física similar àquela que se atribui ao rei Hálf e a seus campeões. Os laços entre os homens da tripulação eram muito estreitos — tão estreitos, que para nós, individualistas modernos, seria difícil compreender o nível a que chegavam. A cultura viking compreendia que um bom exército é como uma corrente, que não pode ser mais forte do que o elo mais fraco que a compõe. Mesmo que esteja claro que existe material anacrônico nas sagas, esse material pode ser usado na reconstrução da vida de um indivíduo na época dos vikings.

Em vista de tudo o que foi exposto, as fontes sugerem uma origem repleta de contrastes, com uma grande tensão sobre a psiquê de Geirmund. Há uma parte frágil nesse homem. Há uma parte grandiosa. Temos um registro dividido entre a humilhação e o poder, a rejeição e o reconhecimento, a negligência e o amor. A psicologia afirma que as crianças rejeitadas ou separadas dos pais no início da infância passam a tratá-los com frieza mais tarde, mesmo que as circunstâncias melhorem. A ferida deixada é suficientemente profunda para que seja difícil restabelecer a confiança e a entrega. Sabemos que uma criança que tenha vivenciado a solidão ainda no início da vida terá dificuldade para confiar e para entregar-se a outras pessoas. "Quando os amigos escasseiam/ passo a andar com mais cautela", versejou Egill Skallagrímsson, dando expressão a esse mecanismo de defesa psíquica.

Há motivos para acreditar que o primeiro ano de Geirmund tenha deixado traços indeléveis em sua personalidade e motivado um sentimento que o acompanhou por toda a vida. Ele aprendeu a confiar acima de tudo em si mesmo. Tinha um lado endurecido, talvez uma raiva, a raiva dos rejeitados, o que pode ser uma vantagem na hora de mostrar quem manda. Ao mesmo tempo existe um outro lado, um lado vulnerável, uma solidão profunda, que jamais saberemos se Geirmund demonstrou a outra pessoa e que — segundo tudo indica — foi agravada pelo status aristocrático.

De acordo com as sagas, proteger o próprio íntimo era uma qualidade altamente valorizada pelos vikings; era preciso evitar que os outros vissem os recônditos da alma. Para sobreviver era preciso ocultar as próprias fraquezas. Ao mesmo tempo, todos eram incentivados a se abrir uns com os outros, exatamente como hoje — as pessoas tinham consciência de que podia ser perigoso guardar tudo para si: "A mágoa come o coração/ quando não contas/ o que sentes a um outro", diz o *Hávamál*. Nesse ponto há uma linha tênue: essa reserva pode ser forte a ponto de abafar e sufocar a chama da vida, e assim causar problemas psíquicos. Sabemos que a tolerância à dor era maior do que aquela que temos hoje — morrer sorrindo era um ideal.

Os vikings teriam recebido a literatura psicológica moderna praticamente como uma forma de pornografia; para o escaldo Kormák, bastou ver o tornozelo desnudo da amada por uma fresta na porta para que se apaixonasse para sempre. Trata-se de um episódio emblemático do temperamento viking: o excesso de exposição era um fardo.

Talvez o traço de personalidade mais evidente que a rejeição dos pais deixou em Geirmund tenha sido a necessidade de mostrar que quem lhe virasse as costas estava errado — fosse a mãe, na infância, ou mais tarde o pai. Em todas as épocas, as grandes figuras tiveram características similares ao vulto que aqui esboçamos, seja para o bem ou para o mal.

Crescer na época dos vikings

Há motivos de sobra para acreditar que Geirmund tenha recebido a melhor educação que era possível receber naquela época. Não apenas as histórias, os mitos e os poemas faziam parte da vida cotidiana, mas Geirmund também aprendeu a arte da guerra e da vida no mar.

Mas como seria crescer sendo filho do rei de Avaldsnes na época dos vikings?

Em primeiro lugar, era difícil.

"Ainda menino, aborrecia-se de assar ao pé do fogo e de estar dentro de casa, do cômodo quente das mulheres e das luvas forradas", Þorbjörn, o partidor de chifres versejou acerca de Harald Belos-Cabelos. Aqui o escaldo mostra-nos o lado oposto das características de Harald — ser um aristocrata era sinônimo de ser um guerreiro e um navegador hábil, um líder varonil e militar, que não poupava a si mesmo. Quando os escravos e os trabalhadores saíam para cuidar dos animais e trabalhar na fenação, Geirmund partia em outra direção. Enquanto os primeiros davam ração às vacas e às cabras, Geirmund aprendia a dar "comida a lobos e corvos", como se lê na poesia escáldica. Enquanto os trabalhadores empunhavam a foice, Geirmund aprendia a manejar a espada e a lança. Ele pertencia ao grupo de pessoas que não tinha apenas de proteger a si mesmas, mas também às pessoas que moravam na propriedade real e os mais fracos dentre o seu próprio povo.

Geirmund se vê jogado em um mundo dominado pela força física. Um mundo onde não se abria a porta de casa sem um machado na mão, onde as armas estavam sempre a postos ao lado da cama quando as pessoas deitavam-se para dormir, como hoje terminamos o dia escovando os dentes. A habilidade no manuseio das armas traz segurança em um mundo onde todos precisam estar o tempo inteiro atentos, pois, como diz o *Hávamál,* não se sabe onde os inimigos espreitam. Os bandos de saqueadores estavam à solta "a norte e a sul", de acordo com uma saga, e, a não ser que você chamasse os seus aliados para proteger o que era seu, ninguém mais faria isso. O mundo de Geirmund é um mundo onde não existe polícia nem direitos humanos, um mundo onde "o culpado é aquele que perde", como se diz a respeito de um viking desafortunado nos versos de um poeta islandês.[33] Quem não tinha como resistir era um pobre-diabo sem honra nenhuma — praticamente um morto em vida.

Crescer e aprender nessa época deve ter sido essencialmente diferente daquilo que acontece hoje em dia. Hoje treinamos para ter saúde e cultivar uma boa aparência — Geirmund treinava para sobreviver. A força e as capacidades físicas eram uma conquista necessária para se virar na vida, e por causa disso o menino precisou endurecer-se e treinar a capacidade de tomar decisões rápidas e acertadas, mantendo-se o tempo inteiro perseverante e alerta. Era preciso registrar cada ruído e cada mudança de luz na floresta e no campo: seria um inimigo ou uma presa?

As fontes não apenas descrevem Geirmund como "preto e feio", mas também afirmam que, mesmo jovem, tinha "uma estatura gigantesca" e "uma força impressionante". Não sabemos até que ponto as fontes são confiáveis em relação a essas descrições, mas as pessoas de Rogaland, de onde vinha o pai de Geirmund, estão entre as mais altas de toda a Noruega; lá não faltava comida. A análise dos esqueletos em túmulos de vikings em Rogaland revelam que os homens mediam até 1,90 metro.

Um líder em potencial não seria respeitado a não ser que reunisse força física e força espiritual fora do comum: "De ardis e armas/ precisa um rei/ para estar à frente dos homens", diz um antigo poema. Deve ter sido particularmente importante conjugar esses dois aspectos para quem estava à sombra de outra pessoa e tinha de mostrar que também era capaz de ser um herdeiro e um líder. Vislumbramos aqui o espírito de concorrência que desde cedo marcou a infância dos irmãos.

Geirmund precisou aprender a arte da batalha, a empunhar a espada e o machado — e em Avaldsnes os melhores guerreiros puderam instruir a ele e ao irmão. De espada em punho, Geirmund deveria ser capaz de acertar o oponente nos pontos que hoje correspondem às linhas de prima, terça, quarta e quinta. Precisava tomar cuidado para não balançar demais a arma, especialmente para o lado — esta é uma regra universal entre os esgrimistas. Precisava aprender a usar o escudo como defesa contra esses mesmos golpes; manter o escudo na diagonal em relação ao golpe recebido era a forma de reduzir ao máximo o perigo, tanto para o escudo como para quem o empunhava. O machado era uma arma de corte empunhada com ambas as mãos;

com ele era possível desferir um golpe capaz de destruir tudo o que estivesse pela frente. Os escaldos chamam o machado de "feiticeira dos escudos", uma vez que os escudos com frequência se despedaçam com esses golpes. Levar um golpe desses no rosto era chamado de "beijar a boca do machado". O menino precisou aprender a ler os movimentos do oponente e a reagir de maneira adequada e precisa, e atribuía-se um grande valor a quem sabia fazer uma finta e levar o adversário a reagir da forma errada. Tanto no corpo como na mente, o ideal era não revelar nenhuma fraqueza.

Geirmund precisou aprender a atirar com o arco, a atirar lanças e a pegá-las no ar — *henda á lopti*. De acordo com os escaldos, o tiro com arco era um dos esportes mais praticados pelos filhos dos chefes, que tinham de treinar diariamente, mesmo porque essa era uma habilidade que combinava muito bem com a caça. Nas fontes nórdicas, os povos que habitam as regiões do extremo norte são os mais hábeis no tiro com arco, e quando pensamos nos antepassados de Geirmund na Biármia essa é uma característica que não deve ser menosprezada. Podemos imaginar figuras de madeira postas no gramado e pequenas lascas voando quando a flecha atingia o alvo.

O *Konungs skuggsjá*, escrito por volta de 1250, afirma que os guardas reais deviam treinar com a espada duas vezes por dia, e nunca menos do que uma vez por dia se pretendessem manter-se em forma. O treinamento devia ser feito com armas mais pesadas do que o normal e com a armadura completa, de acordo com essa fonte, porém não sabemos se essas práticas também eram observadas na época dos vikings. As armas de treinamento eram cegas para não machucar o companheiro de treino. Se Geirmund pretendesse estar entre os melhores nos esportes de combate, tinha de aprender a atirar com o arco e a desferir golpes de machado igualmente bem com a mão esquerda e a direita.

Geirmund cresce em uma cultura viril em que é natural demonstrar raiva, o que entra em contradição com o ideal moderno de mostrar-se sempre "razoável" e comportar-se de acordo com os padrões. Hoje dizemos que uma pessoa irritada "explode" ou "tem pavio curto". Essas metáforas levam-nos a perceber tais reações como negativas em todos os contextos, mas a raiva podia ser a melhor amiga de um viking. Na situação certa, a raiva era uma das qualidades mais decisivas que um viking poderia imaginar. Na batalha, devia-se golpear com "um tanto de ira", como diz o *Konungs skuggsjá* — e o mesmo vale para a época dos vikings. De acordo com um poeta pagão, as pessoas não sentem medo quando estão com raiva.[34]

Ao mesmo tempo, era importante que o líder, que precisava tomar decisões importantes, não deixasse a raiva obscurecer a razão e assim pusesse a vida e o bem-estar do próprio povo em perigo. Diz-se que Harald Belos-Cabelos sempre esperava até que a raiva arrefecesse para somente então tomar qualquer decisão. Assim, boa parte da formação do filho de um rei consistia em saber controlar os impulsos e demonstrar controle, e ao mesmo tempo aprender a "perdê-lo" nas ocasiões certas.

Os filhos do *jarl* na *Rígþula* aprenderam a brincar, a nadar e a jogar xadrez. Geirmund teve de aprender a nadar tanto em lagos como em água salgada. A julgar pelas antigas fontes, essa parece ter sido uma capacidade bastante comum na época dos vikings — há histórias sobre escravos que sabiam nadar. Na Idade Média, no entanto, essa capacidade desaparece. Nadar era mais do que um último recurso para fugir de um navio que naufragava ou sofria um ataque — a qualquer momento poderia surgir uma situação que exigisse que um homem se lançasse à água para cuidar de uma coisa ou outra no navio.

Geirmund corria depressa e percorria longas distâncias, sabia andar de esqui e conseguia saltar alto usando uma armadura completa — como um viking em um navio. Podemos ter certeza de que aprendeu *hrygspenning/ glíma* — uma antiga luta corpo a corpo — de acordo com as tradições, praticou diversas modalidades de jogos com bola, dominou a arte do equilibrismo e sem dúvida participou de várias competições (*aflraunir*) em que os jovens mediam forças e capacidades uns contra os outros, por exemplo, levantando pedras (ainda hoje essas pedras levam os nomes de "coitado", "robusto" e "forte" na Islândia). Tudo isso pode ser reunido sob a designação de *jogos*, e era nas propriedades dos reis e dos chefes que em geral organizavam-se essas atividades.

Já se escreveu que os homens que participavam das longas expedições vikings deviam ser como os atletas de elite hoje em dia. Na época dos vikings, no entanto, esses feitos vinham acompanhados por uma dimensão ética que difere do culto moderno ao herói esportivo. A vida de toda a tripulação podia depender da capacidade de um único membro. Se um tombasse demasiado cedo na batalha, seria mais difícil para todos os restantes sobreviver. Todos precisavam dar mostras de força durante as tempestades em alto-mar e em qualquer outro tipo de provação — e havia provações mais do que suficientes na sociedade em que Geirmund cresceu. Um viking não tinha apenas a própria vida, mas também a vida de todos os companheiros nas mãos.

E enquanto as classes mais baixas tinham que resolver todos os assuntos a pé, a elite de Avaldsnes cavalgava, deixando para trás o povo de costas recurvadas e trajes rústicos. Dominar um cavalo e os diferentes tipos de marcha era a marca da aristocracia; os tolos e os escravos não podiam gabar-se de conhecer essas coisas. A arte de cavalgar era também uma condição para que Geirmund e o irmão participassem do passatempo favorito da aristocracia: caçar animais e pássaros.

A caça é um elemento importante das histórias e canções sobre os reis de tempos passados, e há indícios fortes de que esse seria um hábito aristocrático que antecedeu em muito a época em que as fontes o registraram. Mesmo assim, não sabemos o que o rei Hjör caçava nem se caçava em Karmøy ou em terra firme. Havia muitas terras incultivadas ao longo da Rota do Norte, e nas florestas havia grandes quantidades de animais: lontras e castores, raposas e lobos, ursos e javalis, veados e muitas espécies de pássaros. Na costa era possível encontrar focas, mas a caça às morsas e às grandes baleias já não era mais praticada desde muito tempo em Rogaland na época em que Geirmund cresceu. Novas escavações no promontório de Helganeset em Karmøy revelam que precisamos voltar mais ou menos à época do nascimento de Cristo para encontrar vestígios dessas práticas.

Consta na *Hálfs saga* que os antigos reis de Avaldsnes saíam *á dýraveiði* ("à caça de animais"). Quanto às caçadas do rei Hjör, diz-se que os homens "partiam rumo à floresta, enquanto as mulheres partiam rumo à floresta de aveleiras". Era, portanto, uma sociedade de caçadores-coletores. A prática comum ia além de atirar contra a presa com lanças e flechas. No poema sobre a queima do rei Hálf, o primeiro dos campeões grita que "A fumaça envolve as águias nos salões do rei". Essa imagem vem da caça ao falcão, a que as pessoas dessa antiga elite devem ter se dedicado. Não podemos dizer se Geirmund cresceu vendo falcões empoleirados no ombro do pai — ou no "assento da águia", como os escaldos o chamam. Se a caça ao falcão fez mesmo parte do ambiente em que Geirmund cresceu, pode ser que mais tarde ele tenha descoberto que "dentre todos os falcões, os islandeses são os melhores", conforme escreveu o imperador Frederico II do Sacro Império Romano-Germânico. A arte estava em capturá-los ainda pequenos, bloquear-lhes a visão com chapeuzinhos de couro e fazer com que sentissem fome até que passassem a confiar no treinador como se fosse a própria mãe.

O irmão gêmeo Hámund foi um adversário natural enquanto Geirmund dava os primeiros passos no campo de treinamento com uma espada de madeira e um pequeno escudo amarrado ao braço. Mas as fontes permitem-nos vislumbrar uma outra pessoa com a qual Geirmund teria estabelecido um vínculo desde cedo. Era Úlf Högnason, que tinha o epíteto de *skjálgi* — "o Vesgo". O vínculo estreito entre Geirmund e Úlf, tanto na Irlanda como na Islândia, indica um pacto de sangue com origem em Rogaland, antes que os dois acabassem por separar-se na juventude. Parece que a família de Hjörleif, o Mulherengo habitava os arredores do Karmsundet, porém os meninos também podem ter se conhecido de outra forma. Na época dos vikings era costume que os filhos de nobres fossem criados ao lado de outras figuras importantes. Essa troca de filhos nobres funcionava da mesma forma que o casamento, como a consagração de uma aliança entre as partes. Um dos estratagemas relacionados ao sucesso de Harald Belos-Cabelos foi que, de acordo com a saga, ele dispôs-se a criar os filhos de todos os grandes chefes do país.

Há mais indícios sugerindo que Úlf tenha sido criado em Avaldsnes do que insinuando que Geirmund tenha sido mandado para a casa dos pais de Úlf. Desde cedo, Úlf, o Vesgo, está ao lado do rei Hjör nas expedições pela Rota do Oeste; mais tarde, casa-se com Eyvind do Leste, selando assim uma aliança particularmente importante. Vemos que Hjör enxerga Úlf como um filho, como um educador deveria fazer. Mas assim mesmo nos ocorre que Hjör deveria ter escolhido Geirmund, seu filho legítimo, para um assunto de tamanha importância. Logo fica claro que o rei Hjör tem outros planos para o filho.

Os descendentes de Hjörleif, o Mulherengo mais tarde assumem posições centrais sob o domínio de Geirmund na Islândia. E se a suposição de que o feio e o vesgo fizeram um pacto de sangue durante a juventude estiver mesmo correta, em um lugar ou outro na propriedade real em Avaldsnes pegaram a mão sangrenta um do outro e juraram vingança caso um bebedor de mijo de bode aleijasse ou matasse um dos dois. Essa não é uma prática única dos vikings, mas provavelmente surge em qualquer ambiente em que as condições sejam brutais o suficiente. Existiu também em meio aos mongóis e representa aquilo que no Brooklyn de hoje se chama de *blood brothers* entre os músicos de hip-hop ligados a gângsteres.

O cavalo do mar é domado

Outra coisa que o jovem Geirmund precisava dominar era o navio e tudo o que a ele dizia respeito. Foram descobertos pouquíssimos brinquedos da época dos vikings, mas as descrições da Alta Idade Média indicam que o mesmo princípio vale para todas as épocas: as crianças imitam o mundo dos adultos. Se imaginarmos que os meninos de Avaldsnes brincavam de camponeses, construindo cercas de galhos e usando pedras como vacas, então o graveto de Geirmund virava um navio que navegava pelo estreito, um trapo virava uma vela e uma poça transformava-se no mar. Sabe-se desde muito tempo que a natureza dos homens mostra-se ainda na infância.[35]

Geirmund não podia ser muito arrogante quando fez as primeiras viagens curtas no navio do pai ao longo da Rota do Norte. Assim que teve forças, experimentou sentar-se ao lado dos mais fortes remadores para remar. O menino devia tomar gosto por navios e velas, aprender a caçar a escota, folgar a amura e orçar contra o vento, aprender a domar e a respeitar as correntes e conhecer os limites do equipamento e da tripulação.

Tinha de aprender a fazer a leitura das nuvens, a permitir que lhe contassem qual seria a força e qual seria a direção do vento, a conhecer mares distantes de águas turvas e regiões perigosas, memorizar sagas e estrofes que haveriam de guiá-lo pela rota marítima entre ilhas e escolhos. Tinha de conhecer montanhas e outros marcos da paisagem (em nórdico antigo, *mið*), e tinha de aprender cada vez mais sobre a Rota do Norte: a ver "longe, cada vez mais longe sobre todos os mundos", como diz o *Völuspá*.

Geirmund viu de perto o trabalho feito pelos construtores de navios e deve ter entendido os princípios mais importantes que regem a manutenção, os cuidados e os preparativos de uma embarcação — *at búa skip*: untar as velas e o massame, misturar óleo e alcatrão para impermeabilizar o casco, selar as frestas entre as tábuas do navio com pelos de boi, safar os cabos e dar nós de verdade. O navio viking era um ser vivo que exigia cuidados e limpeza constantes. Um único nó frouxo ou uma pequena negligência durante a manutenção podiam significar a diferença entre a vida e a morte.

De acordo com as fontes, assim que cresceram os irmãos passaram a comandar uma esquadra enorme; "eram os maiores de todos os reis do mar naquela época".[36] A ideia de um rei do mar indica uma pessoa que tinha uma grande esquadra, independentemente de ter ou não um reino em terra. Fontes como a *Grettis saga* confirmam a soberania de Geirmund no mar, mas é o estudo da colonização da Islândia levada a cabo por Geirmund que nos mostra de maneira ainda mais clara um homem que era um líder no mar, um rei da navegação marítima.

Por outro lado, existem razões para duvidar quando as fontes retratam-no como um mestre na arte da guerra, um homem que ganhava a vida fazendo expedições de pilhagem rumo ao oeste, como lemos no *Landnámabók* e no *þátt* sobre Geirmund. As fontes mencionadas têm uma tendência a explicar todas as riquezas que existiam na época dos vikings pela pilhagem. Mas o viking negro era mais um caçador, um acumulador de recursos e um comerciante, e, acima de tudo, um mestre dos mares para aquela época: o navio está destinado a tomar o rumo do poder e da felicidade.

A poesia escáldica — uma janela para o imaginário pagão

É fascinante pensar que Geirmund falava o belo e rústico idioma conhecido pelo nome de nórdico antigo. Os sons dessa língua sugerem o retinir do aço ou o baque de um machado ao partir uma acha de lenha — curto e direto ao ponto. O ritmo e a melodia são descendentes e as tônicas recaem sobre as vogais iniciais, enquanto o resto permanece como o eco de um golpe, de um corte. Não sabemos ao certo como o idioma era pronunciado — o mesmo som vocálico podia ser curto ou longo, e essa diferença refletia-se nos significados, porém não sabemos ao certo quão curtas ou quão longas eram essas vogais.

Uma parte importante da formação em uma propriedade real na época dos vikings era a poesia escáldica — a arte de "domar" a língua. Essa arte poética revela-nos uma cultura civilizada e inteligente. E também nessa área o rei Hjör deve ter escolhido grandes mestres para os filhos. O escaldo não era apenas o amigo e o conselheiro mais próximo de um chefe, um homem capaz de erguer um monumento poético em honra da aristocracia; era também um dos mais importantes professores dos filhos desses chefes. Existem vários exemplos disso.[37]

O escaldo era uma instituição cultural na sociedade em que Geirmund viveu. É ao mesmo tempo um historiador e um repórter, e desempenhava o papel daquilo que hoje chamamos de mídia — embora os recursos fossem mais restritos naquela época. Entre o poder e a mídia desde muito tempo existem ligações fortes: um rei sem formação nenhuma na poesia escáldica e sem nenhum contato com escaldos dificilmente conseguiria obter reconhecimento na antiga sociedade nórdica. A *Hálfs saga* conta-nos que os meninos eram *orðvísir* ("talentosos com as palavras") — uma palavra geralmente usada para descrever pessoas que tinham contribuições a fazer no âmbito da poética. Nesse caso, essas habilidades teriam sido adquiridas na casa do pai, quando ainda eram meninos.

De acordo com a história originária, é Bragi Boddason, o Velho, quem frequenta o ambiente em que Geirmund cresce em Avaldsnes. Não seria exagero pensar que ele ou outro escaldo do mesmo calibre possa ter sido o responsável pelo aprendizado dos meninos na antiga sabedoria — chamada de *frœði* — e na poesia escáldica.

Não muito tempo atrás eu passei uma tarde com outros escritores, entre os quais havia autores conhecidos também fora da Noruega. Um deles era um grande entusiasta de poesia e falou sobre a literatura francesa e a alemã, sobre tradições poéticas e a arte poética dos gregos antes de chegar ao cânone europeu. Ninguém pôs em dúvida a erudição desse homem. Quando eu disse que ele não poderia se esquecer da poesia nórdica antiga, que era a tradição poética da cultura em que ele havia nascido, meu comentário foi recebido com um misto de surpresa e solidariedade, da mesma forma como sentimo--nos solidários com um idiota ou com uma pessoa que se encontra perdida.

A antiga arte escáldica dos nórdicos, sua tradição e tudo aquilo que pode oferecer à cultura mundial, é geralmente encarada como uma coisa excêntrica, tanto pelos escritores como pelos acadêmicos. Por si mesma essa atitude demonstra de maneira bastante convincente que a cultura nórdica antiga é uma cultura que se perdeu, que desapareceu. Independentemente do quanto essa cultura tente usar a roupagem da antiga cultura nórdica a título de "herança cultural", ou como quer que a chamem hoje em dia em reuniões solenes, quase sempre essas tentativas revelam uma relação bastante superficial com aquela cultura. Na Islândia, começamos nossa formação universitária com um curso obrigatório de filosofia grega, enquanto as concepções da cultura nórdica antiga são deixadas inteiramente de lado e, segundo tudo indica, aos poucos desaparecem das universidades. Chamamos um trabalho inútil de trabalho de Sísifo, e não de Hjaðningavíg — mesmo que o conteúdo existencial seja o mesmo em ambos os mitos. As pessoas frequentam cursos para casais em que se ressalta a importância do meio-termo entre as partes — sem que o mito de Njörð e Skaði jamais seja mencionado.

Lembro-me de uma conversa que tive com o meu antigo professor Preben Meulengracht Sørensen na Universidade de Oslo, no meio da década de 1990. Eu estava indeciso quanto a mergulhar em águas profundas e estudar a língua e a literatura antigas, e disse-lhe isso falando o meu dinamarquês quebrado com sotaque islandês. Preben resolveu tirar o tempo necessário para um encontro. Com um copo plástico de café na mão, sentamo-nos à mesa na cantina dos estudantes. Provavelmente o mais importante veio já no início daquele encontro: Preben disse que o passo decisivo para uma pessoa interessada em pesquisar a cultura nórdica antiga era reconhecer no próprio coração que aquela não era uma cultura primitiva. Quando ele percebeu que havia derramado café ao redor do copo, repreendeu-se por ter feito uma sujeira daquelas e saiu para buscar guardanapos. Dissemos mais coisas que já esqueci, e Preben derramou ainda mais café. Somente quando o copo se esvaziou por completo descobrimos que havia uma rachadura no fundo.

"Veja só", ele disse em um dinamarquês suave, "os tempos modernos é que são primitivos!"

Nosso objetivo é chegar o mais próximo possível de Geirmund, e para isso seria interessante ter um pequeno vislumbre da maneira como ele pensava. Mencionamos que as sagas foram escritas por pessoas cristianizadas havia várias gerações. Os poemas da *Edda* sem dúvida trazem lendas e mitos antiquíssimos, mas provavelmente ganharam a forma que hoje conhecemos durante a época cristã e, por esse motivo, reproduzem acima de tudo a estética e a concepção de vida da cultura cristã ou greco-romana. Os poemas escáldicos mais antigos são ainda mais antigos do que esses poemas e revelam uma concepção de vida completamente distinta de todo o restante da antiga literatura nórdica. Se quisermos saber como os povos pré-cristãos sentiam e pensavam, é a esses poemas que devemos nos reportar.

Geirmund e seu povo tinham uma relação com a natureza completamente distinta daquela que temos hoje. Consideramos saudável e agradável dar um passeio na natureza — é lá que nos encontramos com nós mesmos e fugimos do jugo da alienação e da civilização. Para os pagãos, o objetivo era afastar-se da natureza, encontrar um santuário onde pudessem refugiar-se, e esse desejo expressa-se naquilo que se costuma chamar de antinaturalismo ou conflito com a natureza na arte. Essa aversão à natureza pode assumir diversas formas em meio às pessoas naturais: os samoiedos contam histórias a respeito de pessoas que são mortas e esquartejadas em vários pedaços, e no dia seguinte esses pedaços tornam a se reunir — a pessoa volta à vida e segue em frente. Os groenlandeses contam histórias a respeito da velha que gargalhava toda vez que o urso polar comia-lhe o braço.

O mundo dessas narrativas contadas pelos povos naturais é um santuário a salvo das leis da lógica, e da mesma forma os escaldos fazem metáforas que nos mostram alces no fiorde, elefantes no mar, baleias na fazenda, montanhas cobertas de algas, peixes que nadam pelo vale, e assim por diante. Essas metáforas não tentam representar a natureza, como o pensamento clássico mais tarde haveria de fazer, e por esse motivo a arte dos escaldos foi por muito tempo considerada primitiva, como se esses antigos poetas não conseguissem fazer o que pretendiam. Mas isso é julgar os escaldos a partir de um ponto de vista estético que não lhes interessava! Uma imagem comum da natureza, uma gaivota sobre uma onda, é em si mesma completamente desprovida de interesse para a psiquê pré-cristã e serviria apenas como um meio para criar tensão entre ideias opostas. Os escaldos preferem mostrar-nos um corvo no alto de uma onda cadavérica, ou seja, no alto de uma pilha de guerreiros mortos: essa cena natural cria tensão em vista da imagem terrível. Nisso percebemos uma concepção da natureza como recurso, de maneira que as imagens naturais devem ser formadas e distorcidas pela cultura, mas em nenhuma hipótese simplesmente imitadas. Segundo Worringer, um influente historiador da arte, a relação entre a natureza e o mundo é o principal elemento formador da expressão artística; as imagens estranhas e nem um pouco naturais que se encontram nas antigas tradições mostram-nos que as pessoas que mantêm contato próximo com a natureza percebem-na como hostil e caótica.

Nesse ponto acredito que podemos ter um vislumbre da relação que Geirmund mantinha com a natureza. Um povo que vive sob condições naturais duras no fundo deseja afastar-se delas; essas pessoas encontram um santuário na fantasia e na abstração. Os habitantes do norte distorcem as formas da natureza para criar um espaço espiritual.

A natureza é um gigante, um *jötunn* (*jötnar*, no plural), que dá e tira — primeiro dá em abundância, por meio da pesca e do cultivo da terra, para então tirar por meio das avalanches e das tempestades marítimas. É um *jötunn* que precisa ser domado e combatido, e esse é o próprio curso da batalha pela vida: adentrar a batalha contra o *jötunn* representado pela natureza. Imitá-lo ou admirá-lo como um ideal sublime é uma ideia muito distante nessas circunstâncias. Seria estranho para Geirmund pensar na natureza como sendo bela, como as pessoas vêm fazendo desde que perdemos esse contato direto — talvez esse comportamento pressuponha uma existência urbana, alienação, turismo e uma boa dose de concepções clássicas. Também devemos lembrar que exaltar e embelezar significa criar distância entre nós e aquilo que elogiamos — significa afastar-se. Geirmund e seus contemporâneos dificilmente poderiam ter uma ideia como essa pelo simples motivo de que já se encontravam em meio à natureza: a separação entre o homem e a natureza não existia.

A antiga linguagem dos escaldos e, portanto, a mitologia mostram-nos uma cultura ainda relativamente intocada pelas ideias das terras mais ao sul. São as cenas do cotidiano que impregnam o imaginário. Nesse tipo de perífrase, conhecida pelo nome de *kenning* (*kenningar*, no plural), o céu é uma tigela ou uma bacia virada de ponta-cabeça. Bragi, o Velho, chama o céu de "tigela dos ventos", as estrelas são "os olhos dos *jötnar*". A serpente de Miðgarð mantinha os mares no lugar como um cinto segura as calças, era como o cadarço com que amarramos os sapatos, os aros que prendem as ripas do barril, as bordas da rede de pesca, a amarra da terra: a mitologia e a poesia escáldica refletem o dia a dia. Os troncos na praia transformam-se nos primeiros homens, a árvore no pátio da propriedade converte-se em modelo para a árvore do mundo, no centro de Miðgarð. Os elementos cotidianos eram exagerados e levados ao espaço cósmico e às dimensões incompreensíveis, que assim podiam oferecer um significado.

Para os vikings, era bonito ver os contrastes ou os opostos colidirem, mais ou menos como aconteceu no Surrealismo. Em vez de ver as formas naturais como belas e tentar imitá-las ou representá-las, os vikings tentavam criar uma tensão entre os elementos naturais para que assim surgisse uma imagem bizarra. Um *kenning* ou metáfora poética célebre como "cavalo do mar" para referir-se a um navio pode servir como exemplo. Mesmo sabendo que essa imagem representa um navio, encontramos uma certa alegria estética em visualizar a imagem com o olho da imaginação — um cavalo a galope sobre as ondas do mar.

Para evitar que as pessoas deixassem de visualizar essas metáforas poéticas, ou seja, para impedir que se transformassem em metáforas mortas, como acontece com os provérbios, desde então foi desenvolvida toda uma sistematização para os *kenningar* — regras para as metáforas ou regras para os conceitos como aqueles que se escondem por trás do cavalo do mar: O NAVIO É O ANIMAL DO MAR.[38] E, a partir de então, tornou-se possível criar imagens cada vez mais bizarras: um grande navio podia ser o "elefante do mar", enquanto um pequeno navio robusto tornava-se "o carneiro do mar". Em todos esses casos, os escaldos jogam com o contraste entre MAR e TERRA. Quando chamam o arenque de "andorinha na rede de pesca", são CÉU e MAR que se encontram. Vemos que o próprio *kenning* é formado a partir dessa alegria surgida com a tensão entre os opostos. Os opostos podiam ser de todo e qualquer tipo, mesmo que os elementos da natureza predominassem. NATUREZA e CULTURA são um par bastante popular, e PESSOAS e ANIMAIS são outro: ALTO e BAIXO colidem, em particular no que diz respeito a situações sociais em que ARISTOCRATA é associado a CAMPONÊS ou a ESCRAVO, como acontece, por exemplo, na expressão que se refere a travar uma guerra, "dar à luz lobos e corvos" (e não a animais domésticos, como fazem camponeses e escravos). Se encontramos uma imagem tranquila da natureza, geralmente essa imagem está prestes a colidir com a guerra e o sangue. SEXO e MORTE encontram-se, por exemplo, quando se diz que os mortos deitam-se com Hel, a entidade feminina que os recebe — uma figura obscura e melancólica.

Outro par é composto por HOMEM e MULHER. Nas moedas nórdicas do século VI em diante vê-se uma figura que tem simultaneamente barba e seios rodeada por símbolos rúnicos. Com base nesses elementos todos, podemos supor que esse seja um sentimento muito antigo entre os habitantes do norte. Na mitologia, foi a barba de uma mulher que serviu para amarrar o lobo Fenrir: esse e outros paradoxos revelam-se como as coisas mais fortes que existem, capazes de conter até mesmo o maior dentre todos os monstros. Nessas horas podemos vislumbrar uma crença ou um sentimento relativamente estranho a nós: o mundo foi criado a partir de uma colisão entre opostos, entre norte e sul, gelo e fogo; a força criadora surge da tensão entre os opostos da mesma forma como uma criança surge da tensão entre um homem e uma mulher.

Os velhos escaldos diriam que uma boa metáfora era uma justaposição de elementos que pareceria absurdo comparar, e que não tinham semelhança nenhuma um com o outro — a não ser por um detalhe ínfimo. A fruição estética estava em fazer com que o destinatário compreendesse a metáfora na escuridão do inverno, pensasse no que aquilo significava em meio à paz e à tranquilidade. Vemos assim que foram necessários cerca de mil anos para que os europeus retomassem essa concepção estética com o Surrealismo. Um teórico importante desse movimento artístico escreveu que "o único elemento capaz de conferir a uma determinada imagem um efeito bem-sucedido é uma similaridade impressionante contra a qual tudo ao redor luta com todas as forças". Além do mais, esse mesmo teórico usou as antigas metáforas escáldicas como exemplos de "boas imagens poéticas". André Breton escreveu no *Manifesto surrealista* que uma das principais ideias do movimento era retornar à maneira de pensar "em uma situação natural". A estética dos velhos escaldos demonstra que os surrealistas estavam na trilha certa.

A sociedade que podemos vislumbrar nas mais antigas canções escáldicas é uma sociedade ágrafa, ou pelo menos muito pobre na escrita. Os antigos incluíam os poemas entre os "conhecimentos verdadeiros", segundo escreveu Snorri, e era particularmente importante memorizá-los corretamente para que assim pudessem passar de um homem a outro. Os poemas incluíam recursos mnemônicos como aliterações, rimas internas e número constante de sílabas. Imaginamos que esses poemas eram recitados com o acompanhamento de melodias simples ou com uma declamação ritmada, mais ou menos como um rap, conforme eu já sugeri — o que também ajudaria a memorizar as palavras. E, nesse ponto, as imagens dos *kenningar* também adquirem uma importância central.

Há uma regra universal segundo a qual as pessoas lembram-se melhor ao valer-se de imagens, enquanto conceitos abstratos e palavras são mais difíceis de guardar. O verbo *muna,* que em nórdico antigo significa "recordar", deixa claro que já na época dos vikings as pessoas sabiam disso, uma vez que tem uma relação muito próxima com a palavra *mynd,* "imagem". O fato de que as imagens se apresentam de maneira bizarra faz com que permaneçam mais tempo na memória. A psicologia cognitiva demonstrou que imagens como essas têm um forte efeito sobre a memorização, chamado de *"the bizarreness effect"* — o efeito do bizarro. Os pré-cristãos tinham até mesmo desenvolvido um sistema baseado nesse conhecimento — o sistema dos *kenningar*, que possibilitava aos escaldos produzir uma série de imagens impressionantes. Desse modo, quando os escribas do século XIII afirmam que certos poemas são pré-cristãos, temos bons motivos para acreditar que isso seja verdade — pois os poemas podem ter vivido na tradição oral por muito tempo antes de serem fixados na escrita. A arte da memorização desaparece quando a cristandade e a cultura da escrita passam a prevalecer no norte.

A antiga arte escáldica oferece-nos um olhar sobre a vida sentimental que animava o peito de Geirmund, e, a partir de uma perspectiva moderna, essa é uma psiquê ao mesmo tempo estranha e fascinante.

A constante presença de Hel

Geirmund cresce em um mundo brutal, um mundo em que os destinos das pessoas estão postos uns contra os outros. O menino já viu cavalos e escravos serem açoitados sem derramar nenhuma lágrima; a doença, o sofrimento e a morte eram parte da vida cotidiana. As pessoas que não enxergam direito batem-se contra as paredes e tropeçam nas cercas, e têm pouca chance de se dar bem na vida. Nas camadas mais baixas da população, já viu rostos humilhados, braços e pernas inchados por inflamações e pústulas; já viu sofrimentos psíquicos e neuroses de perto; já viu pessoas carecas com tifo ou lepra vagarem sem qualquer tipo de assistência, completamente isoladas da sociedade.

Por outro lado, viu também as pessoas mais poderosas, que tinham de tudo em quantidade suficiente. Nos poemas mais antigos descobrimos que o rei da época pré-cristã era visto como um deus — ou pelo menos como um amigo próximo dos deuses. Uma boa relação com as forças do além revelava-se em boas colheitas e na manutenção da paz. O rei era simultaneamente um líder político e religioso na sociedade pré-estadista; seu poder consistia, por um lado, em fazer alianças com os deuses, por outro, em fazer alianças com figuras importantes.

Os limites entre os deuses e os antepassados lendários não eram claros, e essa constatação se aplica também a Avaldsnes, onde Geirmund cresceu em meio a montes tumulares ainda mais esplendorosos do que aqueles que vemos hoje — e, sem dúvida, na época de Geirmund, as pessoas acreditavam haver figuras históricas naquelas sepulturas. A sepultura funcionava como um local de sacrifícios e um centro de atividade política — em Flagghaugen (Kuhaugen), pode ser que o rei Hjör tenha sacrificado um animal e selado uma aliança com um aperto de mãos graças à força dos antepassados poderosos.

Desde então já circularam as mais variadas ideias sobre a morte no que diz respeito à relação que mantém com nossos antepassados. Hel, o reino subterrâneo dos mortos, era um lugar podre, frio e escuro; lá vivia-se a existência de uma sombra, como no Hades — mas com um clima digno de Bergen. Hel, a personificação da morte, era uma mulher feia e terrível, irmã do lobo Fenrir, e tinha o rosto preto como Geirmund. Ela andava pelos campos de batalha pisando nos guerreiros mortos e parava com o sorriso dos vitoriosos em cima do monte tumular do amado. Tanto os deuses como os homens estavam fadados a perder a batalha contra Hel. Não sabemos até que ponto essa personificação evoluiu no sentido de tornar-se uma concepção religiosa; sabemos apenas que vikings como Geirmund e Úlf não tinham nenhuma vontade de encontrar a senhora do reino da morte.

A ideia de Valhöll (Valhala) surgiu apenas mais tarde no imaginário nórdico antigo e nunca desfrutou de muita popularidade. Geirmund mal conhecia essa ideia. Outros desapareciam na montanha ao morrer e sentavam-se à mesa em um eterno banquete com os antepassados, ou transformavam-se em habitantes da sepultura dispostos a combater qualquer intruso. Ainda outros voltavam a andar sobre a terra, inchados e com o rosto azul; os que já eram feios em vida tornavam-se duplamente feios após a morte. Os mortos moravam em cachoeiras e pedras, os antepassados espreitavam nos arbustos em volta da antiga propriedade da família. Na época dos vikings, a morte não era motivo de alegria nem de reconciliação, como acontece na cristandade; qualquer coisa era melhor do que a morte: o cego é melhor do que aquele que morreu queimado, e ninguém tira qualquer serventia dos mortos — *nýtr manngi nás,* como diz o *Hávamál.*

No entanto, existe uma outra forma de reconciliar-se com a morte, uma forma que podemos dizer com certeza que os vikings dominavam tão bem quanto os povos que surgiram mais tarde: os vikings a ridicularizavam. O riso tem um grande poder conciliatório. Vemos a morte grotesca surgir em ambientes hostis e bélicos na época dos vikings — assim como o humor negro hoje em dia faz grande sucesso em salas de cirurgia e serviços de emergência. Þjóðolf de Kvin, um contemporâneo de Geirmund e Úlf, descreveu a morte em um poema em que a terrível Hel recebe os mortos e mantém relações sexuais com eles.

A conexão que os vikings mantinham com o divino pode ser descrita como uma relação de negócios. Há vários exemplos de que, quando a vida se tornava difícil, os pagãos cortavam relações com os deuses — e tanto os deuses como as nornas podiam ser repreendidos por um destino ingrato.[39] Não parece haver motivos para acreditar que essa seria uma crença mais primitiva do que aquela que temos hoje. Conforme Max Weber demonstrou em um estudo, em épocas mais tardias é igualmente fácil encontrar associações entre o bem-estar das pessoas e o favor dos deuses. Os pagãos, no entanto, andavam com o peito mais estufado perante os deuses: não tinham aprendido a envergonhar-se como pecadores nem a temer maldições ou o castigo eterno.

De acordo com uma antiga história, Óðinn (Odin) andava por Avaldsnes no início da cristandade. Pode ser que a história tenha um fundo de realidade. As fontes indicam que Óðinn era o deus mais importante na aristocracia, e provavelmente esse fato podia ser observado também em Avaldsnes na época dos vikings. Não é nem um pouco improvável que Geirmund tenha estabelecido uma ligação com esse deus caolho ainda menino — caso não tivesse o mesmo temperamento de Helgi, o Magro, amigo de mais tarde que "invocava Þór (Thor) para as viagens marítimas e empreitadas duras e tudo quanto era importante fazer".

Mas os deuses e possivelmente as deusas não são as únicas criaturas espirituais que circundam os vikings. O mundo de Geirmund Pele-Negra é densamente povoado por fantasmas e mortos-vivos, zoomorfos, gigantes, demônios e habitantes de tumbas (que com frequência eram também antepassados), elfos, anões e criaturas sobrenaturais dos mais variados tipos.

Algumas dessas criaturas são mencionadas já nos poemas escáldicos mais antigos de que se tem notícia. Nos textos legislativos antigos consta que não se deve assustá-las: era preciso remover as cabeças de dragão dos barcos vikings ao se aproximar da costa. A partir disso podemos afirmar que as pessoas não agiam movidas por uma crença ou por uma ideia, como hoje nos referimos a várias criaturas no contexto daquilo a que chamamos de folclore popular; na visão de Geirmund, essas criaturas eram tão reais quanto as pessoas e os bichos. O sonho, a arte poética e a fantasia ainda não tinham sido postos em categorias separadas da realidade, e não podemos excluir a possibilidade de que essas pessoas antigas conhecessem diferentes formas de vida, que nós, adoradores da razão, já há muito tempo perdemos a capacidade de perceber.

O menino de Avaldsnes ao mesmo tempo aprende e ganha vigor a cada dia que passa. Logo também vai precisar de todo o conhecimento e toda a força que detém para enfrentar aquilo que está por vir.

NO MAIS LONGÍNQUO E ESCURO MAR

A BIÁRMIA (861-866)

O FILHO: Essas coisas devem parecer maravilhosas para todos aqueles que as ouvem, inclusive no tocante aos *trolls* que dizem viver naquele mar. Sinto também que esse mar deve ser mais tempestuoso do que qualquer outro, e por isso me parece estranho que esteja coberto de gelo no inverno e no verão mais do que qualquer outro mar que exista. E parece-me estranho que as pessoas mostrem-se tão ávidas de para lá viajar, quando a viagem encerra tantos riscos à própria vida, e então me pergunto o que as pessoas buscam naquela terra que possa trazer proveito ou alegria...

O PAI: Queres saber por que as pessoas buscam aquela terra, por que se mostram ávidas em para lá viajar mesmo com tantos riscos à própria vida. Tudo isto se deve a três inclinações humanas. A primeira é a sede por competição e fama, pois é da natureza do homem buscar lugares onde se esperam grandes riscos à própria vida para assim obter glória e reconhecimento. Outra parte é a sede de conhecimento; também é da natureza do homem desbravar e ver as coisas que se contam, para assim saber se de fato são da forma como as contam ou não. A terceira é a sede de obter riquezas, pois o homem busca riquezas onde quer que tenha ouvido que estas possam existir, mesmo que isso envolva grandes perigos...

Konungs skuggsjá, aprox. 1250

A norte do mar de Dumb e do mundo dos *jötnar* encontra-se o país chamado Biármia...

Saga de Huldar

O ano é 861.

Geirmund Pele-Negra completou catorze invernos, um adolescente em uma cultura em que não existe o conceito de adolescente; naquela época a infância acabava aos doze anos. Geirmund tornou-se razoavelmente endurecido, é capaz de compreender até mesmo os mais complexos versos escáldicos e sabe criar *kenningar* próprios: "veio de ouro" é como chama a menina em quem pensa à noite enquanto risca o nome dela em runas em uma tábua. Tornou-se forte e hábil, e sua voz está mudando. Logo há de partir em uma longa viagem. Podemos ler no *Landnámabók*:

> *O rei Hjör devastava a Biármia. Lá tomou Ljufvina, filha do rei da Biármia, como prisioneira de guerra. Ela permaneceu em Rogaland quando Hjör partiu rumo à batalha. Lá deu à luz dois filhos, um chamado Geirmund, o outro, Hámund. Os dois eram totalmente pretos.*[1]

O testemunho deixado pelos antigos escribas acerca da Biármia é bastante exótico. Os geógrafos aceitam que o lugar situava-se além da periferia do mundo civilizado, e que era na Biármia que se encontrava a mais exótica de todas as sociedades. Heródoto chama as pessoas que lá moravam de "comedores de piolhos",[2] enquanto os árabes localizam o país além da sétima região junto ao mar da Escuridão e "somente Alá sabe o que existe mais além". Os russos chamavam essa região ao norte da Sibéria de País da Meia-Noite e, os habitantes, de samoiedos, ou seja, "os que comem a si mesmos"; além disso, acreditavam que as pessoas de lá morriam a cada inverno para depois voltar à vida. Tinham a boca entre os ombros e bebiam sangue humano. Os historiadores europeus mencionaram a "sociedade de amazonas" no extremo norte da Europa, que fazia fronteira com o reino dos lapões, onde as mulheres engravidavam de monstros e davam à luz meninos com cabeça de cachorro.

Aqui no norte os escribas da Idade Média afirmaram que as pessoas desse lugar eram capazes das mais poderosas bruxarias; tinham a pele preta e os rostos com a largura de um côvado (cinquenta centímetros), disparavam flechas venenosas que saíam dos dedos, comiam outras pessoas e podiam assumir a forma de qualquer animal e viajar para onde quisessem. Na Biármia, as morsas eram dotadas de apenas um olho e tinham sede de sangue; em meio às sereias nadavam monstros marítimos sem cabeça e sem cauda dispostos a atacar embarcações a qualquer momento...

Esse país levava as pessoas da época dos vikings a pensar nos Útgarðar e nos *jötnar*. Não podemos esquecer que, na época dos vikings, *jötunn* era a designação de um estrangeiro — escoceses, saxões e dinamarqueses eram todos chamados dessa forma. O norte longínquo provavelmente ganha contornos mais distorcidos à medida que adentramos a época cristã.[3]

Ainda hoje os islandeses usam a expressão "jornada à Biármia" para descrever uma viagem perigosa em que se arrisca muito pela chance de obter grandes riquezas — se a sorte ajudar. Essa metáfora islandesa indica que, dentre os três motivos que o autor do *Konungs skuggsjá* oferece para esse tipo de viagem, o econômico é provavelmente o mais importante.

Uma viagem absurda?

Agora temos à nossa frente um quebra-cabeça difícil. Quem tenta montar uma imagem completa se vê obrigado a tatear na zona cinzenta entre a pré-história e a história, pois as fontes são tão parcas em detalhes sobre a adolescência de Geirmund Pele-Negra quanto no que diz respeito à Biármia. Entre o tempo em que morou em Rogaland e o momento em que aparece na Irlanda, na década de 860, temos muito pouco em que nos basear. Precisamos fazer uma reconstrução a partir do que sabemos a respeito de Geirmund em outros períodos de sua vida, e de vez em quando temos de completar as lacunas usando conhecimentos gerais sobre a cultura viking — para então ver se o todo faz sentido. Além disso, precisamos dar uma volta enorme para jogar luz sobre o contato com a Biármia — uma volta pela cultura naval daquela época.

O mapa mostra uma distância imensa entre Rogaland e o mar Branco: o que poderia levar as pessoas de Rogaland, na época dos vikings, a fazer uma expedição tão longa, perigosa e complexa? Será que as histórias sobre a Biármia não passam de fabulações? Hjör não ia à Biármia para guerrear; estava mais interessado em matérias-primas valiosas do que em bens e ouro. O trajeto até as Ilhas Britânicas e a Irlanda era apenas um quarto do caminho. Para fazer pilhagens, seria mais rápido e mais eficiente parar lá.

Pouco adianta ter vantagem militar em um território estrangeiro onde a população local pode facilmente escapar levando os tesouros embora por conhecer melhor o terreno. O respeito mútuo e as obrigações assumidas em acordos relativos à troca de mercadorias eram um ponto de partida bem mais seguro para um acesso estável aos recursos necessários, para não falar das alianças de casamento entre as partes, como aconteceu nesse caso. Essa cooperação pacífica, no entanto, não era um tema muito interessante para as sagas nórdicas antigas.

Como uma expedição de Rogaland à Biármia era muito complexa, precisava dar bons resultados para valer o esforço. E, se havia uma pessoa devidamente atualizada em relação ao tráfego marítimo nas regiões do norte — tanto em relação ao ponto de origem dos navios como em relação às mercadorias que transportavam e o valor que tinham —, essa pessoa era Hjör de Avaldsnes.

Uma saga científica

Estou sentado na beira da cama da minha filha, esforçando-me para dar forma ao material que desencavei sobre a Biármia. Juntos, lemos um livro sobre Babar, o rei dos elefantes, que sai para fazer uma viagem de lua de mel na companhia da rainha Celeste. De repente, durante a visita que Babar e a esposa fazem a uma senhora, eu paro a leitura e digo que não posso mais continuar. Elefantes não podem se deitar em uma cama usando pijamas e bebendo chá. Não sei o que me leva a dizer uma coisa dessas — talvez eu quisesse saber o que a minha filha responderia a esse tipo de comentário cético.

"Se você acreditar, podem sim", ela diz, e assim põe fim à discussão. Impaciente, minha filha olha para mim e para o livro, e sinto que ela quer que eu continue a ler.

Depois começo a me perguntar se a minha filha, com aquela observação tão simples, não teria posto em palavras uma verdade mais profunda. Penso na situação em que eu mesmo me encontro, andando aos tropeços por um terreno acidentado de fontes fragmentárias: como apresentar o material de maneira que outras pessoas aceitem lê-lo? Será que devo apresentar os fragmentos sem tirar conclusões muito abrangentes? Ou será melhor criar uma história a partir do todo?

Chego, enfim, à conclusão de que é preciso acreditar na história que os fragmentos parecem contar. Nessa parte vou receber a inspiração dos antigos mestres das sagas, que julgavam que a escritura da história tinha de ser até certo ponto literária para que outros pudessem aceitá-la. Mesmo assim, a diferença já mencionada está no fato de que, enquanto os autores das sagas escondiam esse trabalho, eu chamo a atenção do leitor para o meu: cabe a cada um aceitar ou rejeitar os raciocínios que apresento. Juntos vamos fazer uma viagem à Biármia. Os detalhes são fundamentados da melhor forma possível nos conhecimentos que detenho acerca de navegação e da cultura viking. São detalhes ficcionais, mas não existem motivos para duvidar de que uma viagem como essa tenha de fato ocorrido. As fases mais tardias da vida de Geirmund, na Irlanda e na Islândia, indicam que ele devia ter conhecimentos exclusivos obtidos com um povo de caçadores que habitava as regiões ao norte. Além disso, ele tem uma mãe, uma esposa e uma filha que pertenciam ao povo de "forasteiros" na Biármia.

A viagem deve ter sido feita depois que Geirmund se tornara calejado o bastante para acompanhar o pai e antes que aparecesse aos vinte anos no domínio nórdico de Dublin. Talvez uma viagem à Biármia tenha sido o marco na transição de Geirmund Pele-Negra para o mundo dos adultos?

Durante nossa extensa viagem ao longo da Rota do Norte, vamos parar diversas vezes para analisar as várias questões ligadas à Biármia e ao povo que habitava esse lugar.

At búa skipið

Por semanas a fio houve uma grande atividade em torno dos preparativos naquela primavera de 861. O lugar se encontra lotado quando os navios se aprontam para zarpar de Nothaugbrygga, levados pelos ventos primaveris. Os navios, os cabos e o cordame cheiram a alcatrão e a óleo. Um brilho azulado envolve os cascos recém-impregnados no cais. Fazia tempo que o azul do mar ao norte não parecia tão atraente. Os homens içam a bordo as mercadorias apreciadas pelo povo de caçadores: são barris de manteiga, carne salgada e vários tipos de metal. Dois ou três broches elegantes e um traje feminino no estilo nórdico, e além disso uma aliança de ouro para a noiva.[4] Hjör também pode ter levado mercadorias do sul da Europa:[5] joias, metais como prata e cobre e tecidos como linho, seda e outros.

Tudo indica que o povo a ser visitado pelo rei Hjör não produz metais, mas pelo menos é um povo que aprecia artigos de metal. Podem tanto ser arpões e anzóis para a pesca como ferramentas dos mais variados tipos, o que inclui facas e machados.

Além das mercadorias destinadas ao escambo, há também as provisões do navio, que consistem em grande parte de farinha de centeio e farinha de aveia, manteiga, carne salgada, peixe salgado, peixe seco e bacalhau. Recipientes de madeira em tamanhos diversos com suprimentos de água, cerveja e leite fermentado; panelas e os apetrechos necessários para fazer fogo; sal — tudo precisa estar no lugar, sacos de dormir em couro precisam ser reparados e besuntados no lado de fora para tornarem-se impermeáveis, anzóis e redes são importantes para que a tripulação providencie alimento durante a viagem. Durante a navegação, podem ter usado uma tábua solar (*sólskuggafjöl*) para medir a altura do sol e pesos para medir a profundeza das águas em mares turvos ou desconhecidos. Hjör deve ter disposto de meios suficientes para bancar práticos que o ajudassem nas águas mais arriscadas e presentes para os reis e chefes que a tripulação havia de encontrar ao longo do caminho. Um bezerro deve ter ido junto, como sacrifício antes da viagem ao redor de Stad. E não podemos nos esquecer do equipamento próprio do navio. Antigos naufrágios mostram que os vikings levavam materiais para fazer reparos nas velas e no casco, bem como toda sorte de cabos sobressalentes.[6]

Além dos escravos responsáveis pela preparação da comida, os melhores homens de Hjör haviam de acompanhá-lo na viagem, bem como o poeta real Erp, o Corcunda. Todos guardam seus pertences em baús, que também fazem as vezes de assentos. Além de todos os conhecimentos que esses homens detêm, há também uma experiência sólida com o mar — o navio, que une a todos. Ljufvina e um pequeno séquito de biarmeses devem ter ocupado um lugar a bordo — e também o filho Geirmund Pele-Negra.

O outro filho, Hámund, permanece em Avaldsnes. Assim, mesmo que o navio naufrague com o pai e o filho, o trono ainda tem um herdeiro. Imaginamos que Geirmund tenha exigido a companhia do amigo e irmão de criação Úlf, o Vesgo. O feio e o vesgo encontram-se, portanto, juntos, tanto nessa hora como mais tarde na vida.

O navio não apenas torna possível essa viagem à Biármia: provavelmente, o navio é a própria razão para que a viagem seja feita. Sabemos que Geirmund cresceu em uma das mais avançadas sociedades da Noruega em termos de cultura naval.[7] É difícil estabelecer com certeza que tipo de navio fez-se ao mar em Avaldsnes naquela primavera, mas podemos imaginar que fosse capaz de levar uma grande quantidade de carga, pois de outra forma a viagem não valeria a pena. O mais natural seria imaginar um navio similar ao de Gokstad, capaz de levar aproximadamente dezesseis toneladas de carga. Esses navios são geralmente chamados de *kjóll* — navios de costado alto com grande capacidade de transporte, mas também utilizáveis numa guerra.

Imaginemos uma tripulação de dez a quinze homens em cada um dos navios de Hjör.[8] Temos dois navios de igual tamanho, e o próprio rei é o capitão de um deles. Na proa, os navios têm cabeças de dragão que servem para assustar espíritos e forças do mal que espreitam ao longo da velha Rota do Norte. Nos navios há pequenos botes usados para levar a comitiva do rei aos portos a serem visitados durante essa longa viagem.

Nessa situação, valem as palavras que Roald Amundsen, o desbravador do Polo Norte, empregou antes de suas expedições: é necessário prever todos os acidentes que possam ocorrer e planejar tudo em detalhe suficiente para que se tenha sempre o necessário para enfrentar qualquer desafio que possa surgir. Esses preparativos todos são designados com uma única expressão no antigo idioma nórdico: *at búa skipið*.

Com essas simples palavras é possível descrever tudo aquilo a que uma saga relutaria em dedicar mais de uma frase: "Eles prepararam o navio e fizeram-se ao mar e chegaram à Biármia...". Os autores das sagas tinham um interesse limitado por circunstâncias práticas e preferiam usar poucas palavras para falar sobre grandes acontecimentos. Esse é apenas um exemplo das dificuldades enfrentadas na reconstrução da vida cotidiana na época dos vikings tendo-se como pano de fundo os textos nórdicos antigos.

Mesmo assim, digamos como as sagas diriam: "Eles fizeram-se ao mar e tiveram bons ventos".

O encontro com Örnólf Barbatana-de-Baleia em Moster

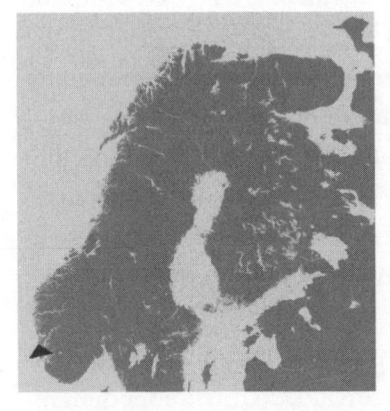 O tempo está claro e uma leve brisa primaveril sopra do sul quando os navios deslizam pelo Karmsundet e avançam rumo a Sletta. Ao norte vê-se a montanha Siggjo, de quinhentos metros de altura, um antigo vulcão que pode ser visto de longe.[9] Logo os navios passam por Ryvarden, o antigo marco entre Rogaland e Hordaland, e adentram o Bømlafjorden. Em um promontório a estibordo a tripulação vê o enorme monte de pedras erguido na Idade do Bronze que, provavelmente devido aos

contornos, recebeu o inusitado nome de Hjarrnagli — "unha de espada", hoje conhecido como Tjernagelshaugen.

O monte de pedras serviu como ponto de referência no promontório por quase 3 mil anos, mas na década de 1980 foi removido para dar lugar a um transmissor de ondas curtas que logo há de ser aposentado.

Em média, um dia de viagem marítima era o bastante para percorrer seis das antigas milhas náuticas, ou seja, 66,6 quilômetros — enquanto uma viagem por terra cobriria apenas metade dessa distância. O tempo que os navios passavam atracados ou esperando que o vento soprasse não entra nesse cálculo. Entre Avaldsnes e Bergen, a distância é de aproximadamente doze milhas náuticas — uma viagem de dois ou três dias. O rei Hjör há de matar várias lebres com uma cajadada só. Um dos projetos adicionais é visitar pessoas ao longo da Rota do Norte e garantir alianças com chefes e amigos à base de presentes e escambo.

O primeiro ponto de parada é Moster. Naquela época, morava lá um homem chamado Örnólf Barbatana-de-Baleia. Sabemos disso porque seu filho, Þórólf Barba-de-Moster, foi um homem que se destacou na colonização da Islândia. Logo o rei Hjör e seus homens deixaram para trás as três milhas náuticas que separam Haugesund de Mosterhamn.

Os navios entram em uma baía ao sul do porto de Moster e amainam as velas. Uma revoada de gaivotas sobrevoa um escolho no momento em que a âncora de pedra afunda na água. Geirmund pilota o navio que leva as pessoas à terra. Um olhar duro o acompanha para certificar-se de que o menino conhece as regras para aquela região.

Örnólf Barbatana-de-Baleia e seus homens largam as redes e preparam-se para receber a comitiva real. Um pequeno templo em meio aos vários montes tumulares causa uma impressão profunda nos viajantes. Três homens da tripulação que haviam comido porções consideráveis de mingau de centeio antes de fazer-se ao mar encontram um lugar discreto para defecar atrás dos montes tumulares. Infelizmente, a movimentação é percebida por um dos homens de Örnólf.

O rei e sua comitiva são bem recebidos, e Örnólf e o filho Þórólf mostram-lhes com orgulho a nova imagem de uma divindade no interior do templo. É o próprio Þór, de martelo em punho, recém-entalhado no ponto mais sagrado daquele território. O trabalho de artesania impressiona. Os homens ajoelham-se diante de Þór: Hjör, Geirmund, Úlf e outros membros da comitiva. Pedem força e proteção contra todos os espíritos do mal e todos os perigos — "Dá-nos sorte nessa viagem ao longo da Rota do Norte!".

Quando Örnólf e a comitiva saem do templo, um homem vem cochichar-lhe no ouvido. Ele detém o passo e olha para os homens, tendo logo atrás o filho Þórólf Barba-de-Moster, um pouco mais velho do que Geirmund e Úlf, o Vesgo. Örnólf explica que aquele é um solo sagrado, e apenas os membros da realeza podem defecar em Moster — todos os outros têm de ir até Escolhos de Cagar ("Dritskjærene"), ele diz, apontando para as rochas próximas ao porto onde todos faziam suas necessidades. "Quando se quer manter uma coisa sagrada, é preciso entregar-se por completo", acrescenta Örnólf Barbatana-de-Baleia. O rei Hjör gosta de homens como Örnólf, que têm um caráter irredutível.

Sabemos um pouco a respeito de Þórólf Barba-de-Moster, filho de Örnólf. Þórólf era um grande oferecedor de sacrifícios, e o *Landnámabók* conta que era um devoto de Þór que chamou seu território na Islândia de Þórsnes. Helgafell era uma montanha tão sagrada na ilha, que ninguém podia olhá-la sem antes lavar o rosto. Þórólf e seu povo acreditavam que, uma vez mortos, chegariam a uma espécie de reino dos antepassados na montanha. Þórsnes também era um lugar sagrado na Islândia, e Þórólf obrigava todos a atravessar a água para defecar nos Escolhos de Cagar. Segundo a *Eyrbyggja saga*, após a morte de Þórólf certos islandeses desrespeitaram essa regra sagrada. Essa desobediência levou a uma batalha que acabou com homens mortos e feridos ao redor dos Escolhos de Cagar. Essas sagas oferecem-nos um vislumbre da vida em Moster. Nem Þórólf Barba-de-Moster nem Geirmund Pele-Negra podem imaginar que anos mais tarde serão vizinhos em uma ilha distante e deserta no meio do oceano.

À noite, Örnólf narra a velha saga de Njörð e Skaði, a quem chama de lapã. Ele dirige a palavra a Hjör, porém olha para Ljufvina: "Njörð teve que aceitar um meio-termo e tanto ao casar, não?".

Na manhã seguinte há uma troca de presentes em frente à morada do chefe na antiga Þórsland, a "terra de Þór". Assim, Þórólf veio da terra de Þór e estabeleceu-se em Þórsnes, na Islândia, e supostamente era devoto de Þór. Hjör oferece uma joia de prata para a esposa de Örnólf e uma capa escarlate para o próprio, que em troca lhe oferece uma imagem em bronze do bom amigo Þór. Na época dos vikings, os presentes traziam consigo deveres sociais que incluíam entre outras coisas a exigência de lealdade da parte do receptor, e por isso eram a melhor forma de que os chefes vikings dispunham para manter as posições que ocupavam.[10]

Quando Örnólf e seus homens acompanham o barco dos convidados até os navios, ele olha para Geirmund, o filho do rei, postado junto à popa. Enquanto anda dentro d'água a caminho da orla com os sapatos de couro amarrados, ele grita para o menino que jamais deve relacionar-se com os deuses com reservas ou hesitação — "O sagrado exige que te entregues por completo!".

Alianças com povos de feiticeiros no norte

Segundo o relato das mais antigas fontes, o rei Hjör não foi o primeiro a estabelecer uma aliança com povos do oceano Ártico. Nesse ponto temos de nos basear no contato mais bem documentado entre os lapões e os noruegueses, imaginando que o contato com os habitantes da Biármia tenha sido parecido. Em primeiro lugar, a teoria arqueológica sustenta que esse contato deve ter existido desde a Idade do Ferro. Essa conclusão pode ser tirada a partir de túmulos em que se encontraram simultaneamente traços da antiga cultura nórdica e da cultura lapã, o que demonstra a existência de alianças entre esses povos. Em segundo lugar, as fontes escritas mais antigas trazem narrativas sobre os frutos desses casamentos e chamam-nos de "meio-*trolls*".

Além disso, o *Ynglingatal*, escrito por volta do ano 890, traz antigas histórias sobre alianças feitas entre homens nórdicos e mulheres lapãs. As histórias que o escaldo Þjóðolf menciona no poema devem ter sido correntes naquela época e descrevem alianças de casamento feitas sob premissas errôneas da parte dos nórdicos. Os reis no poema ou são criminosos ou comportam-se com soberba, e via de regra têm uma morte que corresponde ao crime perpetrado.

Vanlandi, o primeiro rei, não se esforça no sentido de integrar a esposa lapã à cultura nórdica. Permite que a esposa Drifva permaneça entre os lapões e volta para casa após prometer que havia de visitá-la a cada três invernos. Passados dez anos sem que o rei jamais aparecesse, Drifva pede a uma feiticeira que o leve até o norte, ou então o mate se esse plano falhar. No fim Vanlandi morre sufocado por uma das criaturas sobrenaturais conhecidas como *mara*.

Outra história descreve um rei que começa uma guerra na Lapônia e mata o chefe desse povo juntamente com diversos membros da família antes de levar consigo a filha, provavelmente contra a vontade dela. Há também a história do rei Agne, que, assim como o rei Hjör na história do *Landnámabók*, havia pegado uma mulher do norte como prisioneira de guerra. A mulher pede ao rei para celebrar o tradicional banquete em honra do pai recém-falecido e aproveita a ocasião para matá-lo enquanto estava bêbado. Os homens de sua comitiva amarram cordas ao redor do pescoço do rei e o erguem para que assim "dome o cavalo do patíbulo", que é como o escaldo, de maneira precisa e grotescamente espirituosa, descreve os espasmos do enforcamento: o enforcado é comparado a um cavaleiro montado em um cavalo indócil. A metáfora indica que aqueles que tentarem domar as mulheres do norte como se fossem animais também vão ter que domar o cavalo do patíbulo. Cabe dizer que em todos os casos trata-se de filhas que pertenciam à mais elevada camada social entre os "finlandeses".

As histórias são um alerta claro sobre o que espera aqueles que oprimem o povo do norte. No fundo encontramos o mesmo *ethos* presente nas descrições segundo as quais os escandinavos mantêm um contato pacífico e amistoso com os lapões, e segundo as quais essa cooperação é marcada pelo respeito.[11] Há motivos para crer que essas histórias baseiam-se em acontecimentos reais — pois, se não fosse assim, não teriam sobrevivido por todo esse tempo na cultura oral. Tudo isso está de acordo com as descobertas científicas feitas nas últimas décadas, que demonstram que o contato inicial entre os escandinavos e o "povo de recursos" do norte era marcado pela cooperação e pelo respeito mútuo.

A *Hálfs saga* conta que Hjörleif, o Mulherengo, avô de Hjör, tinha consigo quarenta homens quando zarpou rumo à foz do Duína do Norte, onde hoje se localiza a cidade russa de Arcangel. Um terço dos homens tinha como missão pilhar um monte tumular onde supostamente encontraram muitos objetos — e no meio-tempo os outros dois terços deviam combater os homens da Biármia.

Mesmo para um grande número de homens, a pilhagem de um monte tumular de grandes dimensões deve ter levado tempo. Hoje em dia, muitos pesquisadores acreditam que originalmente o que se buscava na pilhagem de montes tumulares não eram riquezas — o mais importante era pilhar simbolicamente os resquícios deixados pelo morto, e assim fazer uma demonstração de força.

Mesmo que possamos descartar a hipótese de que homens tenham viajado de Rogaland ao mar Branco para guerrear e pilhar montes tumulares, isso não significa dizer que podemos tratar a história toda como se não passasse de uma fabulação. Com base em descobertas arqueológicas, muitos pesquisadores acreditam que os primeiros contatos com a Biármia devem ter ocorrido muito antes da expedição de Ottar. Na antiga tradição nórdica há vários exemplos em que um homem idôneo que trazia mercadorias valiosas do oceano Ártico mais tarde se torna um saqueador de montes tumulares.

Também podemos encarar os diversos relacionamentos de Hjörleif como "resquícios" de alianças de casamento feitas com povos do norte e do sul. Hjörleif se casa com uma mulher de Namdalen e, no sul, com uma mulher de Hedeby, na Dinamarca: a esposa do norte garantiria o acesso aos recursos, enquanto a outra asseguraria um ponto de acesso ao mercado europeu. Mais tarde, Harald Belos-Cabelos fez exatamente o mesmo: casou-se com a filha do *jarl* Hákon Grjótgarðsson no norte e com uma princesa dinamarquesa no sul.

Aqui, como em outras ocasiões, as pessoas que escreveram a história parecem não recordar os detalhes, e assim recorrem a anedotas e a tudo aquilo que parece atraente do ponto de vista existencial — e é a partir desse material que surgem as sagas orais. Ao contrário daquilo que se escreve na corte de Carlos Magno, não são apenas os povos do sul da Europa os responsáveis pela imagem do viking belicista. O comércio pacífico não serve como material para uma história ou uma saga oral — porém o mesmo não pode ser dito a respeito de vinganças, inimizades e pilhagens.

O encontro com Þórólf, o Tenaz, em Atløyna

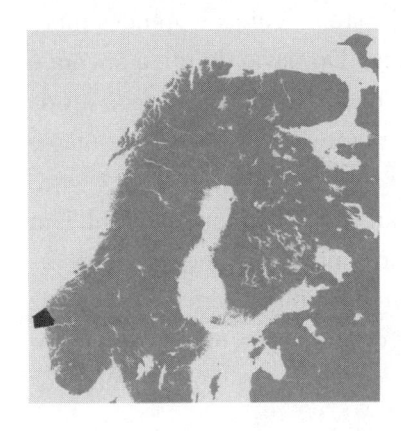 Os navios seguem fazendo caminho pela antiga Rota do Norte. Os jovens, Geirmund e Úlf, aproveitam a ocasião como treinamento para marear a vela do navio. Os enormes homens da tripulação gritam com vozes que rasgam o vento e estalam em meio a cabos e tábuas: "Retesem a amura! Cacem a escota! Assim vamos dar à costa!". Os homens sorriem por trás da barba quando os jovens os encaram com olhares interrogativos depois de executar os comandos. Mostram que têm um sentimento de responsabilidade — estão crescendo de maneira saudável.

Em Herdla, ao norte de Bergen, os homens passam três dias em terra com as rajadas dos ventos setentrionais assoviando no massame e na mastreação. Para ir à Biármia e voltar para casa na mesma temporada, é preciso zarpar na primavera — mas nessa estação o vento norte sopra com demasiada força. Felizmente, esse vento também anuncia sol e tempo bom, especialmente ao sul de Stad. Os dias passam com tarefas variadas. Os novos ovéns de tília precisam ser caçados depois de passar uns dias parados, e os novos remos mostram-se pesados demais, de maneira que os homens põem-se a retrabalhá-los com plainas. Outros tentam equilibrar-se em cima de um cabo estendido de um lado ao outro do navio. E finalmente um vento fresco sopra do sudoeste! O vento chega trazendo chuva, mas de que importa se o navio fizer bom caminho? Claro que é difícil enxergar os pontos de referência ao longo da rota em meio à chuva e à névoa, porém dois dos homens a bordo, Ögmund Babão e Eyvind Nariz-Largo, conhecem aquelas águas como a palma da mão e não precisam ver mais do que um rochedo para saber onde se encontram. Mas no fim os dois acabam discordando quanto à localização do navio. Por sorte a rota é simples e fácil de seguir naquela parte do trajeto.

"Que neblina de merda", lamenta-se Eyvind Nariz-Largo.

"E pensar que as pessoas moram por aqui", acrescenta Ögmund Babão.

O navio avança a norte de Stokksundet, rumo a Fitjar.

Em Atløyna, no Sunnfjord, Þórólf, o Tenaz de Sogn, e seu povo recebem a esquadra que chega pelo Sauesundet, a sudoeste. Menires e grandes montes tumulares revelam-se em ambas as margens. Do navio do rei, a âncora é lançada no excelente ancoradouro natural, e logo a comitiva é levada à orla de barco. Na praia, os bons amigos cumprimentam-se com apertos de mão e palavras calorosas. Þórólf traz uma capa azul sobre os ombros, e com o semblante reluzente sob a cabeleira branca mais parece o sol em um céu azul. Um momento daqueles faz com que o jovem Geirmund se esqueça de todas as preocupações. A palavra do nórdico antigo *frœndi* ("amigo") tem a mesma raiz que o verno *frjá* — "amar". *Fíandi* ("inimigo"), por outro lado, origina-se a partir do verbo *fía/fjá* — "odiar". No fundo o mundo é simples: os amigos amam, os inimigos odeiam.

Toda ficção traz um vislumbre da realidade. Existe uma correspondência notável entre a mitologia e aquilo que sabemos acerca do contato da antiga cultura nórdica com as regiões mais ao norte.[12]

A morada dos *jötnar* na mitologia chama-se Útgarðar, e as fontes indicam que fica muito ao norte ou muito a leste. "Finlandês", "lapão", "biarmês" e "sámi" são designações com frequência postas lado a lado com *jötnar, trolls* e outras criaturas míticas na antiga literatura nórdica. *Jötunn* era qualquer pessoa à margem da sociedade; uma pessoa que não cultivava os mesmos valores, as mesmas regras e normas — um forasteiro.

Não causa nenhuma surpresa saber que os povos mais ao norte, que falavam uma língua completamente distinta e tinham pele mais escura e fisionomia diferente, fossem associados aos *jötnar* mitológicos. Ainda em 1856 um pesquisador chamou a mãe biarmesa de Geirmund Pele-Negra de *ekki mennsk,* ou seja, não humana. Nesse caso, devia ser uma *trollkone,* como as chamavam — uma das mulheres inuítes que Þorgils encontrou na costa leste da Groenlândia na *Flóamannasaga.*

Contudo, a mitologia nos conta outra coisa — a saber, que dos *jötnar* vinham todos os recursos necessários e preciosos de que as pessoas precisam: são os *jötnar* que trazem as matérias-primas e o trabalho manual necessários à cultura.

Um espelhamento dessas práticas sociais pode ser encontrado no fato de que os deuses de Ásgarð podem ter esposas da raça dos *jötnar,* enquanto os *jötnar* não podem ter esposas de Ásgarð. Esse detalhe também aparece na linguagem jurídica da Noruega, em que consta que os meio-carelianos e os meio-finlandeses são aqueles que têm uma mãe finlandesa. Qual é a situação daqueles que têm um pai sámi?[13]

A linguagem jurídica sugere que uma pessoa dessas jamais teria existido. Na antiga literatura nórdica não se encontra um único exemplo de que homens fino-úgricos tenham se estabelecido na Noruega e tido filhos com mulheres norueguesas! A exceção fica por conta de Loki Laufeyjarson, filho do *jötunn* Fárbauti e da deusa Laufey — mas há o risco constante de que precipite o colapso de Ásgarð.

Quando encontramos os feiticeiros de pele escura de Hálogaland, as fontes contam-nos que eram *jötnar* por parte da mãe e que tinham epítetos como "meio-*troll*" ou "meio-gigante da montanha". Harald Belos-Cabelos aliou-se ao mestiço Björgólf "meio-gigante da montanha" sob a encosta de Torghatten, no Brønnøysund. Não por coincidência, Björgólf fazia "expedições de finlandês" e mantinha "tesouros de finlandês". Esse trecho, que aparece na *Egils saga,* mostra o mesmo tipo de situação que encontramos no caso de Hjör e Geirmund.

O rei Hjör, que viaja rumo ao norte para obter recursos importantes, leva-nos a pensar em Óðinn, que parte rumo a Útgarðar em busca de objetos e tesouros dos *jötnar.* Assim como Óðinn obtém riquezas para Ásgarð, Hjör leva para Rogaland as mercadorias responsáveis por manter a cultura do lugar. Outro traço comum é que ambos têm uma atração forte pelas mulheres dos *jötnar.* Óðinn visita essas poderosas mulheres para com elas ter filhos "robustos", ou então para obter coisas exóticas, como o hidromel da poesia.

Geirmund Pele-Negra, o viking negro, é, portanto, um meio-*troll*. Homens de ascendência mestiça são os mais fortes que existem, segundo um esquema narrativo bastante popular entre os escritores das antigas sagas nórdicas.[14]

Talvez seja demasiado limitante tratar o casamento de Hjör com Ljufvina como o simples resultado de motivações econômicas. O casamento também pode ter surgido a partir da ideologia pré-cristã que fomentava o desejo de líderes nórdicos por estabelecer contato com os povos mais ao norte, mesmo que os achassem feios.

Alianças na Rota do Norte

Por anos, ao longo de toda a rota que levava ao norte, haviam governado chefes que não tinham acima de si nada além da natureza e dos deuses — isso se acreditassem mais na força dos deuses do que na própria força e poder. Os chamados "homens do Mýrar" — Kveldúlf e Grím, o Careca, da *Egils saga* — oferecem bons exemplos de obstinados chefes locais: nenhum deles quis dobrar-se perante o rei Harald, e assim tiveram de ir embora. A honra e a linhagem eram o fio mais importante do tecido social, e a honra é uma explicação importante para a imigração rumo à Islândia durante o reinado de Harald Belos-Cabelos. Para muitos desses chefes poderosos, não seria admissível tornar-se um subordinado da noite para o dia — eles representavam linhagens que haviam governado a região durante séculos.

Sabemos um pouco a respeito do chefe Þórólf, o Tenaz — mas é realmente pouco. Há motivos para crer que valorizava a própria honra acima de tudo. O *Landnámabók* diz o seguinte a respeito de Þórólf:

> *Þórolf, o Tenaz, era o nome de um homem notável de Sogn. Ele teve desavenças com o jarl Hákon Grjótgarðsson e foi à Islândia a conselho do rei Harald [...]. O filho chamava-se Ófeig, casado com Otkatla.*[15]

Esse é um dos raros pontos em que podemos verificar que Harald Belos-Cabelos encorajava as pessoas a imigrarem para a Islândia; quase sempre se diz que Harald cobrava impostos dos que viajavam para lá. Podemos imaginar uma aliança entre Þórólf, o Tenaz, e Hákon Grjótgarðsson antes que Hákon se aliasse a Harald e selasse essa aliança oferecendo a filha Ása em casamento. Nesse ponto Þórólf deve ter sido afastado das relações de poder, uma vez que somente havia lugar para um único *jarl* (representante do rei) em cada região.[16]

Além disso, vale a pena dedicar um pouco mais de atenção a outros dois aspectos: Hákon Grjótgarðsson e Þórólf, o Tenaz, mantiveram o domínio sobre boa parte do trajeto ao longo da antiga Rota do Norte.[17] Assim podemos entender por que o rei Hjör — e mais tarde Harald Belos-Cabelos — queriam falar em pé de igualdade com esses homens.

O outro ponto é o seguinte: Þórólf, o Tenaz, e o filho Ófeig mais tarde fugiram para a Islândia e fizeram uma aliança com Geirmund Pele-Negra. Essa aliança foi selada quando Þorkatla, a filha de Ófeig, tornou-se uma das esposas de Geirmund na Islândia. A essa altura, Þorkatla ainda era uma criança de colo nos braços da mãe, Otkatla. Podemos supor que o contato entre as duas famílias na Islândia tenha se baseado em uma tradição iniciada na Noruega, e por isso eu prefiro ver o rei Hjör e Þórólf, o Tenaz, como dois importantes aliados no que dizia respeito à Rota do Norte. Os homens de Sogn que mais tarde fugiram de Harald fariam uma visita a Geirmund ao chegar à Islândia, pois sabiam que boas notícias os esperavam.

A visita a Hornelen em Bremanger

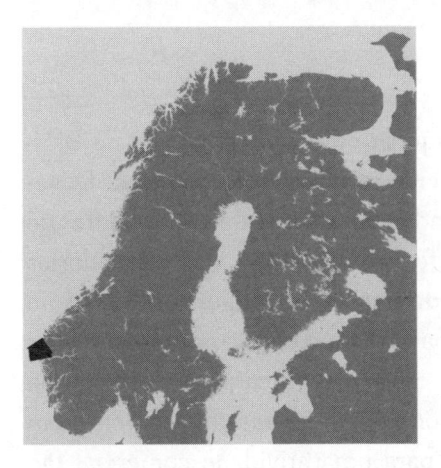

A visita a Þórólf, o Tenaz, não demorou muito. No dia seguinte, uma rajada começou a soprar constantemente do sudoeste — o tempo ideal para os que viajavam à Biármia. Depois de colocarem a bordo uma enorme âncora de ferro — comprada dos célebres ferreiros de Firðafylki — e da troca de presentes entre Hjör e Þórólf, os homens avançam rumo a novas aventuras, desta vez levando os cordeiros de Þórólf em um dos navios. Os animais serviriam mais tarde para acalmar o deus do tempo durante a chegada a Hornelen.

No Granesundet, Geirmund tem a honra de ocupar o remo do comandante. O novo prático, Þorgils Piolhento, dá uma instrução clara sobre o curso a seguir: uma linha reta até o fim do promontório de Stavenesodden, onde podem ser vistos todos os montes tumulares. Geirmund aprende que várias gerações dos poderosos chefes de Firðafylki encontram-se lá enterradas.

Quando os navios chegam a Stavfjorden, Þorgils Piolhento avança até a proa do navio. Primeiro dá a impressão de estar lendo as nuvens, mas logo começa a farejar o vento como um cachorro. Se Þorgils não fosse o responsável pela vida de todos a bordo, provavelmente os homens teriam rido daquela cena, mas ninguém riu.

"Vamos tomar a rota interna", diz o prático enquanto retorna à popa.[18] Era a ordem para que os navios avançassem por dentro de Svanøyna e de lá navegassem direto rumo a norte, em direção ao Helleviksundet, e depois para o Brandsøysundet, onde existem ainda mais montes tumulares do que em Stavenesodden. Como um forte vento oeste também sopra, certos homens a bordo já começam a se preocupar com as rajadas descendentes que devem aguardá-los em Frøysjøen. Mas a proa alcatroada com cabeça de dragão parte as ondas e avança rumo ao norte — somente uma calmaria total pode deter a vontade por trás daquele espumante cavalo das ondas.

O que se encontra na Biármia?

O *Heimskringla* enfatiza que, além de saquear ouro e mercadorias na Biármia, os vikings também haviam estabelecido um comércio de peles. Devemos lembrar que o comércio na Groenlândia começou a florescer no fim do século x. Essa nova "Biármia" pode ter fornecido muitas das mercadorias do oceano Ártico, que antes haviam levado importantes figuras nórdicas ao mar Branco. Mas pode ser que tenha havido mudanças na demanda por mercadorias da Biármia quando a antiga cultura nórdica passou a ter uma cultura escrita. Um comércio de mercadorias de luxo baseado somente em peles dificilmente seria razão suficiente para uma atividade comercial tão abrangente — em especial em um período tão antigo como a época das viagens feitas pelo rei Hjör.

Quase tudo indica que o motivo para a viagem à Biármia no fundo era simples: não existe rei sem poder militar, e no oeste da Noruega, na época dos vikings, esse poder era a força marítima. Um rei do oeste precisava de uma esquadra numerosa para não ser atropelado por outros centros de poder ao longo da costa — e isso valia especialmente para o rei que comandava um posto alfandegário central na Rota do Norte e mantinha comércio na Rota do Oeste.

Para construir e manter um barco viking era preciso ter acesso a uma grande quantidade de mamíferos aquáticos das regiões polares, como as grandes espécies de foca e particularmente as morsas. Nesse caso, seria necessário ao rei Hjör viajar à Biármia para obtê-los. Os cabos feitos de morsa, conhecidos pelo nome de *svarðreipi*, desempenhavam um papel decisivo nos grandes navios, porque a pele das morsas é "grossa e boa para a fabricação de cabos", segundo diz o *Konungs skuggsjá* — e da mesma forma os cabos de couro de foca eram muito procurados para guarnecer o massame dos navios menores. Uma vela dos grandes navios vikings podia medir centenas de metros quadrados. O estai, ou seja, o cabo que vai do topo do mastro para a proa, tinha que ser o mais forte possível, e naquela época somente os cabos feitos de pele de morsa tinham a resistência exigida contra a força dos ventos. Os cabos que desciam pelo mastro eram chamados de *hǫfuðbendur*. É muito revelador que as pessoas usem esses cabos como metáfora para a força no antigo idioma nórdico.[19] Nem mesmo sessenta homens conseguem romper um cabo de pele de morsa, de acordo com o *Konungs skuggsjá*.[20]

Tanto os navios como as armas tinham de ser da mais alta qualidade possível — a vida e a segurança da tripulação dependiam totalmente disso. Se o estai se rompesse nas águas do Stadhavet, de nada adiantariam preces e sacrifícios para Þór. Se uma espada se quebrasse durante uma batalha, esse era o fim.

O óleo obtido a partir da gordura de focas e morsas também era muito importante e funcionava como uma segunda razão para que o rei Hjör e seus homens se lançassem rumo ao norte. Esse óleo tinha uma enorme importância para a cultura naval e, no entanto, é um aspecto comumente ignorado da economia viking.

A terceira mercadoria que o rei de Avaldsnes buscava é uma velha conhecida dos pesquisadores: a partir da metade do século IX os europeus tiveram dificultado o acesso ao marfim africano, o que abria um grande mercado para as presas de morsa.[21]

Para quem tinha essas mercadorias em estoque, o status em casa estaria garantido; e esses homens tornavam-se populares também na visão de outros chefes. Quando os groenlandeses nórdicos queriam o apoio de figuras importantes da Escandinávia para expandir os negócios, ofereciam-lhes uma grande quantia de presas e peles de morsa como presente.[22] O rei Hjör voltou-se para a realeza nórdica em Dublin. Não havia morsas na Irlanda nem nas Ilhas Britânicas durante aquela época. Por outro lado, havia muitas esquadras de navios vikings. A importância da morsa como mercadoria de importação era fundamental. A arqueologia menciona apenas as presas — os cabos e o óleo jamais serão encontrados pelos arqueólogos.

Novamente os contornos dessa história começam a se revelar.

Nesse momento encontramo-nos na terra natal das morsas, a leste do mar Branco — tradicionalmente, a região mais propícia para a caça da morsa do Atlântico. A partir da segunda metade do século IX, os noruegueses tinham de fazer uma longa viagem ao leste, que começava no Cabo Norte, para obter essa mercadoria, uma vez que já não se encontravam morsas com facilidade na costa da Noruega. Na foz da baía de Mezen, junto ao estreito do mar Branco, encontramos a ilha Morzhovets ("Ilha das Morsas"). No século IX as pessoas sabiam que havia uma grande população de morsas da ilha Kolguyev e em particular na foz do rio Pechora, bem como na costa leste de Nova Zembla, onde os samoiedos caçavam e pescavam. Não importava a distância que se navegasse rumo ao leste em busca desses animais: havia uma longa tradição segundo a qual as mercadorias das terras ao leste eram trazidas para o oeste e vendidas às margens do Mezen.

Ottar de Hálogaland, um contemporâneo do rei Hjör, conta que "foi até lá [à Biármia] acima de tudo por causa das morsas". Não sabemos exatamente quando Ottar viajou ao mar Branco. A maioria dos pesquisadores supõe que tenha sido no período compreendido entre 870 e 880, mas pode ter sido muito antes, caso tenham se passado anos entre a viagem em si e o relato feito para o rei Alfred da Inglaterra e seus escribas. Ottar conta sobre as belas presas e explica que as peles de focas e morsas são uma matéria-prima extraordinária para a fabricação de cabos. Sabemos que nesse ponto ele se refere às maiores espécies de foca, como as focas-barbudas e outras ainda maiores, uma vez que não era possível empregar a pele de focas pequenas na fabricação de cabos.

A viagem continuou sem problemas até que os navios chegassem a Frøysjøen e os homens fixassem o olhar nos 860 metros de altura da montanha de Hornelen. Nesse momento, Geirmund e a tripulação viram-se à mercê do mau tempo. O vento soprava com toda a força, porém o rei Hjör, o prático e os homens mais experientes da tripulação concordaram que seria melhor tentar deixar a montanha para trás antes do entardecer. Hjör grita para Geirmund que seria necessário descer ao porão e buscar um dos cordeiros. O animal o encara com olhos arregalados. "Hás de encontrar Þór, meu amigo. Não temas", ele sussurra no ouvido daquele pequeno animal cornudo. O rei Hjör desembainha o punhal. Sem hesitar, corta o pescoço de um lado ao outro, e o sangue escorre-lhe pelo braço com um ritmo bem definido enquanto segura o animal por um dos chifres. As pernas se debatem: "Para ti, meu bom amigo Þór — protege a nossa esquadra!". Com os ruídos do som gorgolejante ainda na garganta, o cordeiro é jogado ao mar e bate-se contra as águas com um chapinhar abafado.

Em Frøysjøen tudo corria bem, e a brisa fresca do oeste chegava do mar com um ritmo constante e agradável. Mas ao se aproximar de Hornelen os homens veem que as rajadas descendentes sopram com força e perturbam as águas, e antes que pudessem fazer qualquer outra coisa uma dessas rajadas atinge a vela do navio. Ventos fortes sopram de todas as direções. Objetos soltos começam a rolar pelo convés, e, de repente, o navio joga com força; Geirmund pensa que a embarcação pode virar. O casco estala quando os ovéns se retesam, o navio aderna e tanto os objetos como os homens escorregam para o lado mais baixo. Os que conseguem segurar-se olham diretamente para o mar. Logo o navio muda de velocidade e torna a se endireitar, mas o vento ainda assovia entre os paredões de rocha. A bordo, marinheiros barbados e suados trabalham com todas as forças para folgar escotas e tralhas, bracear a verga, aguentar ou marear a vela; trabalham juntos, mas trabalham como um único homem e pensam como um único homem — e, por isso, são fortes.

Cinco homens aguentam os cabos, sem contar aquele que braceia as vergas. Com o gosto de sangue na boca, os homens navegam à bolina cochada para no instante seguinte receber uma rajada de vento em popa. Na ré do navio, o rei Hjör não para de gritar ordens. O mais perigoso é receber uma rajada de vento na parte frontal da vela, capaz de empurrar o navio contra o mar de maneira que o casco inteiro acabe debaixo d'água antes que haja tempo para se fazer qualquer coisa. Nessas horas, o importante é amainar a vela o mais depressa possível. De repente o navio aderna com uma das rajadas, e Geirmund ouve Úlf, o Vesgo, sussurrar que todos podem acabar mortos.

Antes que Geirmund possa responder, tudo acaba: o navio para com a vela arriada — até que a próxima rajada torne a soprar para levá-los adiante. Para distanciar-se da montanha o mais depressa possível, a esquadra costeia o Rugsundet pelo norte. A rota leva mais tempo, porém é mais segura, e por fim as condições de navegação voltam a ser favoráveis, o que leva todos a sentirem-se aliviados por ter deixado Hornelen para trás.

Quem eram os biarmeses?

A palavra "biarmês" é relacionada à antiga palavra nórdica *skrælingi,* que se referia a diferentes povos, como os inuítes e os indianos.[23] Os noruegueses que praticavam comércio no mar Branco durante o século IX não tinham nenhum conhecimento nuançado a respeito dos diferentes povos que por lá viviam, e por isso era natural que vissem os biarmeses da mesma forma como viam outros povos muito diferentes.[24]

Mas quem eram os biarmeses para o rei Hjör? Podemos encontrar nossa pista inicial prestando atenção às mercadorias que o rei e seus homens buscavam. O rei Hjör tinha estabelecido uma aliança de casamento com um povo da Biármia. Assim, as expedições não eram viagens para um mercado onde pretendesse comprar e vender mercadorias, uma vez que não é preciso uma aliança de casamento para esse tipo de comércio; segundo tudo indica, Hjör tinha contato direto com as pessoas que detinham os recursos que procurava. Para o rei, provavelmente os biarmeses eram o povo que se ocupava com a caça de mamíferos marinhos.

***

Os primeiros a escrever sobre os povos do extremo norte foram os árabes. Os árabes tinham um grande interesse pelo exotismo do norte e compravam peles daquela região por intermédio de comerciantes búlgaros em Kazan, cidade em que o rio Volga faz uma curva rumo ao sul. As luxuosas peles de raposa e zibelina do Ártico foram apresentadas pelos comerciantes búlgaros ao sultão junto com uma excelente história.

Os árabes chamam os povos do extremo norte de *wīsū* e *yūrā* e os colocam atrás do "sétimo clima" junto ao "mar Obscuro" — ou seja, o oceano Ártico.[25] O comércio entre os búlgaros e os *yūrā* é descrito como um comércio mudo: os caçadores punham as mercadorias à vista enquanto se mantinham escondidos atrás de uma barraca, para depois buscar o pagamento deixado pelos búlgaros. Uma forma muito eficaz de evitar problemas de comunicação![26]

Em 1275, o autor al-Quazwīnī escreve o seguinte a respeito do povo *wīsū* que procura o povo *yūrā*:

> *Os habitantes de Yūrā não têm campos nem animais que deem leite, mas por outro lado têm numerosas florestas, e é destas e dos peixes que retiram o alimento. O caminho até eles passa por um cenário jamais abandonado pela neve. Conta-se que os habitantes da Bulgária exportam espadas da terra do Islã para Wīsū. São espadas ainda sem punhos e sem ornamentos [...]. Desse modo, parece adequado que sejam exportadas para Yūrā. Os habitantes de Yūrā compram-nas a um alto preço e lançam-nas no mar Obscuro. Quando agem dessa forma, Deus faz com que saia do mar um peixe que se parece com um enorme camelo.*[27]

É evidente que o autor refere-se à caça com arpão. E continua:

> *Se o povo de Yūrā não lança a lâmina da espada ao mar, o peixe não aparece, e então todos passam fome. É disso que vêm as forças desse povo. Aqui se encerra o conhecimento do nosso povo, e somente Deus sabe o que se esconde por trás da terra e do mar.*

Existe uma fonte mais antiga que em parte serve como fonte para al-Quazwīnī. É o célebre livro *Tuhfat al-Albab* ("Presente de corações"), escrito por Abū Hāmid al-Andalusī, também conhecido como al-Garnatī de Granada. Al-Garnatī escreveu o livro em 1145, mas afirmou ter vivido entre os búlgaros do Volga nos anos de 1136 e 1137. Dessa forma, trata-se de uma fonte que reproduz em primeira mão a cultura narrativa que os búlgaros cultivavam a respeito do povo que vivia no extremo da Sibéria. Al-Garnatī escreve:

> *Os comerciantes da Bulgária avançam pelo cenário de loucura conhecido pelo nome de Wīsū. De lá, voltam com as mais incríveis peles de castor. Levam espadas forjadas no Azerbaijão sob a forma de lâminas sem nenhum polimento [...]. Essas lâminas temperadas são penduradas em um fio e os homens golpeiam-nas com os dedos para que emitam um som claro. É isso o que lhes vendem. E em troca destas [lâminas] recebem peles de castor. Então os habitantes de Wīsū vão a um local próximo às Plagas da Escuridão [uma região próxima ao mar Obscuro] e, tendo o mar Negro diante dos olhos, trocam as espadas por peles de assamūr [zibelina]. Os habitantes do local jogam essas espadas no mar Negro, e Deus, o altíssimo, traz-lhes do mar um peixe que é como uma montanha [...] então aquela gente o puxa para dentro dos barcos e corta-lhe a carne por meses, até encher as casas. Preparam e secam quantidades intermináveis da carne e do óleo desse peixe. De vez em quando o mar encontra-se alto e o peixe volta ao mar, mas assim mesmo há mais de cem mil casas repletas daquela carne. Mas se o peixe é pequeno [jovem], as pessoas têm medo de que grite quando chegar ao local onde separam a carne dos ossos, e então mandam as mulheres e as crianças para um lugar distante do mar, para que não ouçam esse som.*

Os árabes descrevem, portanto, um povo de caçadores que vivia junto ao mar. "O enorme peixe" foi identificado no texto de ambos os autores como sendo uma morsa, uma vez que os árabes chamam as presas desses animais de "dentes de peixe".[28] As fontes afirmam que o "enorme peixe" vai até a areia da praia, e nenhum outro mamífero marinho faz isso a não ser pelas focas e morsas. O fato de que "o peixe volta ao mar" pode ser uma referência à época de parição das morsas, que coincide com a melhor época para a caça: o período entre maio e julho. A obtenção da carne e em particular do óleo também sugerem morsas ou grandes espécies de foca, como a foca-barbuda.

O método de caça nessas descrições é o mesmo usado pelos povos caçadores de hoje: primeiro a morsa é atingida com um arpão, lançado da costa ou da orla, e então o caçador a acompanha em um caiaque de volta ao mar, onde o animal sangra lentamente até a morte. Os caçadores temem que os filhotes "gritem". Sabe-se graças a antigas descrições da caça à morsa que os filhotes são capazes de soltar um grito penetrante, que expressa simultaneamente medo e um pedido de ajuda, e esses gritos podem atrair uma matilha inteira de morsas dispostas a ajudar o filhote. Os caçadores europeus costumavam usar o grito dos filhotes estrategicamente para atrair grandes quantidades de animais. Mas os caçadores da narrativa preferem evitar esse agrupamento.[29]

As pessoas de Yūrā são representadas como se dependessem por completo do "enorme peixe" — não são um povo que desenvolva a agricultura.[30]

A visita ao chefe de Storfosna

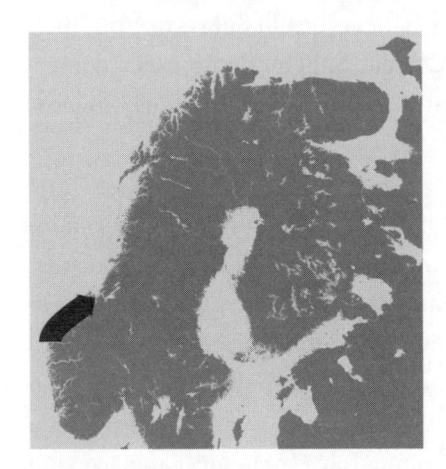

"O elefante das ondas" ou "o alce do fiorde" — como os escaldos chamam o navio nos poemas — avança pelo mar. Logo a viagem há de chegar a um ponto crítico: Stadhavet, o trecho mais perigoso de todo o trajeto. Foi nesse ponto que muitos homens encontraram um túmulo submerso. A costa muda de direção e segue rumo ao leste, e tanto os ventos como a correnteza são pressionados contra essa "curva". Quando a correnteza está contra o vento, o mar torna-se bravio. Os navios ficam muito vulneráveis no mar aberto; a Rota do Norte já não segue mais pelo interior dos escolhos naquele trecho. Na Idade Média as pessoas costumavam dizer que, se os inimigos se encontrassem naquele lado de Stad durante o inverno, era como estar protegido por uma muralha.

Mas o nosso grupo de homens pertence aos sortudos. Um vento benfazejo sopra do sudeste, e as ondas tornam-se superáveis. Quando os navios começam a avançar rumo a Fosnavåg, um suspiro de alegria e alívio espalha-se a bordo. Em Selja o bezerro é sacrificado, e agradecimentos são feitos a Þór por ter aceitado o sacrifício anterior e ajudado na travessia do mar perigoso.

Façamos agora um exame mais atento do relato oferecido pelos árabes.

No texto de al-Quazwīnī consta que são os habitantes de "Bulgar" que vendem os arpões a Wīsū, que por sua vez os levam à "terra de Yūrā". Os habitantes de Yūrā compram esses arpões por um alto preço, e então lançam-nos no mar Negro.

Da mesma forma, al-Garnatī afirma que os habitantes de Wīsū mantêm contato com os fabricantes de arpões e depois viajam a um outro local — as Plagas da Escuridão — e vendem os arpões *a um outro povo*, que paga pelas lâminas com peles de zibelina. Houve quem tentasse associar o povo de Wīsū aos vepesianos. Eram comerciantes hábeis, que habitavam principalmente a região entre os lagos Ladoga e Onega. Sabemos que esses comerciantes operavam como intermediários entre os povos do norte e os búlgaros às margens do Volga.[31]

Mas que tipo de povo vivia em Yūrā?

Há muitas indicações de que os árabes referiam-se a um povo de caçadores que habitava a região chamada pelas antigas fontes nórdicas de Biármia.

Na literatura árabe mais tardia encontra-se uma descrição muito detalhada do norte da Rússia que pode nos ajudar a definir o povo que captura o "enorme peixe". Na foz do mar Branco, na costa leste, deparamo-nos com o rio chamado Mgla. Esse nome é uma palavra originalmente russa que significa "escuro como breu" ou "escuridão total da noite". Talvez essa seja a região a que os árabes se referiam como "Plagas da Escuridão" junto ao mar Obscuro. Além disso, encontramo-nos na região hoje conhecida como Nenétsia, a região "daqueles que comem a si mesmos", como a descrição russa de "samoiedo" fora interpretada. Hoje os habitantes chamam-se simplesmente de nenetses, o que no idioma da região significa apenas "pessoas". O antigo nome dos nenetses na parte oeste da Sibéria, entretanto, é *yuraks*, ou *yurak-samoiedos*.

Essa designação faz pensar no nome Yūrā empregado pelos árabes.

As descrições de Yūrā oferecidas por outros escritores árabes levaram os pesquisadores a concluir que os árabes referiam-se à foz do Pechora ou ao Duína do Norte. Mezen se localiza entre esses dois rios, mas cabe lembrar que até o século xx os samoiedos não se importavam de percorrer mil quilômetros para fechar negócios.[32]

Se os árabes referem-se a essa região quando mencionam o povo de Yūrā, a localização encaixa-se de maneira extraordinária com o texto de muitas sagas em que o herói precisa atravessar o mar Branco (Gandvík) para chegar à Biármia.

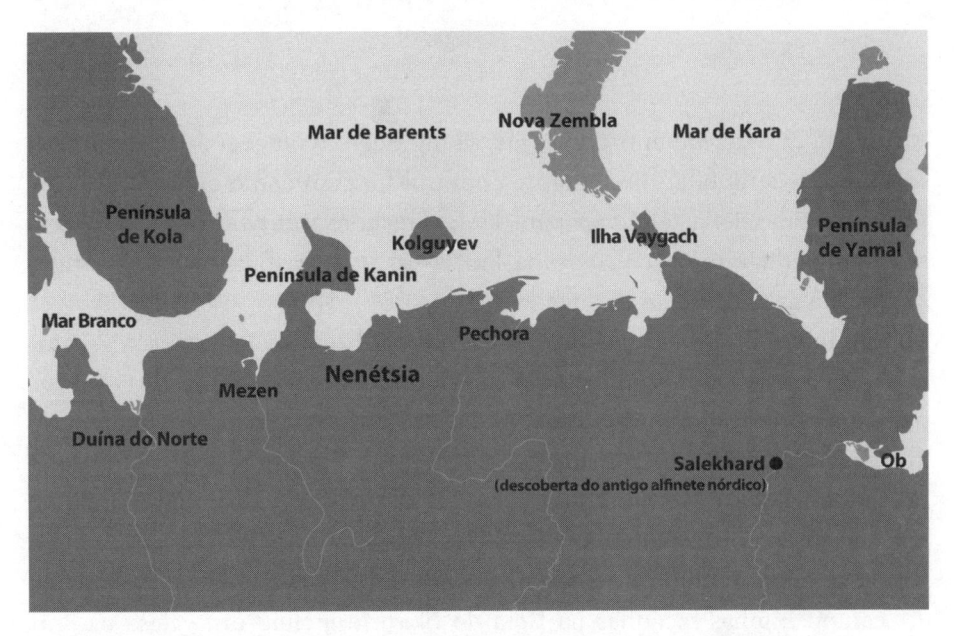

A mais antiga enciclopédia da antiga língua nórdica também se refere à Biármia como a região a leste do mar Branco, sendo a foz do Mezen a primeira região habitada em caráter permanente a leste do mar Branco.[33]

O historiador Nestor afirma na primeira crônica russa, a chamada *Crônica de Nestor*, escrita no século XII, que os samoiedos viviam às margens do Mezen e mais a leste, ao longo da costa do oceano Ártico, já no século IX — e que estavam lá desde antes.

Os nenetses, que hoje somam cerca de 34 mil pessoas, são um dos raros povos originários do norte da Rússia que ainda vivem de forma relativamente tradicional. Entre outros hábitos, conservaram o costume de beber sangue animal quente — de outra forma, segundo a tradição, morreriam de frio na tundra. A anedota russa segundo a qual os samoiedos bebiam sangue humano tem, então, uma base factual! A Nenétsia tem muito petróleo e hoje é uma das mais importantes regiões de extração de gás em todo o mundo, onde a Gazprom opera em terra, e as empresas norueguesas, em alto-mar.

A busca dos noruegueses por recursos no norte da Sibéria é, assim, uma história que provavelmente começou mais de 1.100 anos atrás.

À medida que eu me aproximava do viking negro, comecei a ter devaneios sobre como seria falar diretamente com um homem como Geirmund Pele--Negra. Como seria telefonar para Hel, a responsável pelo mundo subterrâneo, e pedir que o colocasse na linha. Eu tentaria falar nórdico antigo, alongando as vogais sem ditongá-las:

"Aqui é o Bergsveinn Birgisson. Eu queria dizer que decidi escrever um livro a seu respeito. Meio como uma saga. Finalmente a sua história vai ser publicada... a história que os autores da Idade Média não quiseram contar e que existe apenas em fragmentos..."

Provavelmente Geirmund teria dado uma resposta mais ou menos nesta linha, falando nórdico antigo:

"O quê?! A minha história existe apenas em fragmentos? Erp, o Corcunda, cantou minhas façanhas na Rota do Norte e incluiu uma glosa na *drápa*, o escaldo Hrók, o preto fez um poema sobre mim e o meu amigo Þránd Perna-Fina compôs uma canção de vinte estrofes... Nada disso foi conservado?"

"Não, tudo foi perdido e desapareceu. Sobrou apenas uma estrofe de Bragi Boddason sobre quando a sua mãe trocou você pelo filho da escrava."

"Bragi Boddason?! Aquele velho careca de Jæren, que não sabia compor uma linha de verso?" brada Geirmund, furioso.

"Mas eu passei vários anos cavoucando para desenterrar toda a sua história. Na verdade já faz mais de vinte anos que comecei a pensar nas suas façanhas pela Islândia, que me levaram à Irlanda e ao norte da Sibéria e a Avaldsnes... Eu gostaria de saber se estou no caminho certo, mas o que eu queria mesmo dizer, e que é o mais importante..."

"O que é o mais importante?"

"O mais importante é que eu, que sou um descendente seu de trigésima geração, tenho vontade de me aproximar de você. Pode ser que haja uma certa aversão pelos tempos modernos da minha parte, mas..."

"Você tem um temperamento muito estranho! Querer se aproximar daquele que se encontra mais longe? Diga-me: você não tem nenhuma pessoa mais próxima? Não tem uma propriedade onde caçar? Ou animais que precisam de cuidados? Com certeza você tem uma família para sustentar, não? Não seria melhor tentar se aproximar da sua própria vida? Ou você espera grandes recompensas por escrever a minha saga?"

"Eu ganhei uns trocados de instituições que apoiam esse tipo de livro. O dinheiro já acabou há muito tempo, mas apesar disso eu continuo a escrever..."

"Tudo isso me parece um tanto estranho. Se não vai receber recompensa nenhuma por todo esse trabalho, você pelo menos deve alcançar enorme fama, então?"

"Bem, não é o que o meu editor acha. Esse tipo de livro nunca vende muito, e ele vai ter que pedir um subsídio para a publicação."

"Então você não vai ganhar fama nem recompensas por todo esse afinco?! Para que serve essa saga, afinal de contas? Pelo menos você há de colher grandes honras?"

"Dificilmente. Eu não escrevo da maneira como gostam que se escreva hoje em dia. Dizem que tento fazer muita coisa ao mesmo tempo."

"Então pare com essa saga de uma vez por todas! Se as gerações posteriores querem me esquecer, você precisa respeitar essa decisão. O esquecimento é uma feiticeira poderosa! Não desperdice as suas forças tentando enfrentá-la!"

"Não desligue... Posso ser completamente sincero?"

"Claro!"

"Minha formação se resumiu a de um especialista na leitura de textos antigos escritos na sua língua, mas ninguém mais quer saber dessas coisas; as pessoas dizem que é pouco útil e que eu fiz uma aposta no cavalo errado. A minha disciplina está morrendo, e para dizer a verdade eu estava desempregado quando tive a ideia de me demorar um pouco mais e pedir um subsídio para escrever um livro a seu respeito, já que passei um bom tempo pensando a respeito da sua vida como uma espécie de adeus à minha disciplina... Mas já chega de falar sobre mim e sobre a minha situação. A ideia era que você me dissesse se estou no caminho certo. O que você diria a respeito da Biármia... Alô...? Geirmund... Você está me ouvindo?"

De volta à "primeira era do petróleo"

Existe uma crença generalizada de que um bom cientista faz bem em demonstrar ceticismo e avançar com muita cautela quando se trata de tirar conclusões demasiado abrangentes a partir de fontes minguadas. Em certos casos, no entanto, essa disposição pode se tornar anticientífica. Nas sagas da antiga literatura nórdica, não existe uma única descrição de ordenha. A conclusão nesse caso deveria ser que o antigo povo nórdico não ordenhava as vacas, e assim concluímos que não tomavam leite.

Os autores das sagas demonstram uma profunda indiferença em relação a tudo aquilo que é óbvio e trivial. Mas na mesa ao lado do pergaminho há uma lamparina a óleo, e é isso o que faz com que todo o trabalho sobre a cultura seja possível. Trata-se apenas de um objeto demasiado óbvio para ser motivo de discussão.

Na época dos vikings, tão pobre em termos de escrita, o óleo (*lýsit/lósmetit*) era muito útil para a vida social e para a execução de trabalhos manuais durante o inverno. Era usado para besuntar e para impermeabilizar o couro, os cabos e as velas, além de ser utilizado no preparo de alimentos.[34]

Um dos grandes mistérios ligados aos barcos vikings é a maneira como eram protegidos contra várias espécies de teredo — *sjómaðkr* —, animais que em pouco tempo são capazes de devorar e destruir por completo qualquer tipo de madeira que entre em contato com água salgada. Não existe nenhuma prova empírica de que apenas o alcatrão seria o bastante para evitar o ataque dessas criaturas, e, além disso, sua obtenção era bastante limitada nas regiões inóspitas do norte.

Isso nos leva a uma breve narrativa que aparece na *Eiríks saga rauða*. A oeste da Irlanda, os vikings encontraram os "cupins-do-mar" em quantidades tão grandes, que o navio afundou. Mesmo assim, alguns conseguiram salvar a vida em um barco menor que "era besuntado com alcatrão de foca, uma vez que os cupins-do-mar não conseguem [atravessá-lo]".[35]

Nenhuma receita de "alcatrão de foca" chegou até nós, mas o ingrediente principal deve ter o óleo feito a partir da gordura de foca ou morsa.[36] Essa ideia vai ao encontro da tradição observada nos barcos noruegueses; era comum usar simultaneamente óleo animal e alcatrão para fazer a proteção dos barcos.[37] Tanto o óleo de foca como o óleo de morsa têm moléculas pequenas que penetram com mais facilidade na madeira e ocupam os poros. Na Noruega, o óleo animal foi inicialmente usado para impregnar os poros da madeira e assim criar uma fina película que recobre a superfície das tábuas. Isso dificulta a fixação dos teredos ao casco do navio. Depois a madeira era tratada com alcatrão.

Construir navios vikings era caro ao extremo.[38] As tábuas usadas na construção desses navios eram partidas no sentido longitudinal e muito finas, o que as tornava leves e elásticas — e em certas regiões marítimas com pouca água salobra o teredo consegue perfurar um casco mal protegido em poucas semanas ou meses.[39] As pessoas devem ter feito grandes apostas na proteção dos navios. Visto dessa forma, o óleo animal não era apenas um produto de luxo para a cultura, mas também um recurso absolutamente necessário para todos os reis vikings, assim como o óleo diesel é hoje para os exércitos modernos.

Os anais da Groenlândia descrevem os antigos nórdicos groenlandeses que faziam expedições rumo ao norte: "A maior captura era o alcatrão de foca (óleo), posto que essa caça era melhor lá do que nos povoados natais. A gordura de foca derretida era vertida em sacos de pele e pendurada na popa do navio até engrossar, para então ser preparada como se deve".

Em 1588 foi escrita uma descrição grandiosa da produção do óleo de foca às margens do mar Branco; valas eram abertas no chão e a gordura de foca era derretida com pedras incandescentes.[40] Essas instalações para a produção de óleo são chamadas de valas de derretimento. Essas valas existem no norte da Noruega, na Groenlândia, em meio aos chukchi que habitam o estreito de Bering e ao longo de toda a costa da Sibéria.

A partir da gordura de uma morsa adulta (duzentos quilos) é possível conseguir mais de cem litros de óleo, o suficiente para encher um tonel grande. Fontes russas afirmam que no topo da lista de mercadorias que os novgorodianos compravam das regiões costeiras da Sibéria no século XI estavam a gordura e as presas de morsa, sendo que "gordura" deve referir-se ao óleo. O óleo, a pele e as presas eram as mercadorias mais valiosas que o rei Hjör podia obter nas expedições à Biármia.

Estamos navegando ao encontro do chefe de Storfosna.

A proa dos navios segue em meio aos estreitos, ao longo de ilhas e escolhos, praias e ilhotas, com o enorme Guðmund Pança de Fosnavåg como novo prático.[41] Os navios devem cobrir toda a distância até a Biármia, e ainda falta um bom pedaço a percorrer. Guðmund tem como responsabilidade orientar o curso dos navios de Trøndelag até Storfosna, onde o rei Hjör espera uma excelente recepção.

Não obstante, uma vez percorrida a metade do caminho, em um trecho perigoso de Hustadvika, começa o pesadelo: surge uma tempestade. Todo o navio balança violentamente quando ventos fortes sopram do noroeste; já não é mais possível voltar. A vela ronca quando as rajadas a atingem, o massame uiva, os gritos de Hjör para o homem que braceia as vergas são quase engolidos pelo barulho da tempestade. O mar se derrama para dentro do navio. Úlf e Geirmund começam a retirar água do convés usando bartedouros, enquanto Ljufvina e a criada abraçam-se ao pé do mastro. Quando deixam o Sveggesundet para trás, um pouco a oeste do local onde hoje fica

Kristiansund, os homens veem que o segundo navio enfrenta problemas com a vela, que de repente tomba. No instante seguinte já não é mais possível enxergar o outro navio. Tudo some de um momento para o outro, como que devorado pela bocarra fria e espumante do gigante Ægir.

Será que Rán, a deusa do mar, teria capturado uma presa?

De repente as ondas lançam o navio para cima, e a vela está novamente no lugar. Um suspiro de alívio espalha-se em meio aos homens do rei Hjör.

Assim que chegam às águas logo atrás de Smøla as condições de navegação melhoram. Quando atracam no belo porto de Storfosna e cumprimentam o chefe local, o rei Hjör vai diretamente a um templo próximo do porto. Como todos os outros, está profundamente abalado pela tempestade e naquele momento precisa falar com o velho amigo Þór. Geirmund e Úlf o acompanham. Do lado de fora do grande templo, pedras encontram-se dispostas em semicírculo.[42]

Hjör quer agradecer ao deus que o havia protegido e tem certeza de que Þór estendeu a mão sobre a tripulação em Hustadvika. Ele entra no templo, põe-se de joelhos e, com a espuma ainda na barba loura, ergue a voz para dirigir-se às imagens dos deuses.

"Obrigado, meu bom amigo Þór! Muitos sacrifícios hei de ofertar-te. Continua a nos ajudar! Dá-nos proteção e sorte para que alcancemos nosso objetivo!"

Fisionomia e xamanismo

Os gêmeos Geirmund e Hámund Pele-Negra foram descritos como "muito pretos". Os epítetos em nórdico antigo fornecem-nos informações valiosas sobre o aspecto das pessoas — no mais, as fontes são muito parcas no que diz respeito a esses detalhes. Uma vez que Snorri Sturluson não tinha epíteto, não sabemos nada acerca de sua aparência.

Quando nos aproximamos daquilo que se chama de antropologia física para ligar certos traços fisionômicos a determinados grupos étnicos, vemo-nos diante de um assunto inflamável e talvez sobre gelo fino.[43] Mesmo assim, precisamos ter a licença necessária para dizer que certos povos têm uma aparência diferente de outros.

No primeiro século depois de Cristo, Plínio escreveu sobre pigmeus com "pele de oliva" que moravam no extremo nordeste do mundo. Nas antigas fontes nórdicas é igualmente comum que os povos que viviam na orla do mar Branco fossem descritos como escuros. Na *Grims saga loðinkinna*, a *troll* Geirríð é descrita como "preta na pele e nos cabelos". Tanto as bruxas como os *jötnar* das regiões ao norte são pretos, e a bruxa enfrentada por Ketill Salmão na saga lendária era "preta como breu".

Posteriormente Kai Donner, o etnógrafo da Sibéria, escreveu que os sámi a oeste dos yuraks tinham a pele "muito mais clara do que os samoiedos". Quando navegou pela Sibéria no início do século xx, Fridtjof Nansen descreveu os nenetses como "quase imberbes e escuros, com longos cabelos pretos".[44]

Nas antigas fontes nórdicas encontramos muitos exemplos de pessoas de pele escura que não são descritas como feias, como acontece aos irmãos Pele-Negra. Tratava-se provavelmente de pessoas com pigmento escuro e cabelos pretos, mas com uma fisionomia não muito diferente. Os autores que descrevem os irmãos sugerem uma aparência que nos leva a pensar nos povos nativos da Groenlândia. Os *skrælingjar* (singular *skræling*), como eram chamados, são descritos nas sagas como um povo feio, de pele e cabelos escuros e com rostos largos. Sabemos que os inuítes são originários da Sibéria e que a descrição feita pelo antigo povo nórdico refere-se à fisionomia mongol.

É com certa admiração que se conta que Ketill Salmão estava disposto a se deitar com uma mulher sámi, mesmo que tivesse "um rosto com a largura de um côvado". Mas os antigos côvados tinham cerca de meio metro — ou seja, eram do tamanho das espadas do rei Hálf! Esse recurso hiperbólico chama-se *ýkjur* na antiga língua nórdica, porém o mais importante nesse ponto é reconhecer o rosto largo como marca da aparência tipicamente mongol. Essa visão europeia sobre o aspecto dos inuítes deve ter perdurado até mais tarde, visto que no século xvi os ingleses afirmaram que os samoiedos eram *"evill of sight"* [de mau aspecto].[45]

As mais antigas fontes europeias, e em particular as russas, afirmam que os samoiedos comiam-se uns aos outros, matavam os próprios filhos para dar de comer às visitas e tinham rostos largos com olhos pequenos e sem nariz. Os pesquisadores notaram que os samoiedos yuraks do extremo oeste muitas vezes têm pregas mongólicas nos olhos, o que os torna diferentes de outros grupos de samoiedos — além disso, têm a pele mais escura que os samoiedos do rio Ienissei.

Para encontrar os biarmeses do rei Hjör, talvez precisemos sair em busca de outros grupos de samoiedos — o problema é que "samoiedo" é uma designação comum para vários povos diferentes. Os carelianos ou vepesianos, conforme dito anteriormente, podem ter sido chamados de biarmeses pelo antigo povo nórdico, mas esses povos têm uma fisionomia germânica e são descritos como louros de olhos azuis.

Uma história contada no *Landnámabók* sobre os irmãos Pele-Negra traz uma passagem que reforça a teoria de que teriam origem no norte longínquo. Geirmund é retratado como um feiticeiro. Seu encontro com o cristianismo é descrito pelos islandeses da mesma forma como se descreve o encontro dos feiticeiros sámi (*noaide*) com a luz de Cristo:[46]

> *Havia um pequeno vale nas terras de Geirmund que Geirmund passou a odiar. "Existe um lugar no vale que não aguento ver. Quando olho para lá, surge em meus olhos uma luz insuportável. Essa luz paira o tempo inteiro acima da floresta de tramazeiras, que cresce ao pé do morro."*

A luz que Geirmund não suporta nessa história é a luz da igreja, que há de ser erguida na floresta de tramazeiras cem anos mais tarde. De acordo com esse trecho, Geirmund tinha o poder da clarividência ou da presciência que frequentemente se atribui aos maiores profetas sámi. A mensagem essencial dessa história talvez se baseie em um conhecimento antigo, segundo o qual os biarmeses do rei Hjör seriam um povo xamânico. Como sabemos, esse detalhe caracteriza os povos que viviam no extremo da costa norte do oceano Ártico — tanto os sámi como os samoiedos.[47] E cabe lembrar que temos indícios de que era aos samoiedos que os árabes se referiam ao descrever o povo de Yūrā e o país da Escuridão.

Os biarmeses que se aliaram ao rei Hjör provavelmente habitavam um lugar qualquer a leste do mar Branco. Caçavam mamíferos marinhos e, entre outras coisas, obtinham cabos de pele, óleo e presas a partir desses recursos e provavelmente também caçavam animais para obter peles e juntavam plumas. Eram um povo xamânico, de pele escura e aparência mongólica.

A visita aos bons amigos de Nærøya (Sölvi Högnason)

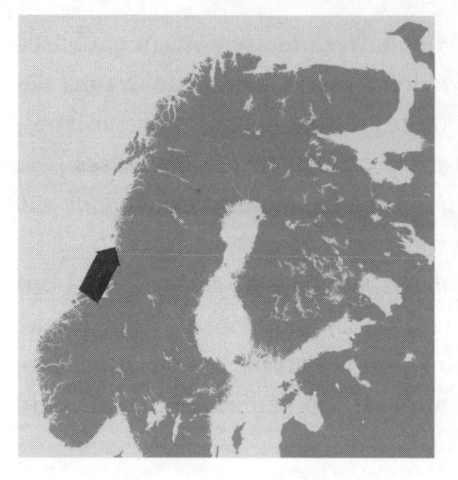

Após uma breve visita ao chefe de Storfosna, o rei Hjör e sua comitiva seguem viagem rumo à ilha de Nærøya, na parte norte de Trøndelag. Atracam na costa norte da ilha, no belo porto natural que mais tarde receberia o nome de Martnassundet. Nesse ponto aproximamo-nos da região da Noruega que os islandeses descrevem com mais frequência em sua literatura: Hrafnista, onde hoje fica Ramsta, na ilha de Jøa, em Namdalen, parte norte de Trøndelag.[48]

Encontramo-nos na terra de Hild, a Esbelta, avó de Hjör, filha do poderoso Högni de Nærøya, onde o velho guerreiro Sölvi Högnason ainda reina. Sölvi é o irmão mais novo de Hild, que deixou a ilha um ano atrás.

O rei Sölvi é mencionado na *Hálfs saga*, na qual se lê que ele e a irmã Hild foram à Biármia na companhia de Hjörleif, o Mulherengo. Além disso, certos campeões do rei Hálf haviam fugido para a terra de Sölvi depois que Hálf fora traído e queimado.

O *Landnámabók* acrescenta que Hjör "vingou o pai na companhia de Sölvi Högnason". Essa deve ser uma referência à expedição que fizeram contra o traidor Ásmund com os melhores dentre os campeões de Hálf, entre os quais se encontrava Hrók, o preto. Mesmo que a expedição de vingança fosse bem conhecida pelo autor do *Landnámabók* e por seus contemporâneos, sabemos apenas que ocorreu um bom tempo antes da viagem à Biármia que neste momento acompanhamos. Como em muitos outros casos, o escriba parte do pressuposto de que os leitores e ouvintes conhecem aquilo sobre o que fala, e assim não se preocupa em aprofundar-se no tema. Por si mesmo, esse é um sinal de que existe toda uma tradição por trás daquilo que é narrado.

Em Nærøya a comitiva é recebida de braços abertos. As pessoas de Ramsta também vão ao banquete.

À noite, uma antiga tradição conhecida pelo nome de *tomenning* é honrada. A tradição consiste em que um homem e uma mulher sentem-se um em frente ao outro na longa mesa e bebam do mesmo chifre; a escolha dos parceiros era aleatória. Geirmund acaba com uma velha chamada Þorgerð. Apesar das feições enrugadas, ela tem brilho nos olhos. É velha também no temperamento, ou *forn í skapi*, como se costumava dizer, e assim conta ao jovem Geirmund muitas histórias sobre o maior dentre todos os guerreiros, o avô Hálf, e também histórias sobre os campeões de Hálf. Diz que estes pensavam como um só homem e que, na batalha, lutavam como um só homem.

Geirmund também ouve histórias a respeito dos antigos guerreiros de Ramsta: Ketill Salmão, Grím Bochecha-Peluda e Odd-Flecha. A velha conhece histórias incríveis sobre como esses guerreiros enfrentaram gigantes e *trolls* nas montanhas do extremo norte, para onde Geirmund avança. Ele não acredita em tudo que a mulher diz. Ela é uma das *ljúgfróðir* — uma mentirosa. Ou talvez ele não queira acreditar, uma vez que está indo para aquela região? O escaldo Erp, o Corcunda, apresenta um poema sobre as antigas fileiras de Hálf que provoca grande entusiasmo no salão. As palavras são declamadas com a cadência de uma canção — uma espécie de rap viking.

Logo os convidados e os nativos atiram-se sobre um cordeiro assado servido inteiro.

A visita a Sigurð em Sandnes (Alsten)

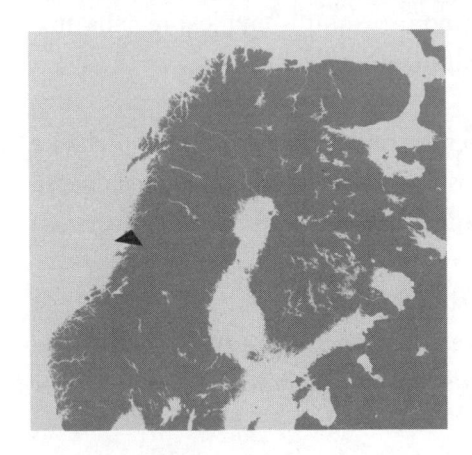

Com as forças revigoradas pela visita aos amigos em Nærøy, o rei Hjör e sua comitiva seguem viagem. O velho guerreiro Sölvi Högnason está no comando do navio maior; aquela não é sua primeira viagem à Biármia. Geirmund sente-se aliviado com o reforço na tripulação, especialmente porque os amigos de Nærøy conhecem as águas do norte como a palma da mão.

A parada seguinte é na grande propriedade de Sandnes na ilha de Alsta, em Helgeland. Lá reina o abastado chefe Sigurð. Sigrid, a filha adolescente do chefe, é a menina mais bonita que Geirmund e Úlf já viram; os dois sonham em levá-la para dar um passeio, mas Sigrid permanece na ilha, à espera do próprio destino. Em poucos anos o segundo noivo — Þórólf Kveldúlfsson — há de ser morto pelos homens de Belos-Cabelos em Sandnes, diante de seus olhos.

À noite, Geirmund enxerga uma velha sentada em um canto do salão de festas. Sente-se atraído naquela direção e senta-se ao lado da mulher. Ela tem um colar de contas de vidro no pescoço, uma touca de pele de cordeiro na cabeça e uma bengala com entalhes refinados nas mãos, recobertas por luvas brancas de couro de gato. Geirmund se apresenta, mas como a mulher enxerga mal e ambos se encontram em um lugar meio escuro, ela toca-lhe delicadamente o rosto com as pontas dos dedos, que saem do couro de gato.

"Tens sangue do norte", a mulher diz, surpresa. "Teu povo é ainda mais forte do que as minhas premonições. Mas logo haverá grandes mudanças, meu jovem, e em nem todas elas os nossos antepassados sairão vitoriosos."

A mulher conta que um menino no continente pretende tornar-se poderoso a ponto de que ninguém possa desafiá-lo. Esse rei de pescoço enorme pretende subjugar todo o país, de norte a sul, e se nega a cortar o cabelo enquanto não tiver realizado essa façanha. Os que não quiserem se curvar ou vão morrer ou vão ter de fugir. Muito sangue será derramado. A mulher diz que Geirmund há de ter o mesmo destino que muitos naquela região: uma vida em um lugar distante, num país estrangeiro.

"Que país?", pergunta Geirmund.

"Existe uma grande ilha no meio do mar, onde a fumaça brota do chão e baleias vermelhas nadam ao longo da costa. Hás de tornar-te poderoso nesse novo país, mas não vejo ninguém assumir depois de ti…"

"Por que não?"

"Porque tudo passa, tudo passa", responde a mulher.

Assim que Geirmund a deixa, com a consciência pesada, ela pede a ele que não se esqueça do antigo ditado: *frændur eru frændum verstir* — o pior contra nós são os nossos.

O misterioso povo da costa

A busca pelos samoiedos do rei Hjör revelou-se muito abrangente. Levou-me primeiro à Sibéria, onde em uma conferência lancei a hipótese de que Geirmund poderia ser originário de um povo samoiedo. Os russos achavam que poderia tratar-se de samoiedos "europeus", ou seja, daqueles que antigamente haviam se deslocado em direção à bacia do mar Branco. Mas nesse ponto os meus conhecimentos eram muito parcos: será que não havia um especialista nessa área?

Em um dia bonito e frio de fevereiro de 2012 fui convidado para ir a Helsinki por causa da indicação de um livro que eu havia escrito anos atrás ao prêmio literário oferecido pelo Nordisk Råd. Ademais, sentia-me ainda mais empolgado em saber que eu finalmente encontraria uma pessoa que havia procurado durante muito tempo: um especialista na cultura siberiana e, além disso, um especialista no idioma nenétsio — uma das maiores autoridades mundiais nesses assuntos. Desde as expedições feitas por Kai Donner no início do século xx, os finlandeses sempre estiveram na ponta dos estudos sobre a língua e a cultura daquela parte do mundo. Se tudo saísse conforme eu imaginava, aquele seria o último obstáculo a vencer antes de terminar o meu livro. Caminho em meio aos prédios grandiosos de arquitetura russa na universidade de Helsinki sob a luz do sol, tornada ainda mais ofuscante pela neve.

Sinto-me apavorado.

Tenho as minhas ideias sobre a origem de Geirmund, mas em poucos minutos todas as minhas hipóteses podem ser destruídas por um pesquisador implacável.

Tapani Salminen é professor do departamento fino-úgrico e trabalha na elaboração do primeiro dicionário do idioma nenétsio. Na porta, encontro um homem alto, louro e de olhos azuis — um legítimo careliano. Ele me recebe com uma saudação calorosa e me leva até a sala onde trabalha. Faço um breve resumo do meu projeto relacionado a Geirmund Pele-Negra, e em seguida Tapani oferece-me um panorama da cultura do nenetses — os mesmos que antigamente eram chamados de samoiedos. Ele é um dos raros estudiosos com amplos conhecimentos sobre os nenetses da floresta e também sobre os nenetses da tundra, e de cara me diz que antigamente os nenetses da tundra mantinham-se no interior do continente. Isso significa que, ainda na época dos vikings, aquele era um povo de nômades e caçadores, e não costeiro.

"Por isso", diz Tapani, "é impensável que Geirmund e seus homens tenham mantido contato com esse povo."

"Mas, mas…"

"Impensável!", ele repete.

Essa observação acabou com a minha hipótese acerca dos samoiedos. Logo eu estaria de volta à rua, apertando os olhos para me proteger da luz do sol como Geirmund os apertava para se proteger da luz de Cristo, mais perdido do que nunca.

"Muitas palavras para coisas do mar, como os nomes de vários tipos de foca e de outros mamíferos marinhos, são empréstimos do idioma nenétsio", Tapani prossegue. "A língua da qual os nenetses da tundra pegaram essas palavras ainda não foi identificada, mas há indícios de que venham de um povo vizinho que habitava a costa."

Nesse caso, essas palavras seriam tudo o que restou do idioma desse povo costeiro.

"Que povo vizinho era esse? Que povo costeiro era esse?", perguntei entusiasmado.

Tapani pega uma folha de papel e começa a escrever todas as diferentes formas usadas para se referir a esse povo — um povo sobre o qual os nenetses contam histórias: são os sikhirtya. Também conhecidos como sirtya e siirtya, e em russo: сихиртя.

Logo fica claro que os nenetses falam sobre os sikhirtya como um povo indígena, como seus próprios antepassados nas regiões costeiras da Sibéria. Esses detalhes se revelam, por exemplo, na lenda nenétsia de Vadesisaloku, que versa sobre um *jötunn* que mora na orla e captura baleias. Outro exemplo pode ser encontrado em uma antiga canção popular nenétsia que, de acordo com um arqueólogo russo, refere-se a esse povo marítimo indígena:

> *Três irmãos*
> *cuidam de três casas com telhados de turfa,*
> *três irmãos que moram em três promontórios.*

Os irmãos capturam animais marinhos:
baleias, morsas e focas.

Logo descubro que Tapani estava em um caminho muito interessante.

As escavações russas feitas no século xx revelaram a existência de uma cultura marítima ao longo da costa oeste da Sibéria pelo menos desde o século vi até o século xvii, quando esse povo de repente some — ou, melhor dizendo, é absorvido pela cultura dos nenetses da tundra, um pouco mais ao sul. Segundo as lendas nenétsias, o povo sikhirtya vivia da caça de mamíferos marinhos. Assim parece um tanto óbvio que os pesquisadores russos tenham feito tentativas de associá-los a essa cultura que, de acordo com os arqueólogos, existia na costa.[49]

A maioria das escavações dessa antiga cultura costeira ocorre na península de Yamal, cem quilômetros ao norte do Círculo Polar Ártico — mas esses mesmos grupos também habitaram regiões mais a oeste, em direção ao mar Branco. Os arqueólogos comparam esse povo costeiro aos esquimós e aos chukchi no estreito de Bering. As escavações mostram que a caça às morsas ocupava uma posição central, juntamente com a caça a focas e baleias, enquanto os ossos de animais terrestres apareciam com menos frequência. Também foi possível saber que esse povo costeiro tinha habitado a região por um longo período.[50]

Os pesquisadores concentraram-se no interior de Pechora, onde a cultura costeira e a cultura continental se encontravam. Nesse ponto, durante o período tardio da Idade Média houve uma ligação entre o povo da costa e o do continente: os mercadores de Pechora negociavam artigos marítimos dos nenetses que habitavam a costa norte, ou ao menos pegavam-nos emprestados para capturar focas, morsas, peixes e gansos. E, agora, lembramo-nos dos árabes e do contato entre Yūrā e Wīsū.

A antiga cultura dos caçadores deixou ferramentas como arpões, flechas e pontas de lança usados para a captura de animais marinhos, bem como objetos de marfim feitos com as presas das morsas. O francês Pierre Martin de la Martinière chegou a Pechora em 1653 e escreveu que os tetos das casas das pessoas que habitavam a costa eram feitos com ossos de peixe (ou seja, ossos de baleia) cobertos de musgo. As roupas eram feitas com peles de pássaros e de focas, e as mulheres eram tatuadas e usavam anéis e brincos feitos com ossos de peixe (presas de morsa).

O arqueólogo russo Chernetsov acredita ter encontrado vestígios dessas casas na península de Yamal. Esse povo construía suas moradias em buracos no chão, que em seguida eram protegidos sob um teto feito com ossos de baleia e terra. De acordo com as histórias populares dos nenetses, esse povo ainda se encontra debaixo da terra. As casas representam uma distinção crucial entre o povo costeiro e os nômades que habitavam o continente, que moravam em tendas móveis de maneira a poder acompanhar os rebanhos. Logicamente as descobertas arqueológicas nos mostram apenas fragmentos de uma cultura. Os pesquisadores russos tentaram completar esse quadro recorrendo ao folclore e às tradições relacionadas à captura de animais marinhos que se observam em meio aos nenetses.

Há fartos indícios de que o povo sikhirtya, que habitava a costa da Sibéria, tenha desaparecido ao adotar o idioma e a religião dos nenetses da tundra em um passado não muito distante. Ao mesmo tempo, os nenetses da tundra aprenderam a capturar e a fazer uso dos mamíferos marinhos com esse povo costeiro. De acordo com os testemunhos em primeira mão deixados por europeus que visitaram a região ainda no século XVI, esse povo indígena morava ao lado dos vizinhos nenetses na península de Kanin e na ilha de Kolguyev, mas também vivia espalhado ao longo da costa pelo menos até a parte norte da península de Yamal.

Mais tarde, os nenetses faziam a captura dos mamíferos marinhos de forma sazonal e tinham uma economia baseada principalmente na criação de renas. Sabemos que o Mezen, que tem a ilha Morzhovets na foz, fica próximo da península de Kanin. O povo costeiro dessa região ensinou os nenetses a usar camuflagem (em nenétsio, *lata*) para se aproximar das morsas, a construir as ferramentas necessárias para a caça e a produzir cabos a partir da pele das grandes espécies de foca e das morsas, bem como a obter e preparar óleo de qualidade a partir da gordura desses animais.[51]

Os ingleses que chegaram à Ilha Vaygach em 1556 mencionam que as cordas usadas pelos samoiedos eram *"made of deeres skinnes"* [feitos de peles de veado] — o mesmo tipo de mercadoria que muito tempo antes havia levado Ottar ao mar Branco. Richard Johnson foi membro da tripulação da expedição inglesa ao rio Ob em 1556, lançada quando os europeus começaram a procurar a Passagem do Nordeste. Johnson não apenas descreve de forma particularmente vívida um encontro com os samoiedos no Pechora, mas também menciona conversas tidas com vários russos e outros "estrangeiros" àquele povo — provavelmente homens dos barcos russos conhecidos como *lodya*, carelianos e vepesianos. Johnson faz os comentários habituais acerca dos samoiedos: eles comem gente (e gostam especialmente de russos!), criam renas e vendem diversos tipos de pele.

Mas ele também menciona um outro detalhe interessante.

Junto da costa, para além dos samoiedos que criam renas, existe *"another kinde of Samoeds... having another language"* ["outro tipo de samoiedos... com uma outra língua"]. Esses samoiedos viviam no mar um mês por ano *"and doe not come or dwell on the dry land for that moneth"* ["e não pisam nem moram em terra durante esse mês"].

Essa é uma das primeiras referências europeias aos "outros samoiedos" junto da costa. Não parece desarrazoado supor que essa última descrição refira-se a expedições periódicas de caça, quando as focas e as morsas eram perseguidas até os limites do gelo para então serem atacadas com arpões.

Nas descrições de um membro das expedições de Willem Barentsz à Sibéria no século XVI torna-se claro que o povo costeiro próximo à Ilha Vaygach capturava ursos polares e outros animais de pele, arpoava morsas e baleias e comia carne e peixe crus. O tripulante em questão — um holandês chamado Van Linschoten — observa que esse povo veste-se de maneira incomum e tem a pele de uma cor diferente em relação ao povo vizinho. E compara esses samoiedos aos "mulatos espanhóis", ou seja, aos filhos de espanhóis com africanos. Ele tenta explicar a coloração escura da pele com base no fato de que essas pessoas viviam em casas sempre cheias de fumaça. Os samoiedos de Vaygach são grandes atiradores e usam barcos feitos com peles de animais que são carregados nas costas. Não conhecem pão nem cereais ou qualquer tipo de alfabeto. Na época, os homens usavam os *lodya* russos para caçar morsas e focas lado a lado com os samoiedos — que deveriam saber muito bem o que estavam fazendo. Uma testemunha ocular mais tardia observou que os caiaques eram costurados com tripa de baleia.

Na década de 1980, arqueólogos russos fizeram escavações na Ilha Vaygach, no lugar em que marinheiros ingleses e holandeses haviam descrito imagens de divindades "diabólicas" — totens de madeira com entalhes em forma de cabeças humanas besuntadas de sangue. Nesse ponto os arqueólogos encontraram muitos objetos dos séculos VIII e IX, além de moedas árabes de prata do século X: uma prova concreta do contato entre os samoiedos de Yūrā e os árabes. Por acaso, encontraram também os resquícios de uma cultura marítima ainda mais antiga que os nenetses (vide mapa na p. 107).[52]

O povo sikhirtya era, portanto, um povo de caçadores que vivia do mar. Essa descoberta leva nossos pensamentos na direção dos yūra descritos pelos árabes. De acordo com os antigos documentos árabes, o povo do "enorme peixe" comprava arpões de ferro feitos na Azerbaijão. Nas lendas nenétsias, os sikhirtya são apresentados como hábeis ferreiros — supostamente esse povo tinha muitos objetos de ferro e de minério em sua posse. Seria possível que os sikhirtya não fossem ferreiros, como os nenetses imaginavam, mas em vez disso obtivessem objetos de ferro com os comerciantes da região mais ao sul?[53]

Nesse caso, tudo indica que o misterioso povo sikhirtya teria em sua posse as mercadorias que o rei Hjör tanto desejava na Biármia.

A visita a Loðinn Gancho em Engeløya

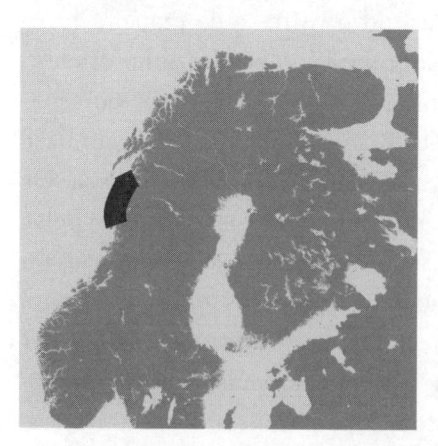

Os cavalos do mar galopam em meio aos estreitos, tendo à direita a enorme geleira Svartisen. A parada seguinte é em Steigen, na ilha de Engeløya, durante uma calmaria. Na cadeira do chefe está sentado Loðinn Gancho — bisavô do guerreiro Finnbogi, o Forte.

No meio do Vestfjorden o rei Hjör dá ordens para que as velas sejam arriadas e todos os homens a bordo peguem linhas e anzóis — pois, como ele mesmo diz, se não houver alabotes a pescar nas águas de Lofoten, não haverá em nenhum outro lugar.

Passado um tempo, Geirmund fisga um alabote enorme que exige a força de três homens para ser posto a bordo. Para a grande alegria de todos os que assistem, o peixe se debate e escapa das mãos de Geirmund quando este tenta cortá-lo com a faca. Os homens pescam outros alabotes, que no porto seguinte são cozidos, salgados, cortados em tiras e postos a secar para que assim possam variar um pouco o cardápio.

Os homens a bordo não têm nenhuma dificuldade para interpretar a sorte que Geirmund deu na pesca; Ögmund Babão acha que Geirmund deve ter estado na cama de Sigrid em Alsten.

"Ok barnat hana rækilega!", acrescenta Eyvind Nariz-Largo; "e deve tê-la fecundado com vontade."

No entardecer em Engeløya, um homem de barba grisalha se encontra sentado ao pé da lareira contando histórias. Os homens escutam o romance mais popular na época dos vikings — a história do amor entre Hagbarð e Signý, que não puderam se amar senão na morte; uma espécie de Romeu e Julieta do norte, com pitadas de todas as consequências destruidoras trazidas pela vingança do sangue derramado. Os homens de Hjör nunca tinham ouvido a história de Hagbarð e Signý narrada com tanta maestria. O pai de Signý, o rei Sigarr, que enforcou Hagbarð, teria morado em Steigen.

O jovem Eyvind Loðinsson leva Geirmund, Örn e Úlf para dar uma volta a cavalo pela ilha. Mostra-lhes a ilhota de Hagbarð e os galpões de Signý, e logo aquilo se transforma em um passeio inesquecível para os amigos, uma vez que com frequência haviam se deparado com *kenningar* da linguagem escáldica inspirados por essa antiga história. O cadafalso é chamado de "cavalo de Hagbarð", e a forca de retalhos, de "pele de Hagbarð" — é interessante conhecer o lugar onde a história se passou. Geirmund e Úlf têm a impressão de que os homens de Sogn na comitiva estragam a diversão de todos quando insistem em dizer que Hagbarð foi enterrado em Urnes, no condado de Sogn. Em seguida o rei Hjör conta que havia encontrado dinamarqueses que acreditavam que Hagbarð e Signý tinham morado a vida inteira no reino da Dinamarca. Evidentemente, muitos estavam interessados nessa história.

Mais tarde, aqueles homens graves conversam juntos. Graças a Loðinn Gancho, Sölvi e Hjör percebem que seria arriscado demais tentar atravessar o reino do chefe da região: Grjótgarð. Ele tinha aliados em toda parte, desde Trondenes no sul até Andnes no norte, segundo Loðinn. Tentar navegar por mar aberto estaria fora de cogitação, pois Grjótgarð tem homens a postos no lado oeste de Andøya. Fica decidido que o melhor a fazer seria encontrá-lo e acordar o quanto Grjótgarð receberia das mercadorias trazidas da Biármia a título de taxas alfandegárias já no caminho de ida. Segundo Loðinn, Grjótgarð tornou-se tão poderoso, que as assembleias às quais não comparece perdem o poder decisório.[54]

Loðinn Gancho oferece uma comitiva de quarenta homens armados em dois navios para acompanhar Hjör e Sölvi até Bjarkøya. Mais do que isso não poderia oferecer. Isso significa que Hjör teria por volta de 75 homens armados durante as negociações — "e ele conhece muito bem a sua estirpe", Loðinn diz para Hjör com uma expressão humilde no rosto.

Mas em seguida acrescenta: "Embora Grjótgarð não se curve perante ninguém, salvo os deuses".

Enquanto Tapani me dizia mais coisas e me fazia mais indicações de leitura, comecei a me sentir aliviado. Minha hipótese relativa ao contato do antigo povo nórdico com os nenetses havia caído por terra, mas Tapani havia trazido informações novas sobre um outro povo a respeito do qual eu gostaria de saber mais. Por sorte ele se mostrou uma pessoa muito paciente e respondeu a todos os meus e-mails de maneira organizada durante os meses a seguir.

Mas naquele dia em fevereiro também aconteceu uma outra coisa que para mim foi uma pequena sensação.

No meio de uma explicação a respeito dos sikhirtya, Tapani para de repente e me pergunta:

"O que foi que você disse que o epíteto desse seu viking significava?"

"Uma pessoa de pele negra", eu respondi.

"Por que eu não me dei conta disso antes?", Tapani disse, batendo com a mão na testa. Ele pede que eu o acompanhe à biblioteca do departamento.

"Dê uma olhada na palavra nenétsia para esse povo, os sikhirtya", Tapani diz enquanto procura dicionários russos e alemães e livros de etimologia nenétsia.

Ele aponta para uma página do *Juraksamojedisches Wörterbuch* de T. Lehtisalo e menciona que no idioma nenétsio a palavra "sikhirtya" é também um verbo, o que segundo Tapani revela a etimologia por trás da palavra. No dicionário, o verbo *sikhirsj* é definido como *"ein schwarzes, fremdartiges, altes Aussehen annehmen"* — ou seja, "sikhirtar" significa "adquirir uma aparência preta, velha e estranha".

Depois ele aponta para o dicionário nenétsio-russo de N. M. Tereshchenko, que define o mesmo verbo como "ganhar um rosto com a cor da terra".

Mais tarde se torna claro o que significa "ganhar um rosto com a cor da terra". Um inglês que navegou até a península de Kanin por volta de 1550 escreveu que as regiões costeiras da Sibéria eram *"cleane without any trees growing (…) and consists onely of blacke earth"* ["limpas, sem nenhuma árvore crescendo (…) e consistem apenas de terra preta"]. Esse tipo de expressão também existia na antiga língua nórdica e encontra-se ligado à cor do rosto: "preto como a terra".

A palavra nenétsia "sikhirtya" significa, portanto, "povo com o rosto ou com um aspecto preto".

Claro que o holandês tentou explicar essa cor de pele com o fato de que os sikhirtya moravam em casas cheias de fumaça!

Precisei me sentar na biblioteca. Meu coração pareceu parar, como sempre acontece em situações como essa. Logo depois senti uma alegria enorme se espalhar pelo meu corpo. Finalmente, depois de toda aquela procura, eu pensei. Finalmente, eu havia vencido o último obstáculo. Quando voltei a mim, notei que Tapani me encarava como se esperasse um comentário meu e, por fim, consegui gemer: "*Sikhirtya* significa exatamente o mesmo que *heljarskinn!*".

A visita a Grjótgarð em Bjarkøy

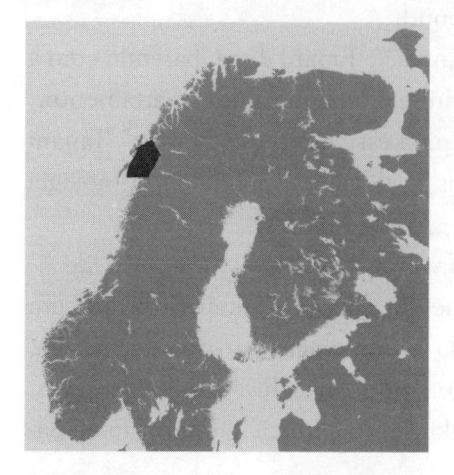

"Estão mais uma vez fazendo uma expedição para vingar a morte do amigo Hálf ou é verdade que estão navegando rumo ao norte para fazer negócios?"

Grjótgarð é um homem relativamente pequeno e atarracado, que fala com uma voz forte e anasalada. Ele tem uma espada saxã no cinturão de couro. Veste um manto vermelho e usa ornamentos de ouro nas longas tranças cinzentas. Tem um nariz enorme e carnudo, que o fez receber o epíteto de Nariz-Largo, e os olhos são pretos e duros.

Úlf chama a atenção do irmão de criação para o fato de que sob o manto Grjótgarð traja um colete feito com o prepúcio de um cachalote, uma peça de vestuário rara e legendária sobre a qual Geirmund já tinha ouvido falar, embora sempre houvesse achado que não passava de uma fantasia.

Os dois encontram-se em Bjarkøy, rodeados por um grande jardim próximo ao porto de Nergårdshamn. Os homens de Hjör ocupam um dos estreitos entre as casas enquanto os homens de Grjótgarð ocupam o outro.

O rei Sölvi pede a palavra e diz em tom amistoso que o rei Hjör está fazendo uma viagem pacífica que tem por objetivo encontrar uma noiva para o jovem Geirmund.

"Hjör, com demasiada frequência passaste por nossas vias marítimas sem jamais nos dar parte das mercadorias que obténs. Bem sabes o que acontece quando enches os teus navios antes que cheguemos: *Eyðisk þat sem af er tekit!* [tudo que foi conseguido acaba]."

"Meu caro Grjótgarð, o rei Hjör jamais se aproximou do tesouro dos finlandeses aqui nas tuas terras", prossegue Sölvi. "O povo dele se encontra fora da região de teus tesouros. Tu e os teus homens também são naturalmente bem-vindos para negociar com as linhagens de biarmeses no leste. Eles gostariam de ampliar o comércio para além daquilo que a nossa pequena comitiva justifica."

"Não seria muito trabalho buscar tudo às margens do Dvina depois que vocês carregarem os navios — e não fale comigo como se eu fosse um menino, Sölvi!", Grjótgarð exclama de maneira repentina.

E assim as negociações avançam.

O grande temor de Geirmund é que tudo aquilo descambe em uma batalha no jardim. Os homens de ambos os lados estão prontos para desembainhar as espadas. Por fim o rei Hjör entra na conversa. Põe-se a falar sobre a parte que ofereceria a Grjótgarð e estende-lhe uma espada franca de dois gumes com detalhes em ouro no punho — um presente valioso. Nesse momento a tensão diminui.

O rei Hjör não cogita aceitar que Grjótgarð mande um de seus navios para acompanhá-los, mesmo que essa possibilidade seja mencionada diversas vezes. Hjör paga um alto preço por isso, mas quer a todo custo esconder os contatos na Biármia de gente como Grjótgarð.

A reação das morsas aos caçadores "brancos"

Por que o povo sikhirtya desapareceu?

É uma ironia do destino que os primeiros europeus a descrever os samoiedos da costa possam ter contribuído para que desaparecessem. Apesar da aparência intimidadora, a morsa é um recurso natural frágil e indefeso. No primeiro contato, esses animais demonstram uma indiferença total em relação às pessoas, o que faz com que os caçadores possam matá-los em enormes quantidades com grande facilidade. Esse comportamento se encontra descrito em muitas narrativas feitas por europeus. As descrições, que remontam até o século XVII, revelam-nos que em pouco tempo era possível matar novecentas morsas usando apenas lanças — e o número só não era maior porque os homens não aguentavam mais de cansaço e as lanças acabavam destruídas.[55] E apenas uma parte ínfima da caça ocupava espaço nos barcos — as cabeças com as valiosas presas.

As morsas jamais retornam aos locais de parição onde foram atacadas. Passam a habitar uma zona mais ao norte, e certos indivíduos assumem o papel de vigias; assim as morsas tornam-se uma presa mais difícil. E o mesmo aconteceu ao longo do litoral da Sibéria.[56]

Os povos tradicionais de caçadores saíram-se melhor do que os europeus no que dizia respeito a usar os recursos provenientes das morsas de maneira sustentável — apenas para dar um exemplo, não atacavam mães com filhotes. No final do século XIX, esses mesmos povos manifestaram preocupação com a matança indiscriminada das morsas pelos europeus. Não era possível seguir as morsas que fugiam dos europeus rumo ao mar de Kara; os caiaques do samoiedos não tinham condições de enfrentar os redemoinhos que havia por lá.[57] Assim, não pode ter sido coincidência que os rebanhos de renas tenham aumentado significativamente de tamanho na Nenétsia a partir do século XVII. Os antigos guerreiros da costa tiveram de se abrir à ideia de juntar-se aos nômades do continente na tundra para que pudessem garantir a própria subsistência; o resultado foi que abandonaram os buracos na terra, feitos na costa, e foram morar em tendas na tundra.

O mesmo processo deve ter se repetido na costa norueguesa já no século IX. Ottar afirma em seu relato de viagem que, junto com outros seis homens, matou sessenta animais em dois dias. Mesmo que esses números pareçam autênticos no que diz respeito à caça de morsas, há uma inconsistência gritante na descrição oferecida por Ottar. Ele descreve uma matança indiscriminada de morsas, porém acrescenta que "a caça é ainda melhor em casa". E mesmo assim ele vai até a Biármia para caçar morsas? A explicação deve ser que Ottar se refere a baleias, e não a morsas quando menciona a "caça é ainda melhor em casa", pois ele também fala sobre a caça às baleias. O exemplo de Hjör e Ottar revela que havia uma escassez de morsas ao longo da Rota do Norte e da península de Kola no final do século IX. Talvez ainda existissem bandos, mas estes já haviam perdido a "inocência" e, desse modo, não eram mais presas fáceis. Era preciso ir mais ao norte, onde o "povo branco" ainda não tinha estado para saquear os locais de parição da espécie.

Os antigos habitantes nórdicos da Groenlândia, que se viam obrigados a deslocar-se cada vez mais ao norte, desencadeiam o mesmo padrão de comportamento nas morsas séculos mais tarde.

Rumo ao Cabo Norte com uma parada em Gjesvær

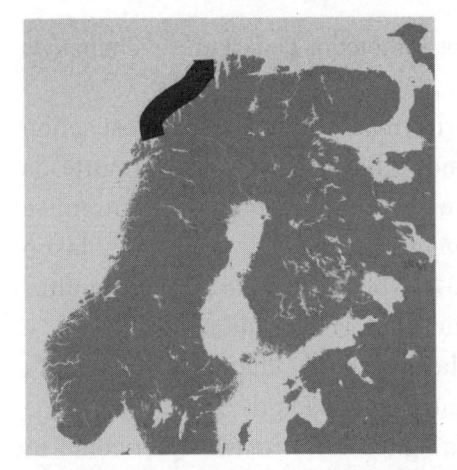 Assim que os navios passam por Finnsnes, a meio caminho entre Harstad e Tromsø, os homens descobrem um enorme urso no alto de um escolho. É uma visão aterradora, mas parece haver algo errado — um urso-pardo no alto de um escolho?

O outro navio do rei Hjör se aproxima do urso e os homens atingem-no com uma lança. O urso corre para a água e desaparece. É como se fosse engolido pelo mar. *"Þetta eru hamhleypur finnanna"* — "É um dos metamorfos finlandeses!" —, exclama o rei Sölvi. Em seguida, pede aos homens que deem continuidade à viagem.

Geirmund tem a impressão de ver a cabeça de uma baleia romper a superfície da água tão logo o dia começa a escurecer. Mas ele não tem certeza, e em seguida lhe dizem para não temer os metamorfos finlandeses — os homens seriam capazes de enfrentar qualquer coisa que aparecesse pela frente. Esses acontecimentos, somados ao vento cada vez mais fresco e cada vez mais frio, oferecem-nos uma indicação quanto ao lugar em que se encontravam — e também quanto ao lugar para onde iam.

Os navios aproximam-se de Gjesvær. Originalmente o local deve ter servido como um ponto sazonal de caça — um *ver*, que significa "local de caça junto ao mar". Mas Gjesvær é um lugar ideal para se passar um tempo e um ponto de encontro para todos os caçadores da costa de Finnmark, uma vez que abriga o primeiro cais para quem chega do oriente.[58]

Logo não há nada além de terras estéreis a estibordo. Já não é mais possível ser recebido com carne assada por aquelas bandas. As distâncias entre os mares tornam-se cada vez maiores, e, como naquela altura o arquipélago na costa externa já não existe mais, os homens precisam adentrar os fiordes para encontrar um porto.

A civilização ficou para trás. Os navios se aproximam da Utgard habitada pelos *jötnar*.

Os biarmeses fazem uma visita à Noruega

Existem fontes que indicam que os povos samoiedos poderiam ser chamados de biarmeses pelo antigo povo nórdico.

O ano é 1238. Gengis Khan está morto, mas o filho Ögedei despachou enormes bandos sob a liderança do duque Bathy para invadir o norte da Rússia. Conforme os pesquisadores, esses detalhes todos encontram-se de acordo com uma descrição na *Hákonar saga gamla* — a saga de Hákon Hákonarson, rei de Bergen (1217-1263): "Chegaram a ele [Hákon] muitos biarmeses fugidos do oeste devido à turbulência causada pelos tártaros, e então ele os cristianizou e concedeu-lhes um fiorde chamado Malangen", ou seja, o rei Hákon colocou-os no meio do condado de Troms. Ele devia saber que aqueles biarmeses não eram agricultores, mas viviam como os sámi do mar.

Mas, nesse caso, quem eram os biarmeses que buscaram refúgio na Noruega? Outra fonte independente nos oferece a resposta. Em 1246, John de Plano Carpini foi mandado pelo papa Inocêncio IV para coletar informações sobre a cultura e o conhecimento bélico dos mongóis (tártaros). Carpini escreve sobre a batalha dos mongóis contra o povo do extremo norte, ou seja, os samoiedos:

> *E, ao continuar cada vez mais ao norte, depararam-se com os parossitas, que têm barrigas tão pequenas e bocas tão pequenas, que nada comem, mas, enquanto cozinham a carne, mantêm o rosto acima da panela e inspiram o vapor ou a fumaça, e assim obtêm o alimento. Se comem o que quer que seja, é muito pouco. Depois dos parossitas, chegaram aos samogetas [samoiedos], que vivem somente da caça e costumeiramente habitam tabernáculos e trajam vestes feitas com peles de animais. De lá seguiram rumo a um país junto do mar oceano, onde encontraram monstros especiais que, segundo disseram, tinham patas que se pareciam com as patas de um boi e cabeças humanas de verdade, mas rostos de cachorro. Era como se falassem duas palavras como homens, mas na terceira se pusessem a latir como cachorros.*

Será que esses monstros vistos pelos mongóis não poderiam ser as morsas na parte norte da península de Kanin — "o país junto do mar oceano"?[59] As morsas têm a cabeça redonda, como as pessoas, mas o rosto se parece mais com o de um cachorro.

Certos historiadores duvidam de que a expansão dos mongóis possa ter chegado a pontos tão distantes ao norte, mas pode ser que os mongóis tenham reencontrado "o próprio chão" nas planícies da tundra siberiana.[60]

Há um detalhe em que vale a pena se deter um pouco. Talvez pareça estranho que os mongóis não comentem a aparência dos samoiedos que moravam "no fim do mundo", uma vez que viviam entre um povo sem boca ao sul e monstros com rostos de cachorro ao norte. Mas tudo deixa de parecer estranho se levarmos em conta que os samoiedos tinham uma aparência mongólica, exatamente como os próprios mongóis.

Quando juntamos todas essas pontas soltas, parece mais provável que certos povos samoiedos atacados pelos mongóis tenham fugido rumo ao oeste por volta de 1238. Claro que é impossível definir que grupo de samoiedos era esse — mas sabemos que se pareciam com os sámi do mar. A ligação entre Carpini e Sturla Þórðarson, no entanto, demonstra que a antiga palavra nórdica *bjarmar* também se referia aos povos samoiedos. De acordo com os etnógrafos da Sibéria, antigamente deve ter havido grupos de samoiedos na península de Kola.

Uma tarde com o povo xamânico

Enquanto os cavalos do mar montados por Hjör e Sölvi talham as águas nas proximidades de Vardø a caminho da costa de Murmansk, uma outra história se desenrola mais a leste. Lá mora um povo que afirma que o mundo surgiu quando uma mobelha trouxe um punhado de terra retirada do mar, e esse punhado começou a crescer e transformou-se na terra. Cá, certas pessoas moram em buracos no chão tapados com peles, enquanto outras moram em tendas. Esses povos caçam e pescam na costa, e usam cachorros como meio de transporte. Contam lendas sobre pessoas pela metade, com apenas um olho, uma mão e uma perna. O vento sopra quando o pássaro Minlei abre os sete pares de asas e a aurora boreal revela a viagem dos mortos pelo céu da tundra.[61]

Vamos imaginar que estamos em uma das casas escavadas no chão pelo povo de Ljufvina. Enquanto as lendas são contadas, o xamã senta-se ao pé da fogueira e aquece o tambor. A tenda está cheia de fumaça para que as pessoas se purifiquem antes do início da cerimônia. Um velho conta um sonho recente: sonhou que estava caçando morsas com outros homens, mas uma das morsas era bem menor do que as outras. Quando estava prestes a lançar o arpão, o homem viu que não era uma morsa, porém uma mulher. Era a princesa que tinha ido embora com o povo branco, muito tempo atrás.

Alguns dos presentes dizem que esse sonho traz uma mensagem importante.

O xamã tem uma máscara ornada com plumas de pássaros, ossos de peixe e dentes. Primeiro bate de leve no tambor decorado com desenhos, mas aos poucos aumenta a força e estabelece um ritmo constante. As tiras de pele na ponta da baqueta se agitam. O xamã se levanta e vagarosamente mexe o corpo ao ritmo do tambor, dançando graciosamente ao redor da fogueira enquanto a canção torna-se mais alta e as chamas refletem-se na pele do instrumento. O som de uma voz gutural mistura-se a um cântico bonito e rítmico. Uma espécie de transe cai sobre todos, e as pessoas olham para a fogueira com um olhar sonhador — até que o xamã cai ao chão como que morto.

Ninguém o toca. Ninguém diz nada. As pessoas esperam. O xamã abandonou o corpo terreno: certas pessoas acham que se transformou em pássaro, outras em peixe. O mais importante é que retorne.

Uma hora depois o xamã desperta.[62]

Ele teve visões do mundo dos espíritos e agora tem grandes notícias a comunicar. Viu muitos espíritos ao longo do caminho — várias meninas se aproximam.[63] O rei do povo branco, a princesa Louhniahna, o filho de ambos e muitas, muitas outras pessoas encontram-se no mar em grandes tendas flutuantes empurradas pelo vento. E estão indo para lá, para Mezen. Em poucos dias estariam lá se o pássaro Minlei desse-lhes vento!

A visita a Vardø e uma volta pela costa de Murmansk

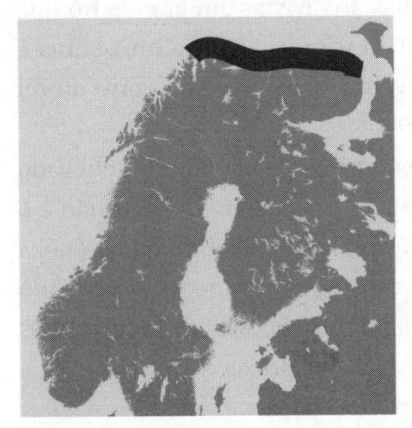

Terras inóspitas a estibordo. A bombordo, a imensidão do mar. O vento frio do Ártico morde os dedos e tenta lhes arrancar pedaços. Tudo está calmo. Tudo está calmo e a atmosfera encontra-se meio contida e meio angustiada; ouve-se apenas o ranger do massame e da madeira, bem como o rumor do vento nas velas. Em um dos dias os homens veem fumaça se erguer na foz de rio ao longo da costa.

Aquilo ajuda. Mas Hjör não quer parar. São estrangeiros, mas não os estrangeiros "certos".

Certo dia uma baleia se aproxima do navio. Geirmund e Úlf têm um sobressalto ao ver aquela besta enorme e escura. Correm histórias sobre baleias fêmeas que se chocaram contra navios na época do acasalamento para roçar o sexo contra a roda de proa. Um dos homens de Hjör pega uma lança e prepara-se para atirá-la contra a baleia, mas o rei Hjör grita e o impede — nesse caso a baleia poderia atacar o navio! Hjör chama os homens para o lado e pede que todos gritem o mais alto que puderem. Assim a baleia é afugentada e, ao se afastar, produz sons macabros na água.[64]

O fim da viagem à Biármia

Não sabemos ao certo em que ponto de Hálogaland se localizava a propriedade de Ottar, mas ele navegava por seis dias em direção ao norte antes de fazer uma curva para o leste — deveria ser próximo ao Cabo Norte. "Um dia de navegação" é uma grandeza pouco clara, mas com bons ventos, com o vento oeste-noroeste que Ottar esperava, seria possível navegar ao longo de toda a costa norte da Península de Kola em quatro dias, sempre com "terras inóspitas a estibordo e mar aberto a bombordo", como ele mesmo escreve.

Depois que o continente fazia uma curva rumo ao sul, Ottar conta-nos que navegava ao longo da costa por cinco dias até avistar um grande rio que se estendia continente adentro. Nesse ponto a tripulação fazia uma curva e entrava no rio. Foi assim que Ottar descreveu a viagem feita à corte do rei Alfred de Wessex por volta dos anos 880-890.

A maioria dos pesquisadores concorda em dizer que ele deve ter chegado à bacia do mar Branco, mas a unanimidade não passa disso.[65] Ottar não é o único antigo homem nórdico a apontar o navio para o mar Branco na época dos vikings, e um grande número de fatores contingenciais pode ter decidido o ponto final da viagem. A Biármia não tinha limites geográficos muito claros — os pesquisadores sugerem a parte sul de Kola, as praias do mar Branco e uma localização mais ao leste, na direção do Mezen.

A única coisa que se pode afirmar com certeza tomando-se por base as antigas fontes nórdicas é que a Biármia é o lugar aonde se chega quando se navega rumo ao leste depois de ter navegado até o extremo norte (Cabo Norte).

Imagino que Hjör e seus homens devam ter apontado o navio para a ilha Morzhovets no trecho em que o continente faz uma curva rumo ao sul para então seguir até a foz do Mezen. Talvez fosse esse o conhecimento valioso que Sölvi e Hjör detinham e que não desejavam compartilhar: que era possível continuar navegando rumo ao leste no ponto em que o continente fazia uma curva rumo ao sul.

Há muitos indícios de que o Mezen marcava o fim da viagem. Os hábitats das morsas localizavam-se a leste do mar Branco, não na própria bacia. A distância entre o rio Ponoy na península de Kola (o ponto em que o continente faz uma curva rumo ao sul) e o rio Mezen é apenas a metade da distância a ser percorrida até o Duína do Norte. Descobriu-se que na Idade Média havia mercados funcionando na zona habitada à margem do Mezen, uma tradição que atraía gente de lugares distantes e que pode ser muito antiga.

O mais importante é o seguinte: naquela época havia uma cultura de caçadores marítimos na parte leste do mar Branco. Os vizinhos desses caçadores da tundra perceberam que esse povo tinha a pele escura e caçava elefantes-marinhos, focas e baleias.

A passagem pela ilha Morzhovets rumo ao Mezen

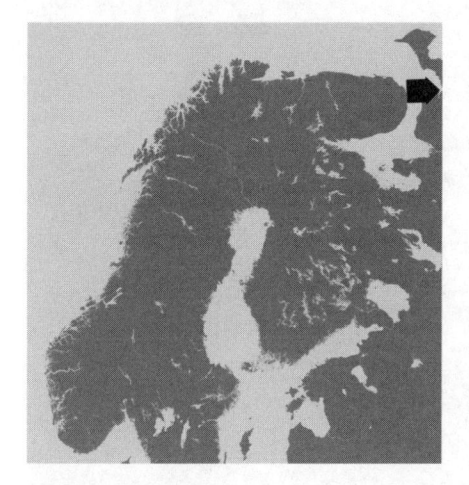

Na baía do Mezen, os navios deixam a ilha Morzhovets para trás. Naquela época a ilha fazia jus ao nome que tinha ("Ilha das Morsas"). A tripulação sente o cheiro forte dos animais, que, reunidos aos milhares com as presas enormes e os corpos inchados, deitam-se uns por cima dos outros ao longo de toda a costa.

Os homens não conseguem esconder o entusiasmo; ninguém jamais viu tantas morsas juntas. Geirmund vê que o pai sorri, mesmo que faça todo o possível para ocultar a alegria como apenas um antigo homem nórdico de verdade é capaz de fazer. Um suspiro de alívio espalha-se pelo convés. Os homens entoam celeumas enquanto remam em um pequeno barco rumo à foz do Mezen. Ljufvina e as damas de companhia biarmesas se abraçam e choram de alegria ao ver aquela terra tão familiar e tão querida.

Em 2010 fui à Sibéria apresentar uma palestra sobre *O viking negro* no terceiro congresso arqueológico de Khanty-Mansiisk. A ideia original era fazer uma leitura de uma hora para o auditório, mas quando cheguei pediram que eu reduzisse o tempo de leitura para meia hora. Quando enfim cheguei à tribuna, entendi que os intérpretes tinham ido para casa e não voltariam mais naquele dia, e uma russa precisou traduzir de pé tudo que eu tinha a dizer. A situação fez com que me restassem apenas quinze minutos para apresentar a ideia do Mezen como ponto final da viagem de Hjör Hálfsson, o comerciante norueguês de morsas.

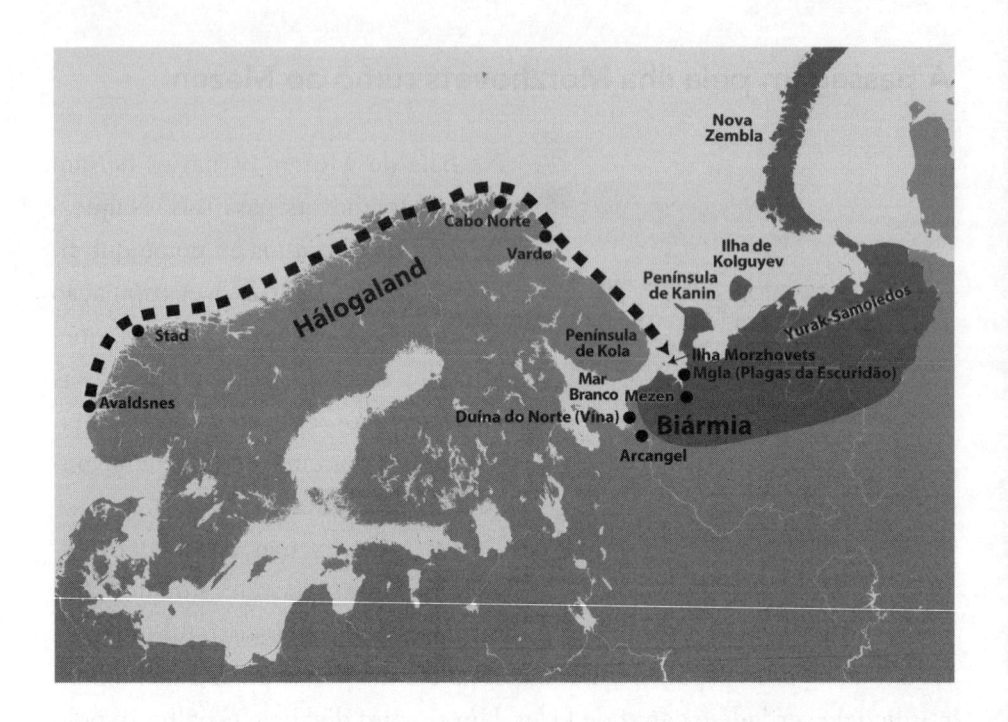

Havia cerca de quatrocentos arqueólogos russos no auditório, e nos dias seguintes descobri que todos eram infinitamente céticos em relação a fontes que não fossem baseadas em descobertas arqueológicas. Um deles, o professor Vladimir Shumkin, levantou-se ao fim da minha apresentação e disse que tudo aquilo era muito interessante, mas como eu poderia provar esse tipo de contato? Será que eu teria outra referência para além da "mitologia"?

Em suma: que descoberta arqueológica eu estava usando como referência?

Tenso e suado, fiquei na tribuna sem conseguir dar uma resposta bem articulada. Eu havia lançado uma hipótese ousada, sem ter arranjado tempo para embasá-la, para então apresentá-la ao público mais crítico que se poderia imaginar. E sem uma única descoberta arqueológica como base!

Citei uma observação feita por Andrei Golovnev — o fato de que o império de Gengis Khan não deixou praticamente nenhum resquício material. Nesse caso, deveríamos colocar a existência de Gengis Khan em dúvida? Minha resposta não foi recebida com entusiasmo.

Logo Nikolai Krenke, outro arqueólogo russo, levantou-se. Ele mencionou uma visita que havia feito ao museu de Salekhard (Obdorsk) em 1991.

Salekhard localiza-se junto à foz do rio Ob, na península de Yamal, não muito longe das escavações que descobriram resquícios de um povo de caçadores de morsas (vide o mapa da península de Kola e do rio Ob na p. 138).

Na foz do Ob haviam feito uma descoberta que ninguém no museu tinha competência para avaliar até que Nikolai aparecesse por lá: um alfinete nórdico do século x!

Como, afinal, uma peça daquelas teria ido parar lá? São 1.200 quilômetros a leste do Mezen em linha reta!

Quando Nikolai terminou de falar sobre o antigo alfinete nórdico do Ob, que em um artigo de 1995 ele supôs ter vindo da Noruega ou da Suécia, todas as vozes críticas da sala calaram-se. Os arqueólogos tinham obtido uma prova.

Hjör não viajava somente para fazer comércio. Ele já não era mais jovem e queria certificar-se de que os descendentes teriam acesso às mesmas mercadorias que ele, não apenas aos mesmos recursos. Não era tão simples quanto ir com uma comitiva à ilha Morzhovets, matar a paulada tantas morsas quanto possível e depois encher os navios. Uma coisa era viajar até aquelas regiões, e outra totalmente diferente era caçar os animais e depois fazer cabos a partir da pele e óleo a partir da gordura. Se pretendessem fazer tudo isso sozinhos, dificilmente conseguiriam voltar antes que as tempestades de outono começassem. Esquartejar as carcaças de focas e morsas e cortá-las em tiras exige tempo e trabalho — uma morsa pesa até oitocentos quilos e não é nada fácil de manejar. Sabemos que Ottar não está em busca de peles de mamíferos marinhos no mar Branco, mas de cabos feitos de pele de foca e morsa.

Preparar o óleo a partir da gordura exige muito tempo. A gordura ocupa bastante espaço durante o transporte e pode apodrecer e ser infestada por vermes ao longo do trajeto. Esse foi o motivo da aliança com o povo de caçadores sobre a qual podemos ler nas antigas fontes. E para o rei Hjör a única maneira de garantir uma aliança duradoura é levar o filho a fazer o mesmo que havia feito: casar-se com uma mulher do povo de caçadores.

Tudo indica que Geirmund tomou por esposa uma mulher desse povo. Não sabemos qual era o nome originário dela — apenas que os antigos nórdicos chamavam-na de Illþurrka. Esta é a adaptação fonética para a antiga língua nórdica de um nome em uma língua desconhecida. De acordo com as lendas e com os topônimos, Illþurrka encontra-se enterrada sob um círculo de pedras no meio das propriedades de Geirmund na Islândia. Se quisermos acreditar nas lendas, era uma feiticeira poderosa, uma xamã.

Não sabemos praticamente nada acerca dessa mulher de nome misterioso. Esse foi um resultado da predisposição à xenofobia dos historiadores islandeses.

O casamento

Ela está na frente dele, rodeada pela planície siberiana. Parece ser muito pequena. Geirmund não sabe se é a noiva ou se a paisagem que a faz parecer tão frágil. Vestiram-na com trajes de noiva, e aparentemente todos os objetos de metal que puderam ser juntados foram parar no vestido e no chapéu da noiva, nas orelhas e no nariz.[66] Os noruegueses acham tudo aquilo meio cômico; Úlf, o Vesgo, trata logo de cunhar um *kenning* para a noiva, chamando-a de "carvalho de ferro", em contraste com os *kenningar* tradicionais que comparam as mulheres a árvores de ouro e prata.

Os noivos aproximam-se um do outro. O xamã, também enfeitado com estanho e cobre e tiras de couro que balançam em meio à dança, toca um grande tambor. Geirmund olha para a noiva e talvez pense: todo mundo na Noruega vai achar você feia, mas eu acho você bonita. Ele olha nos olhos dela, tão estreitos, que nenhum espírito do mal poderia adentrá-los. O rosto tem uma superfície tão plana quanto o lago no urzal. E então ele diz o nome dela à antiga maneira nórdica, *Illþurrka...*

Dizem que os arranjos de casamento entre os nenetses começam com os pais do noivo. Entre os yuraks, o aspecto da mulher em geral não tem um papel muito importante no que diz respeito à compra da noiva, e é normal que os casamentos sejam arranjados quando as meninas têm apenas doze ou treze anos. Quando a jovem Illþurrka e Geirmund, que não era muito mais velho, foram unidos no matrimônio, deve ter havido rituais de ambos os lados. Talvez fosse uma boa oportunidade para consumir a carne salgada e a cerveja que os noruegueses haviam levado? Nesse caso, aquele povo tão próximo da natureza não conseguiria parar enquanto o barril não estivesse vazio. Quando sentiam a embriaguez subir-lhes à cabeça, pediam mais. Todos sorriem em suas roupas de couro de foca e então cantam, cambaleiam e gargalham. No século xvi os holandeses escreveram que as pessoas do povo de pele escura que encontraram na Ilha Vaygach eram "bons de salto" — um costume que permaneceu vivo entre os nenetses por mais um bom tempo.

Illþurrka recebe os presentes do rei Hjör.

Geirmund recebe o dote.

Mais tarde o dote oferecido pelas famílias ricas viria a ser uma tenda de inverno completa, feita com cinquenta peles de rena. O rei Hjör sem dúvida torcia para que o dote viesse de outra forma.

E então a festa acaba.

Os noruegueses não podem demorar muito; os homens precisam retornar antes da época da fenação e da matança dos porcos. Antes de voltar, pode ser que os nórdicos tenham caçado um pouco com o povo de caçadores. Pode ser que lhes tenham mostrado o "baú do tesouro" — duas ou três viagens à ilha Morzhovets resultariam em uma carga preciosa de matéria-prima. Será que nesse ponto estaríamos próximos das descrições aventureiras que as sagas nos oferecem a respeito da rica Biármia? Assim que os navios enchem os porões, a tripulação toma o rumo de casa.

Mas antes um acontecimento dramático se abate sobre Geirmund.

O rei Hjör mata dois coelhos com uma cajadada só ao colocar um dos filhos naquele paraíso de recursos naturais.

Logo os gêmeos vão atingir a maioridade. Somente um deles poderia assumir Rogaland se a intenção fosse manter o reino unido. O outro filho seria uma ameaça constante. A literatura mais antiga está repleta de histórias em que reinos inteiros são divididos e chegam ao fim por causa de disputas de poder no seio da mesma família — e havia uma boa dose de realidade por trás dessas histórias.

O rei havia tomado a decisão muito tempo atrás. Sabemos, graças às alianças feitas ao longo da roda do oeste, que Hámund fora escolhido como herdeiro das propriedades e do reino de Rogaland. Quanto a Geirmund, tudo indica que receberia o trono do rei e os recursos vindos do norte, mas foi *apenas nesse momento* que a escolha tornou-se visível para os demais homens. Se aceitarmos essa interpretação, perceberemos certas linhas-mestras no profundo drama que deve ter se desenrolado, mesmo que Geirmund pudesse consolar-se sabendo que mais tarde o pai teria de voltar para buscar mais uma carga.

Nesse caso, Úlf, o Vesgo, não teria abandonado o amigo e irmão de criação sem antes dar mostras de resistência com os gritos e a fúria de um *berserk*, o que levaria todos os demais homens a contê-lo. Talvez, assim que acordou, Geirmund tenha recebido um choque ao sair da casa de terra e olhar em direção à praia. Ele anda com água pelos joelhos e grita com uma angústia tão profunda, que penetra até o tutano dos ossos à medida que os navios se afastam em direção ao horizonte. Pode ser que tenha estabelecido contato visual com o pai: nesse caso deve ter visto por mais uma vez o frio semblante do abandono.

Como as coisas aconteceram a partir de então, jamais saberemos. Mesmo assim, tudo sugere que nessa situação Geirmund deva ter se lembrado do velho ditado segundo o qual o pior contra nós são os nossos.

Como podemos saber que essas coisas realmente aconteceram?

Em primeiro lugar, Geirmund deveria ter um conhecimento inestimável sobre a caça e o modo de trabalhar com os recursos daquela região ao norte. Essa é a razão para que mais tarde tenha liderado a primeira expedição de caça à Islândia. Esses conhecimentos podem ter sido adquiridos com os povos caçadores da região ártica, mas não com pessoas de Rogaland, da Irlanda ou das Ilhas Britânicas. A esposa Illþurrka tem, portanto, um nome não nórdico, mas de acordo com o *Landnámabók* Geirmund também teve uma filha de nome não nórdico chamada Ýri. Não é difícil concluir que deve ter concebido Ýri com a esposa biarmesa. Juntamente com a mãe Ljufvina, essas três mulheres compõem três gerações com nomes exóticos e estrangeiros. Vamos olhar para tudo isso mais de perto na parte sobre a Islândia.

Sabemos que tudo deve ter acontecido antes que Harald Belos-Cabelos assumisse o controle do tráfego marítimo pela Rota do Norte e antes que Geirmund aparecesse na Irlanda durante a segunda metade da década de 860. A questão, portanto, é determinar se Geirmund permaneceu na Biármia por vontade própria.

A maior parte das evidências depõe contra essa interpretação.

Geirmund havia de fato recebido uma educação rígida, mas um certo luxo também deveria cercar o trono do rei de Rogaland na época dos vikings. Entre outras coisas, isso significa uma quantidade e uma variedade de comida à qual um povo de caçadores dificilmente teria acesso. Geirmund nasceu em uma região produtora de cereais na Noruega da época. O povo de caçadores da península de Kanin não conhece pão nem cereais, de acordo com o testemunho dos ingleses.[67] Os holandeses escreveram que comiam carne crua. Para um povo de caçadores, a fonte de minerais e vitaminas está em parte no conteúdo estomacal (quimo) de mamíferos marinhos e renas — e o sangue e a carne fresca de mamíferos marinhos oferecem parte dos minerais que se encontram nos cereais. Ainda hoje os nenetses bebem sangue para sobreviver ao inverno polar. Esse hábito tem uma explicação nutricional. Quando estava preso em meio ao gelo na Passagem do Noroeste, Roald Amundsen descobriu que o escorbuto poderia ser evitado mediante o consumo de sangue.

Que o filho de um rei de Rogaland tenha simplesmente optado por viver com um povo estrangeiro — bebendo sangue, comendo carne crua e o conteúdo estomacal de morsas, vivendo em um buraco no chão coberto por um teto feito com ossos de baleia nas condições mais primitivas e vagando ao longo de costas desabitadas, passando frio extremo no inverno e sendo praticamente devorado vivo pelos mosquitos no verão — parece uma hipótese pouco provável, mesmo que tivesse se casado com a menina Illþurrka e gostasse dela, e mesmo que levemos em conta o fato de que a mãe Ljufvina também havia ficado por lá.

O plano do rei Hjör, no entanto, sofre uma reviravolta não muito tempo depois: já não havia mais um reino a assumir em Rogaland. Esse foi um duro golpe para a antiga linhagem real de Avaldsnes, mas também restaurou as chances de Geirmund.

Ao mesmo tempo em que Harald Belos-Cabelos acumula um poder cada vez maior ao longo da Rota do Norte, Geirmund Pele-Negra tem uma experiência que seria definitiva para a formação de seu caráter. Aos poucos ele começa a se acostumar à vida em meio ao povo de caçadores: aprende muita coisa, e aprende depressa. Teve certa facilidade para assimilar a língua e a cultura estrangeiras graças à mãe, que deve ter feito com que o choque cultural fosse absorvido com maior facilidade. Talvez essa experiência tenha sido parecida com a do etnógrafo Kai Donner, que passou uma temporada em meio aos nenetses um milênio depois de Geirmund, em condições que não podem ter sido muito diferentes:

> Quem viu apenas o nosso lado da existência é incapaz de compreender o outro. Mas quem viu a vida em uma forma mais primordial jamais se esquece do que viu, e assim, quando Geirmund se afasta daquelas vastas planícies, as memórias transformam-se em uma revelação esplendorosa, da qual jamais poderia se livrar. Ele se torna um homem que viveu uma vida dupla e deixa naquelas terras inóspitas uma parte de si. Foi assim que aconteceu comigo.

A TERRA QUE VERTE SANGUE E MEL

IRLANDA (867-873)

A Irlanda é mais larga e mais agradável que a Inglaterra, e além disso tem um clima mais ameno, que faz com que a neve raramente se acumule no chão por mais do que três dias. A grama não é cortada no verão para uso no inverno, e tampouco as pessoas constroem galpões para os animais [...].
A ilha é rica em leite e mel, e não faltam vinho, peixes e pássaros. Também é conhecida pela caça ao veado-vermelho e à corça. Os irlandeses são por direito os habitantes originais desta terra; emigraram de tudo aquilo que descrevemos e assim construíram a terceira nação da Inglaterra, para além dos britânicos e dos pictos.

Trecho de *The History of the English Church and Nation*, Beda, ano 731

Se quisermos falar mais sobre essas terras, precisamos saber que são diferentes entre si. Por mais portentos que existam na Groenlândia e na Islândia, estes são um frio terrível e geleiras, fogo e chamas, ou ainda grandes peixes e toda sorte de monstros marinhos. E ambos os países são de tal maneira inóspitos e estéreis que se revelam quase sinistros por conta disso. Mas a Irlanda é quase o melhor lugar que as pessoas conhecem [...]. A Irlanda situa-se no ponto da terra onde o calor e o frio misturam-se tão bem, que nunca é demasiado calor nem demasiado frio. Nunca há calor demasiado a ponto de causar estragos no verão, e nunca há frio demasiado a ponto de causar estragos no inverno. Pois mesmo durante o inverno os rebanhos pastam nos campos, tanto as ovelhas como as vacas, e as pessoas andam praticamente sem roupa tanto no inverno como no verão [...]. Também se conta a respeito da Irlanda que as pessoas mal conhecem outra ilha daquele tamanho onde haja tantos homens santos como lá. Também se conta que as pessoas que moram naquele país têm um temperamento duro e homicida, e que têm costumes demasiado ruins. Mas, por mais homicidas que sejam, com tantos homens santos como os que existem naquela ilha, jamais mataram sequer um deles. Todos os homens santos que existiram naquele lugar morreram de enfermidade. Pois as pessoas mostraram-se bem-dispostas para com os homens santos, mesmo que tenham sido hostis entre si.

Konungs skuggsjá, aprox. 1250

No século IX, nenhuma outra região da Escandinávia tinha ligações mais próximas com a Irlanda e com Dublin do que Rogaland. O contato entre a família de Geirmund e a Irlanda é parte da história que a arqueologia nos revelou. Um arqueólogo escreve que essa posição única deve ter surgido a partir de "uma organização cuidadosamente planejada" entre os pequenos reis da região.

O rei Hjör era um desses reis. Mesmo que fossem extremamente relutantes em escrever sobre relações comerciais mantidas em tempos de paz, os antigos escribas nórdicos fizeram registros confiáveis de que relações existiram e dos períodos em que existiram. As árvores genealógicas que deixaram conservam todas as informações relativas a quem era casado com quem — além disso, sabemos que na época dos vikings o casamento servia acima de tudo para selar uma aliança entre partes com interesses em comum. Hámund Pele-Negra e Úlf, o Vesgo, o irmão de criação de Geirmund, foram usados para selar a aliança com o antigo reino nórdico na Irlanda.

A popular rota de navegação entre o oeste da Noruega e as ilhas dessa região era aquilo a que as pessoas se referiam ao falar sobre "tomar a Rota do Oeste", "o oeste do mar" e "expedição a oeste" no antigo idioma nórdico; na maioria das vezes, as expressões referem-se à Irlanda ou à Escócia.

Já por volta do século IX, as ilhas Órcades, as ilhas Shetland, as ilhas Hébridas e a costa norte da Escócia até a Ilha de Man eram habitadas por colonizadores noruegueses que haviam passado pelo menos um século estabelecendo-se na região, ou seja, tinham chegado pelo menos cem anos antes das primeiras expedições vikings a envolver saques e pilhagens. A distância entre Vestlandet e as ilhas mais próximas a oeste não é maior do que a distância entre Karmøy e Stad quando se navega pela Rota do Norte. A anedota sobre a mulher em Sunnhordland que preparou mingau e o entregou ainda quente nas ilhas Shetland é uma velha maneira de sugerir essa proximidade. Mas logo antes do ano 800 esse contato alterou-se de maneira drástica. O ataque ao mosteiro de Lindisfarne na Nortúmbria (norte da Inglaterra), ocorrido no ano de 793, é com frequência apontado como o momento inicial da Era Viking, e anos mais tarde os vikings desembarcam na Irlanda e envolvem-se no incêndio de locais sagrados, matanças e pilhagens.[1]

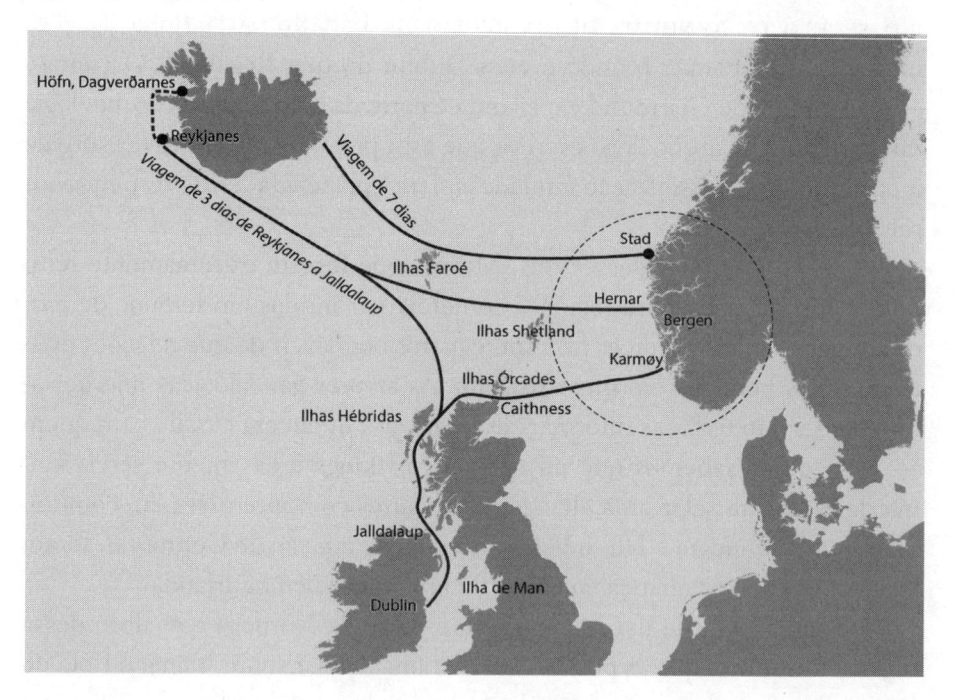

Foi um acontecimento inesperado. Os autores dos anais históricos, chocados, não economizam pólvora na descrição dos pagãos (*gentes*) animalescos e sanguinários, aos quais também se referiam como *Nordmanni*. Mesmo que os atacantes recebam a maior parte da atenção nas fontes antigas, havia um número similar de pessoas que levavam uma vida pacífica.

Até o meio da década de 820, pequenos grupos vikings faziam ataques esporádicos à Irlanda durante o verão. O ritmo sazonal dos ventos fazia com que os vikings preferissem zarpar na primavera, quando o vento soprava do leste, para então voltar à Noruega no fim do outono, quando o vento predominante soprava do oeste. As fontes nórdicas e irlandesas concordam nesse ponto, mas, no período seguinte, os ataques tornaram-se maiores e mais intensos. Por volta de 840, os anais históricos da Irlanda mencionam grandes esquadras de navios que operam a partir da costa leste da ilha, e em 841 os vikings conseguem estabelecer uma base onde podiam passar o inverno, chamada de *longphort*, em *Dyflinn* — Dublin. Esses locais de hospedagem nórdicos — os *longphorts* — são resumidamente uma fortaleza na forma da letra D em que o traço reto é formado pelo leito de um rio — caso a muralha cedesse, os vikings sempre poderiam fugir usando os navios dispostos ao longo da margem.

Por volta de 850 um monge irlandês exaltou uma tempestade na margem de um manuscrito, pois havia impedido que os bárbaros de Lochlann atravessassem o mar.[2] Esse monge deixou a frase mais citada em livros sobre a época dos vikings — talvez porque ofereça um *insight* mais profundo na psiquê irlandesa do que qualquer outro texto do período.

Na terra que manava leite e mel, de repente uma aventura sangrenta começou a se desenrolar — pois essa é a história dos vikings na Irlanda quando Geirmund sobe ao palco.

Guerra civil na Irlanda

Os autores dos anais irlandeses contam que uma violenta guerra civil havia eclodido entre *finngaill* e *dubgaill*, respectivamente "o forasteiro branco" e "o forasteiro preto" no ano de 851. Entre os pesquisadores é praticamente um consenso que os termos se referem aos noruegueses e aos dinamarqueses, porém a unanimidade não vai muito além disso; os noruegueses eram *dubgaill* ou *finngaill*?

Supostamente a batalha se deu entre uma esquadra de 140 navios dinamarqueses e uma esquadra de 160 navios noruegueses, que disputavam o domínio sobre Dublin. Foram mortos 5 mil noruegueses e uma quantidade desconhecida de dinamarqueses.[3] A partir do que sabemos a respeito da ocupação dos navios vikings menores, calcula-se que pelo menos 9 mil homens tenham participado da batalha, que nesse caso teria sido maior do que a batalha de Hafrsfjord. A situação melhorou somente quando Amlaíb Conung (rei Ólaf) e Ímar (Ívar) chegaram a Dublin no ano 853.

Mas de onde vinham e quem eram os guerreiros Ólaf e Ívar? Há quem acredite que vieram das bases vikings nas ilhas escocesas, enquanto outros apostam no oeste da Noruega — e uma terceira possibilidade é que tenham vindo de Viken, que na época se encontrava sob o poder dos dinamarqueses. Independentemente de ter sido a influência política ou a força maciça a decidir o resultado, aconteceu que todos os vikings em Dublin sujeitaram-se à nova liderança. Os irlandeses também começaram a pagar tributos à nova casa real em Dublin. Os guerreiros Ólaf e Ívar chegaram a dominar toda a atividade nórdica na Irlanda, bem como em partes da Inglaterra e da Escócia nas duas décadas seguintes.

O rei Amlaíb

O homem chamado de Amlaíb Conung pelas fontes gaélicas é conhecido pelo nome de *Ólafr enn hvíti* (Ólaf, o Branco) nos antigos textos nórdicos. Ele fez a "expedição a oeste", conquistou Dublin e a região ao redor de Dublin (*Dyflinnskíri*)[4] e tornou-se rei do lugar. As antigas fontes nórdicas afirmam que era casado com Auð, a Profunda, filha de Ketill Nariz-Chato nas ilhas Hébridas, e que teve um filho, Þorstein, o Vermelho, por volta do ano 850. Isso significa que Ólaf não pode ter nascido muito depois de 830. Além disso, os irlandeses mencionam o casamento de Ólaf com as filhas de um rei irlandês e de um rei escocês.[5] Nesse ponto todas as fontes querem ter um pouco para si; na época, um rei poderoso podia ter várias esposas, uma vez que as alianças via de regra eram seladas por meio do casamento.

Os anais históricos da Irlanda afirmam que o pai de Ólaf chamava-se Gofraid (Guðrøð, em nórdico antigo) e era rei de Lochlann. É provável que esse Guðrøð tenha sido uma figura histórica, mesmo que a genealogia de Ólaf oferecida pelas fontes irlandesas seja um tanto suspeita. Da mesma forma, seu passado encontra-se perdido em meio à bruma nas antigas fontes nórdicas.[6]

Se Ólaf, o Branco, pertencia a uma dinastia dinamarquesa ligada a Viken, então suas forças militares eram compostas tanto por noruegueses como por dinamarqueses, e talvez principalmente por noruegueses. Naturalmente nada disso impede que o próprio Ólaf tenha sido norueguês, como os irlandeses afirmam, mesmo que optemos por associá-lo a Viken. Mas, independentemente do que tenha acontecido, tanto os topônimos como a arqueologia sugerem um domínio norueguês sobre a Irlanda e as ilhas escocesas, enquanto a superioridade dinamarquesa na região central da Inglaterra (*Danelaw*) é indiscutível. Desse modo, encontramo-nos diante de um cenário bastante complicado se quisermos entender *finngaill* e *dubgaill* como termos étnicos; provavelmente os irlandeses do século IX não eram tão preocupados com questões de nacionalidade quanto os pesquisadores contemporâneos.

Os debates sobre a região de Lochlann, de onde Ólaf supostamente veio, não são menores. Um linguista achou que os irlandeses referiam-se a Rogaland.[7] Nos anais históricos irlandeses consta o seguinte:

> *Amlaíb foi da Irlanda para a Noruega para lutar contra os norueguses e apoiar o pai, Gofraid, porque os noruegueses travavam uma batalha contra ele, e o pai havia lhe mandado uma mensagem. Uma vez que a razão para a guerra seria demasiado longa para contar, e já que tem pouca relevância para nós, abrimos mão de escrever a esse respeito, mesmo que a conheçamos, posto que nosso objetivo é escrever sobre as coisas relacionadas à Irlanda, e nem ao menos disso podemos dar conta; pois os irlandeses não devem a maldade que enfrentam apenas aos noruegueses, mas também ao trato consigo próprios.*

Era 872, mesmo ano em que a maioria dos pesquisadores acredita que a batalha de Hafrsfjord tenha ocorrido. Uma hipótese é que parte dos oponentes de Harald fosse composta por dinamarqueses de Viken. Nesse caso, Ólaf e seus homens devem ter conseguido fugir a tempo, talvez com "a cabeça na quilha e o traseiro no ar", como um dos escaldos de Harald descreveu a fuga dos perdedores da batalha de Hafrsfjord.[8] Ólaf não é mencionado nos anais irlandeses depois desse episódio, mas há relatos esparsos em fontes escocesas segundo os quais teria sido morto pelos pictos na Escócia. Os pesquisadores acreditam que isso tenha ocorrido no ínterim entre 872 e 874.

No período após a batalha de Hafrsfjord, os arqueólogos perceberam um claro declínio na quantidade de objetos da Irlanda e das Ilhas Britânicas em Vestlandet. Quando Harald Belos-Cabelos estabelece seu domínio na Noruega, as ligações entre Dublin e Vestfold também parecem deteriorar--se cada vez mais à medida que o tempo passa. O vilarejo de Kaupang, em Viken, foi destruído na época de maior poder de Belos-Cabelos, por volta do ano 900. Conforme sabemos, Harald tinha o monopólio sobre o comércio entre o norte da Noruega e a Biármia. Por esse motivo, Ívar e Ólaf tinham de andar com as próprias pernas e obter tudo aquilo de que precisavam nas regiões ao norte. De acordo com as fontes, esses homens não tinham a menor vocação para servir aos outros.

O retrato de Ólaf, o Branco, oferecido pelos anais históricos da Irlanda é o de um estrategista militar astuto e sagaz, e simultaneamente o de um rei agressivo; e ainda mais agressivo quando um ex-aliado voltava-lhe as costas. Não sabemos a que o epíteto "o Branco" se refere. Se isso nos diz que tinha os cabelos loiros, sabemos pelo menos que essas mechas brancas muitas vezes eram manchadas pelo sangue dos adversários, independentemente de encontrar-se na Irlanda, na Escócia, na Inglaterra ou, de acordo com certos pesquisadores, em Hafrsfjord. O certo é que essas mechas brancas encontram-se trançadas em nossa história sobre o viking negro.

O rei Ímar

Ímar ou Ívar, por outro lado, é visto como sendo a mesma pessoa que as antigas fontes nórdicas chamam de *Ívarr inn beinlausi* — o filho mais velho do lendário Ragnar Calça-Felpuda. Nesse caso tampouco nos movimentamos sobre um terreno firme. Ívar teria conquistado York, na Nortúmbria, e depois East Anglia, onde vingou o pai. De acordo com o escaldo Sigvat Þórðarson, na mais antiga crônica nórdica sobre a conquista da cidade, Ívar chegou a

Jórvík (York) e "talhou a águia nas costas [do rei] Ella". De acordo com os anais irlandeses e anglo-saxões, a invasão ocorreu em 867. Ívar era o mais sábio e o mais forte de todos os homens, afirma a antiga saga nórdica sobre Ragnar Calça-Felpuda. Um historiador inglês escreve no século XII que Ívar era "astuto como uma raposa" — o que parece uma afirmação correta se as fontes de fato oferecem um retrato fidedigno de suas façanhas militares.

Quase tudo indica que Ragnar e os filhos operaram como reis marítimos na região do Kattegat e atacaram as regiões costeiras mais próximas durante a primeira metade do século IX.[9]

Há indícios de um contato com Rogaland e com a dinastia de Ragnar no mesmo período. Bragi Boddason não frequenta apenas a região próxima ao rei Hjör e a Ljufvina em Rogaland. A famosa canção *Ragnarsdrápa,* escrita por volta de 850, teria sido composta em honra do próprio Ragnar Calça-Felpuda.[10] Mesmo que as raízes de Ívar (e possivelmente de Ólaf) estivessem no leste da Noruega ou nas ilhas da Dinamarca, esse pode ser um indicador de que tenham mobilizado forças da parte oeste da Noruega. Essas forças mistas podem ser a explicação para que os bandos de dinamarqueses e noruegueses que se digladiavam na Irlanda tenham jogado a toalha quando Ívar e Ólaf chegaram a Dublin em 853.

O epíteto *beinlaus* ("sem osso") deu origem às mais variadas explicações — uma poderia ser a impotência, o que parece não se ajustar ao grande número de descendentes produzidos por Ívar.[11] Na antiga canção nórdica *Krákumál, beinlaus* é levado ao absurdo; a canção afirma que ele não tinha esqueleto. Mas, a despeito de qualquer outra coisa, Ívar deve ter sido um homem corajoso no que diz respeito à vida de aventuras: primeiro conquistou Dublin com Ólaf, o Branco, e, em seguida, York. Quando morreu em 873 como um pagão invicto, foi descrito pelos irlandeses como "Ívar, rei de todos os noruegueses em toda a Irlanda e toda a Noruega".

Ólaf e Ívar, os reis do mar

Ólaf, o Branco, e Ívar eram ambos reis dos exércitos, *herkonungar,* e também reis do mar, *sækonungar.* A força e o poderio militar que comandavam baseavam-se em grandes esquadras capazes de mover-se depressa ao longo da costa e adentrar o território da ilha graças aos muitos rios que correm pela Irlanda. Os exércitos conseguiam desaparecer mais depressa do que os irlandeses eram capazes de mobilizar as próprias forças terrestres.

Supõe-se que em 853 havia mais de 150 navios, e em 871 há relatos de uma expedição à Escócia e à Inglaterra de onde haveriam retornado com duzentos navios carregados de escravos e prisioneiros daquelas regiões. E provavelmente uma parte da esquadra deve ter permanecido em Dublin a fim de proteger a cidade. Que esses reis, sem contar os navios dos aliados Auðgísl (Auisle) e Hálfdan (Albann), tivessem montado uma esquadra com trezentos ou quatrocentos navios não parece nem um pouco irreal.

E esse é um número assombroso.

Pensemos em termos práticos. O drácar *Harald Hårfagre,* recentemente lançado ao mar em Haugesund, é um navio de 35 metros. A ideia era usar cabos de morsa para o massame do navio, como na época dos vikings. Porém, como é difícil obter a matéria-prima necessária, pelo menos no projeto o emprego de outros materiais foi cogitado. Mesmo assim, todos os cálculos foram realizados e chegou-se à conclusão de que um navio daquele porte necessitaria de aproximadamente 25 peles de morsa como matéria-prima somente para o massame.

Se imaginarmos que apenas a metade da esquadra, ou seja, os maiores navios da esquadra de Ólaf e Ívar, tinham massames feitos com peles de morsa, seriam necessários 5 mil animais. Se, além disso, encararmos o mercado de Dublin como um distribuidor dessas mercadorias para outras bases vikings no norte da Europa, a demanda sem dúvida tinha de ser muitas vezes maior. Trata-se de um material orgânico que sofre desgaste e precisa ser trocado. Graças à *Eiríks saga rauða,* sabemos também que o teredo era um problema no mar da Irlanda. Essa esquadra na Irlanda também necessitaria de uma grande quantidade de óleo de mamíferos marinhos todos os anos, que dificilmente poderia ser suprida apenas com a caça de focas e pequenas baleias.[12] É no contexto das grandes exigências feitas por esses navios que os nossos homens de Rogaland entram em cena, tendo o feio e o vesgo como atores principais.

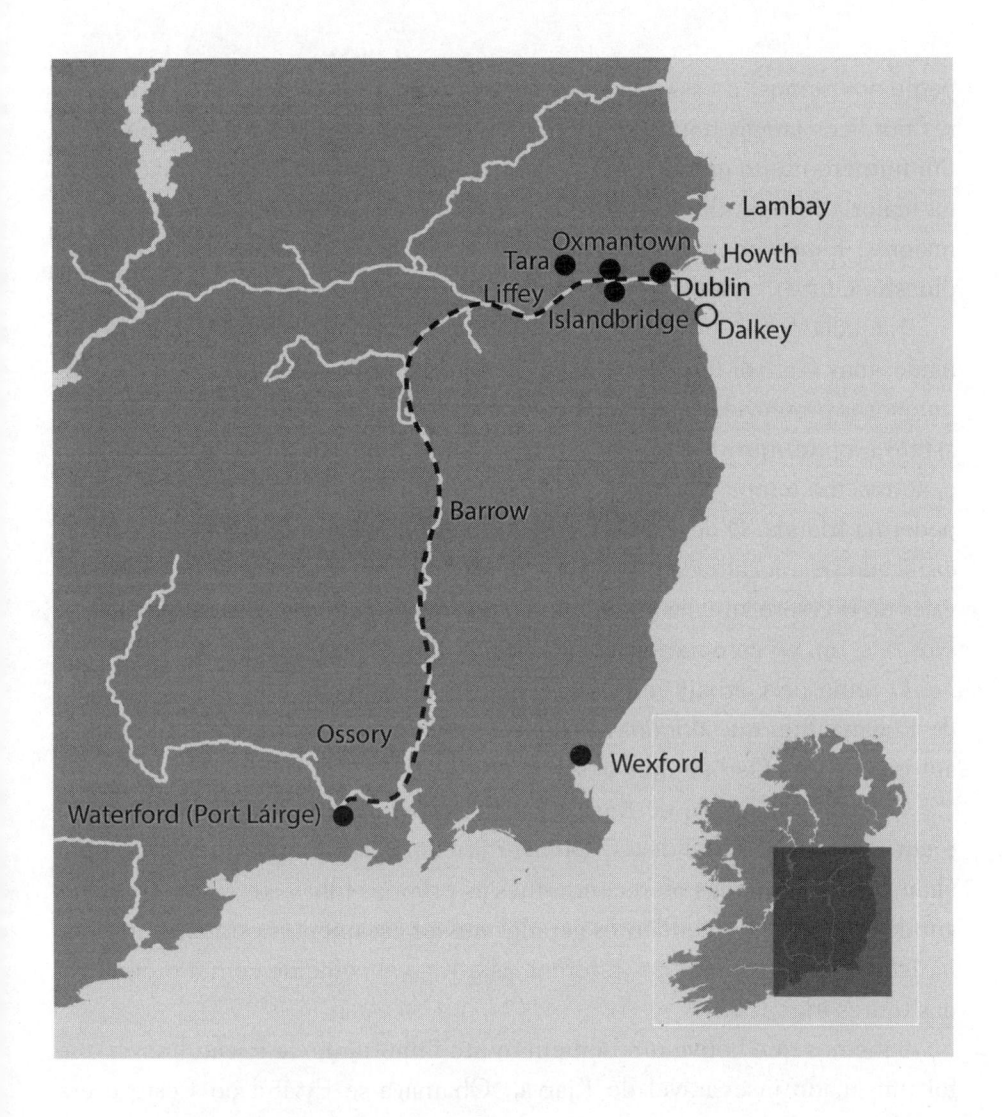

O rei Cerball mac Dúnlainge

Havia um homem chamado Cerball, filho de Dúnlainge. Era um homem grande e poderoso, como diria uma saga.

Cerball é descrito como "o rei mais vital da Irlanda no século IX" e reinou de 842 até sua morte em 888. Ele queria expandir o pequeno reino em Ossory, ao sul da Irlanda.[13] Na época, a Irlanda consistia em cerca de 150 pequenos reinos, e essa talvez fosse a principal razão para que os invasores nórdicos jamais houvessem conseguido se estabelecer naquele país; era um número muito grande para ser enfrentado. Esses pequenos reinos eram na maioria independentes uns dos outros, porém subordinavam-se a reinos maiores. Estes, por sua vez, encontravam-se sob o domínio da prestigiosa dinastia Uí Néill, estabelecida em Tara, perto de Dublin.

Naquela época, um rei ambicioso era garantia de guerra e sangue derramado, mas Cerball também era um estrategista que sabia tirar proveito das mudanças promovidas na Irlanda pelos vikings. Estamos diante de um homem astuto e oportunista — queria usar os vikings pelo valor militar que tinham e, ao mesmo tempo, parecia avesso à ideia de que os vikings tivessem muito poder na Irlanda. O desejo de Cerball de ter navios vikings também pode ser explicado pela localização do reino. Ossory dominava os rios de Barrow e os vales do rio Nore, que ligam Dublin ao norte e Waterford (Port Láirge) ao sul. Nos rios, um rei com navios vikings teria muitas vantagens.

O reino de Cerball em Ossory estava subordinado à chamada dinastia de Eóganachta, que dominava o reino provinciano de Munster. Essa foi a autoridade que Cerball quis desafiar cedo demais.

Cerball é chamado de *Kjarval* ou *Kjarvalr Írakonungr* no *Landnámabók* e em outras sagas islandesas. De acordo com essas fontes, Kjarval selou a aliança com os vikings oferecendo-lhes as próprias filhas em casamento. Segundo relatos, os descendentes gerados nesses casamentos estabeleceram-se na Islândia, e a maioria das referências a Kjarval coincide com a cronologia das fontes irlandesas.[14]

Sabemos que houve um homem muito importante da Escandinávia que foi um aliado inseparável de Kjarval. Chamava-se Eyvind do Leste e era casado com Rafarta, uma das filhas de Kjarval. Esse homem é o pilar que sustenta toda a nossa história.

Eyvind do Leste, o construtor de barcos

Eyvind vinha de uma família abastada de Gautland, na Suécia. Como tinha feito todo o caminho entre a Suécia e a Irlanda, recebeu o epíteto "do Leste".

Os islandeses gostavam de empregar esse termo para se referir aos noruegueses, e os noruegueses faziam o mesmo em relação aos vizinhos um pouco
mais ao leste, ou seja, os suecos.

O pai de Eyvind chamava-se Bjarni, e o avô era Hrólf de Ám.[15] Os antepassados de Eyvind eram chefes respeitados. Bjarni, o pai, teve um conflito
relativo a terras com Sölvi, o rei dos gotas, o que culminou em uma situação realmente dramática. Bjarni havia queimado um nobre juntamente com
trinta outros. Depois, carregou doze cavalos com prata e foi para a Noruega.
Eyvind e a mãe, Hlif, permaneceram na Suécia, enquanto Bjarni acabou na
casa de Öndótt Corvo em Kvinesfjord. Era lá que passava os invernos. Durante os verões, ele fazia "a expedição a oeste".

Essa história indica que as primeiras viagens pela rota escolhida por
Bjarni ocorreram antes que os antigos nórdicos começassem a passar os
invernos por lá, provavelmente na década de 830. Além disso, existem
histórias segundo as quais Bjarni instalou-se na Irlanda tão logo os vikings nórdicos estabeleceram os *longphorts* permanentes, por volta do
ano 840. Bjarni já se encontra estabelecido na Irlanda quando o filho
Eyvind chega do leste:

> *Ele [Eyvind] assumiu os navios militares do pai bem como o trabalho*
> *manual [nórdico antigo iðn] que o pai havia desenvolvido, posto que*
> *não pensava grande coisa da atividade bélica. Depois, Eyvind casou-*
> *-se na Irlanda com Rafarta, filha do rei Kjarval [...].*[16]

De acordo com o texto do *Sturlubók*, Eyvind chegou do leste e assumiu
os navios militares do pai e era "armador de navios na costa da Irlanda".
A palavra da antiga língua nórdica empregada nesse contexto, *útgerð*, está
sempre relacionada à operação de navios, em geral associada ao termo
leiðang, que também aponta para todo o trabalho que essa atividade envolve e para os cuidados que os navios recebem em terra. Quando Eyvind
casou-se com Rafarta, consta que os dois permaneceram na Irlanda. Uma
fonte atribui a Eyvind o mesmo papel que Rolão e seus homens desem-
penharam na Normandia: teria sido um dos responsáveis por proteger a
ilha contra uma invasão viking. Na tradição deixada pelas baladas de Oisín

encontram-se referências ao poderoso guerreiro Eibhinn (Eyvind), que teria vencido uma grande batalha nas praias de Clian. Já não sabemos mais onde ficava esse lugar, mas caberia perguntar se Clian não poderia ser uma forma deturpada de Cliath — a última palavra que forma o nome de Dublin em gaélico: *Baile Átha Cliath*. Há muitos indícios de que a base de Eyvind localizava-se perto da cidade.

Quando lemos as antigas fontes com a devida atenção, percebemos que o "trabalho manual" que Eyvind assumiu depois do pai dificilmente poderia ser outra coisa que não a construção e a manutenção de navios — pois sabemos que assumiu os barcos.

Eyvind vinha de uma região próxima ao rio Göta, onde a arte da construção de navios era muito forte na época dos vikings. Desde os tempos mais antigos o rio Göta foi uma via de transporte para o ferro produzido na Suécia, e o ferro era uma condição para a construção de navios; somente nos pregos usados para construir o navio de Gokstad há aproximadamente oitenta quilos de ferro. No rio Göta foi encontrado o navio de Äskekärr, construído por volta do século IX, de acordo com a datação resultante da análise palinológica.[17]

Os vikings da Irlanda precisavam de competências ligadas à construção e à manutenção de navios — os anais irlandeses mencionam centenas de navios em atividade. Nesse caso temos a arqueologia do nosso lado. No exato momento em que escrevo, os arqueólogos já escavaram cinco *longphorts* na Irlanda, e em todas essas antigas bases nórdicas foram encontrados vestígios da construção de navios vikings. Esses vestígios são consistentes com a grande quantidade de pregos de navio encontrada nos mesmos lugares.[18] Os irlandeses não parecem ter sido grandes navegadores antes de entrar em contato com os vikings, a não ser pela honrosa exceção dos monges que fugiram da civilização em barcos.[19] Esse fato pode ser notado, por exemplo, na grande quantidade de antigas palavras nórdicas relacionadas à navegação e à construção de navio que o gaélico tomou de empréstimo. O gaélico *scúta* vem de *skúta* (navio viking), *cnairr* vem de *knǫrr* (navio mercante), *stag* vem de *stag* (estai), *stiúir* e *stiúrusmann* vêm do antigo nórdico *stýri* e *stýrimaðr* (timoneiro/capitão), *tochta* vem de *þópta* (expedição), *ábur* vem de *hábora* (buraco do remo) e *srem* vem do antigo nórdico *strengr* (cabo). Tampouco podemos esquecer que o mais importante animal dessa cultura marítima, a morsa, também é um empréstimo tomado ao antigo idioma nórdico em gaélico: *rosmael* vem de *hrosshvalr*.

Os reis irlandeses descobriram uma nova arma quando os vikings invadiram o litoral e os rios. Parece óbvio que tenham desejado portentos militares como os navios vikings e que tenham feito o quanto era possível para obtê-los. Um desses reis foi Kjarval, rei de Ossory. Os rios sobre os quais reinava, nos vales de Barrow e de Nore, eram ideais para os barcos vikings; essas vias fluviais ligavam toda a região sudeste da Irlanda. As sagas descrevem Kjarval como um rei com muitos navios; a certa altura lê-se que teria lutado contra os vikings no mar da Irlanda, e os anais irlandeses afirmam que lutou contra o viking Hróðúlf em Waterford.

Em outras palavras, Kjarval aliou-se ao construtor de navios Eyvind do Leste. A aliança foi selada pelo casamento com Rafarta. O *Landnámabók* e as sagas concordam no que diz respeito à genealogia dessa família.[20] Em 842, Kjarval herda Ossory do pai Dúnlainge, e ao mesmo tempo os primeiros *longphorts* nórdicos são estabelecidos na costa leste.

Vimos que Bjarni, o pai de Eyvind, foi um dos primeiros a fixar-se na Irlanda. Eyvind chegou da Suécia pouco tempo depois. Se aceitarmos que Kjarval não demorou para estabelecer comércio com os vikings, não seria estranho imaginar que o casamento entre Eyvind e Rafarta tenha ocorrido no meio da década de 840. E esse foi não apenas um casamento frutífero, mas também inabalável. O filho Helgi, o Magro, foi provavelmente o primogênito. Ele conquistou um lugar na história por ter herdado o oportunismo do avô: acreditava em Cristo quando estava em terra, mas em Þór quando estava no mar. Pouco tempo depois Rafarta deu à luz uma filha, que foi batizada e recebeu o nome Björg.

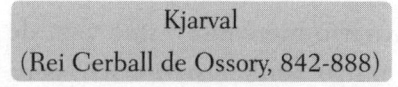

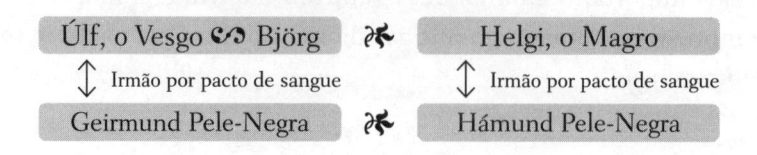

Kjarval
(Rei Cerball de Ossory, 842-888)

Rafarta ☙ Eyvind do Leste

Úlf, o Vesgo ☙ Björg   ⚹   Helgi, o Magro

↕ Irmão por pacto de sangue   ↕ Irmão por pacto de sangue

Geirmund Pele-Negra   ⚹   Hámund Pele-Negra

☙ Cônjuges ⚹ Irmãos

Lembro-me da visita que fiz ao Centro Marítimo de Hardanger em Norheimsund muito tempo atrás. Eu já havia cogitado a ideia de escrever um livro sobre Geirmund Pele-Negra e me perguntava sobre o quanto realmente era sabido a respeito daquela figura em termos puramente concretos — por exemplo, em relação à atividade que havia desenvolvido na Irlanda. Seria mesmo possível escrever uma história a partir de pedaços desencontrados?

Eu já havia reunido as fontes fragmentárias a respeito de Geirmund, mas a questão principal ainda não estava resolvida: que sentido fazia tudo aquilo? Eu tinha comigo reproduções de árvores genealógicas que estendi sobre a mesa no café, mas não encontrei nada além de um caos incoerente. Era o fim do outono; no céu havia nuvens de chuva interrompidas por nesgas de sol. Eu era o único visitante do museu. Funcionários estavam ocupados com um barco de madeira no gramado logo abaixo do café. Foi quando meus pensamentos se voltaram para Eyvind do Leste e os fragmentos a respeito do "trabalho manual" que havia assumido — os navios e a atividade comercial ligados a seu nome.

E de repente tudo ficou claro para mim: Eyvind não havia entrado apenas na família de Kjarval. Ele tinha uma filha, Björg, que havia se casado com o aliado mais próximo e irmão de criação de Geirmund, Úlf, o Vesgo!

Desenvolver pesquisa acadêmica é uma atividade solitária. Se não fosse por esses momentos de pequenas revelações, seria insuportável. É uma atividade solitária no sentido de que nem mesmo a garçonete do café sabia o que estava acontecendo, embora deva ter percebido quando o homem que estava lá sem nenhuma companhia abriu um sorriso para o nada.

O estaleiro de Eyvind do Leste

Em que parte da Irlanda Eyvind do Leste pode ter mantido um estaleiro?

A construção de navios, ligada à obtenção de ferro, em geral acontecia na periferia das cidades por causa do cheiro e da fumaça, mas também porque a obtenção de ferro trazia consigo um elevado risco de incêndio. Isso vale tanto em Dublin como em Waterford, onde a escória resultante da obtenção de ferro foi encontrada a uma boa distância do centro das antigas cidades.

Dois lugares se destacam. O primeiro encontra-se próximo à região dominada por Kjarval, em Ossory.

Pesquisas arqueológicas recentes oferecem fortes indícios de que houve um intenso contato econômico entre Ossory e Waterford, e sabemos que Kjarval reinou sobre os vales de Barrow e Nore por volta do ano 850.[21]

Recentemente também foi encontrado um enorme *longphort* em Woodstown, localizado às margens do rio Barrow um pouco mais ao norte, não muito longe de Waterford.[22] Navios eram construídos nos *longphorts*, e Eyvind do Leste pode ter operado nessa região, perto do patrono.

O outro lugar ainda mais provável é Dublin. Em Dublin, Eyvind tampouco perderia o contato com Kjarval, pois há uma estrada larga de Ossory à cidade: os rios Barrow e Liffey.

E muitas vezes Kjarval contatava os vikings de Dublin — quando lhe convinha. Mais para o interior da ilha encontramos um topônimo notável ao norte do Liffey: Oxmantown. Os estudiosos de topônimos raramente o incluem ao listar topônimos de origem nórdica na Irlanda, mas duas variantes ortográficas desse nome são Ostmantown e Ostmaneby. Giraldus Cambrensis (século XII) acreditava que a palavra "ostmen" se referia aos descendentes de escandinavos. Estudos relativos a topônimos irlandeses realizados mais tarde chegaram à mesma conclusão; trata-se de um topônimo relacionado aos vikings.[23]

É um fato conhecido que os normandos que conquistaram Dublin depois dos vikings referiam-se aos próprios antepassados como "homens do leste" — e nesse caso o nome viria do antigo inglês *Austmantūn*. Mas não se pode excluir a possibilidade de que o nome tenha uma origem nórdica ainda mais antiga. No entanto, sabemos que as referências aos dinamarqueses como "homens do leste" são raras no antigo idioma nórdico — mas a palavra é usada de maneira consistente para se referir a noruegueses e suecos. Em muitos países onde colonizadores nórdicos se estabeleceram durante a época dos vikings existem topônimos compostos por um nome próprio escandinavo e um outro radical que descreve o terreno.[24]

Em nórdico antigo, com frequência os epítetos eram empregados como prenomes. O pai de Erling Skjalgsson ["Erling, filho do Vesgo"], por exemplo, é tratado como Skjálgr á Jaðri ["Vesgo de Jaðri"], mas o verdadeiro nome era Þórólf. Esses hábitos linguísticos também são observados em nomes de propriedades.[25]

Dessa forma, o nome Ostmantown pode estar relacionado ao nórdico antigo *Austmaðr*, cuja forma do genitivo é *Austmanns-*. A forma nórdica, nesse caso, seria **Austmannstún*, o que de acordo com as regras acabaria resultando em Ostmantown. Não podemos esquecer que Eyvind do Leste era um chefe poderoso, que desempenhava a atividade mais importante e tinha muitos empregados justamente na época de maior atividade colonizatória na Irlanda por parte dos povos nórdicos.

A localização de Ostmantown é excepcional para uma atividade como a construção de navios. Como foi dito anteriormente, a cidade localiza-se a uma distância razoável do antigo centro de Dublin, em um terreno plano no alto do vale do Liffey, onde o limite sul de Ostmantown é marcado pelo rio. No mesmo lugar, temos *Smithfield* e a *Ship Street*.

Do outro lado do Liffey encontramos as maiores concentrações de túmulos vikings em toda na Rota do Oeste: 60% de todos os achados na Irlanda e 75% de todos os achados na região de Dublin, muitos dos quais remontam ao século ix. Esses sítios arqueológicos localizam-se em Islandbridge e em Kilmainham.[26] Boa parte das facas de um gume em bainhas vieram desses sítios — ferramentas como aquelas que os noruegueses ainda levam no cinto quanto vestem o *bunad*.

Em 1886 os arqueólogos fizeram um achado notável em Islandbridge: o túmulo de um homem que, em vez de armas, guardava um grande conjunto de ferramentas de marcenaria. Seria aquele o túmulo do construtor de barcos que trabalhava na outra margem do rio? Cabe lembrar que o *Landnámabók* afirma que Eyvind *"leiddisk hernaðr"*, ou seja, não pensava grande coisa da guerra.

Dublin precisava de homens como Eyvind do Leste. Uma coisa eram os navios militares; outra, igualmente importante, era manter os navios em condições de fazer o transporte dos escravos que eram levados e trazidos para a cidade. Também sabemos que os construtores de navios precisavam de matérias-primas que a família de Geirmund tinha condições de oferecer.

Nesse contexto, é importante levar em conta que Þorstein, o Vermelho, filho de Ólaf, o Branco, casou-se com Þuríð, a filha de Eyvind. Esse fato sugere um laço muito estreito, uma aliança. Em Ostmantown, Eyvind e seus empregados podiam trabalhar em segurança graças à proteção dos reis de Dublin — uma vantagem decisiva em meio à instabilidade que afligia a Irlanda. Eyvind provavelmente operou como um chefe livre e independente, que aceitava os projetos mais bem pagos; deve ter mantido um pé em cada lado, mesmo que as fontes indiquem que demonstrou maior lealdade em relação a Kjarval.[27]

Eyvind é o homem de Kjarval, o homem de Ólaf, o homem de Ívar e o homem de Ketill Nariz-Chato.

E é também o homem de Hjör.

Eyvind do Leste tinha um irmão chamado Þránd, o grande navegador. A *Grettis saga* menciona um encontro entre os dois após a batalha de Hafrsfjord (872). Þránd está na companhia do amigo Önund Pé-de-Pau; os dois perderam uma batalha para Belos-Cabelos e chegaram à Rota do Oeste em busca de reforços para uma nova batalha contra Harald. Eyvind se irrita com Önund Pé-de-Pau, que havia desafiado Kjarval. Önund se afasta, talvez para ir atrás da amiga Auð, a Profunda, em Dublin, mas é importante lembrar que, antes que Eyvind expulsasse Önund de sua casa, os dois haviam tido um encontro com "o mais grandioso viking na Rota do Oeste".

Esse sujeito, de acordo com a *Grettis saga*, chamava-se Geirmund Pele-Negra.

O rei Hjör chega ao rio Liffey

Sabemos que o rei Hjör viajou pela Rota do Oeste na década de 860. O estai e o massame do navio eram compostos por cabos feitos com a pele de grandes focas e morsas. Os animais eram caçados nas praias a leste do mar Branco, possivelmente com arpões feitos no Azerbaijão.

A viagem do rei Hjör terminou na casa de Eyvind do Leste.

A bordo encontram-se, entre outros, o irmão gêmeo de Geirmund, Hámund Pele-Negra, e Úlf, o Vesgo. O primeiro tem um pacto de sangue com o filho de Eyvind, Helgi, o Magro. Temos, assim, um indício relativamente seguro nessa irmandade de sangue. Hámund mais tarde se casa com a filha mais jovem de Helgi, e quando esta morre casa-se com outra de suas filhas. O outro, Úlf, logo haveria de casar-se com a filha de Eyvind. Tudo isso deve ter acontecido depois da expedição à Biármia, no período entre 862 e 865. Pode ter sido apenas uma viagem, mas provavelmente foram várias. Segundo os arqueólogos, havia uma "rota estratégica" entre Rogaland e Dublin nesse período.

Mas Geirmund Pele-Negra não participa dessa viagem. Está ouvindo a canção de um xamã em outra parte do mundo.

Os porões do navio estão abarrotados de mercadorias valiosas.

Não havia morsas na Irlanda nem nas Ilhas Britânicas durante a época dos vikings. Tampouco as grandes espécies árticas de foca, como a foca-barbuda e a foca-de-crista, que tinham peles grossas o bastante para servir como matéria-prima na fabricação de cabos.[28] As escavações arqueológicas em Dublin indicam a circulação de presas de morsas, que eram trabalhadas localmente — grandes quantidades dessa mercadoria devem ter sido trazidas desde as águas do Ártico.

Outros produtos feitos a partir desse animal também devem ter sido fabricados, mesmo que os arqueólogos não tenham encontrado resquícios. A pele usada para a fabricação de cabos não era curtida, uma vez que esse processo reduzia a resistência dos cabos, que assim começavam a apodrecer em um tempo relativamente curto. E procurar resquícios de óleo é uma tarefa igualmente improdutiva. Os achados arqueológicos oferecem o retrato fragmentário de uma cultura — e nada mais do que isso.

O casamento de Úlf, o Vesgo, e Björg

Tudo indica que o rei Hjör tenha sido o pai adotivo de Úlf, a quem trata como se fosse um filho. Assim, Úlf deve ter encontrado Björg na Irlanda, uma vez que Eyvind e Rafarta tinham residência fixa na região. A celebração do casamento deve ter ocorrido na década de 860, quando Björg tornou-se *gjafvaxta* — uma antiga e grotesca palavra nórdica que significa "crescida o bastante para ser dada". Se nasceu por volta de 847, Björg estaria pronta para o casamento por volta de 863 ou 864. Esse é um ponto de referência cronológica para uma das viagens de Hjör pela Rota do Oeste.

Não sabemos muita coisa a respeito desse casamento. Será que Björg gostava daquele menino vesgo? O que sabemos é que essas pessoas de grande destaque marcaram a data com uma grande festa de casamento oferecida na casa de Eyvind do Leste. Os chifres transbordavam de cerveja. As mulheres carregavam bandejas com carne suculenta. Os escaldos apresentavam canções, e os druidas cantavam belas melodias e tocavam harpa de maneira a arrepiar os vikings. Os construtores de barco mediam forças na arte marcial conhecida pelo nome de *glíma*. Dois ou três combates foram organizados ao longo da tarde. Certos convidados beberam demais e vomitaram em cima da palha, e então os convidados acompanharam o casal até o leito nupcial, como ditava a tradição.

Será que torceram pelo jovem casal na cama?

Mesmo que o matrimônio pudesse ser contraído levando-se em conta a vontade das partes (e em particular dos homens) — chamado de *girndarráð* —, essa não era uma condição necessária. O casamento entre Björg e Úlf, como a maioria dos casamentos naquela época, serviu acima de tudo para selar uma aliança entre partes com interesses em comum. Uma das partes era representada por Eyvind e Kjarval, a outra, pelos homens de Avaldsnes. O rei Hjör foi um dos poucos reis noruegueses que mantiveram relações com o povo da Biármia. Era de lá que vinham as mercadorias de que um rei do mar precisava.

Essas eram as condições bastante simples dessa aliança.

A situação do poder na Irlanda

É frustrante tentar compreender a situação do poder na Irlanda durante a segunda metade do século IX. Mesmo seladas, as alianças desfazem-se meses ou anos depois. Irmãos combatem entre si, acordos e juramentos são quebrados.

Ao fim e ao cabo, os centros de poder que despontam são em número de seis. Na região dos Uí Néill do norte, temos o antigo centro de poder em Armagh. Lá reinou Áed Findlíath, o grande rei da Irlanda, entre os anos de 862 e 879.[29] Na região dos Uí Néill do sul reinou Máel Sechnaill, com base no antigo trono de Tara — este foi o grande rei da Irlanda entre os anos de 846 e 862. Além disso temos os reis de Munster na região sudoeste da Irlanda, e os reis de Leinster ao sul de Dublin, sem falar em Cerball de Ossory, que tentava expandir o reino na região sudeste da ilha. E temos ainda a base viking na costa leste — em Dublin.

Houve relações muito próximas entre os antigos centros de poder nórdicos às margens do mar da Irlanda e o oeste da Noruega. Eyvind do Leste parece ter sido o elo entre esses dois locais; além de Kjarval, ele tinha alianças com Hjör Hálfsson (Avaldsnes), Ketill Nariz-Chato (ilhas Hébridas) e Ólaf, o Branco (Dublin).

Alianças entre os antigos centros de poder nórdicos

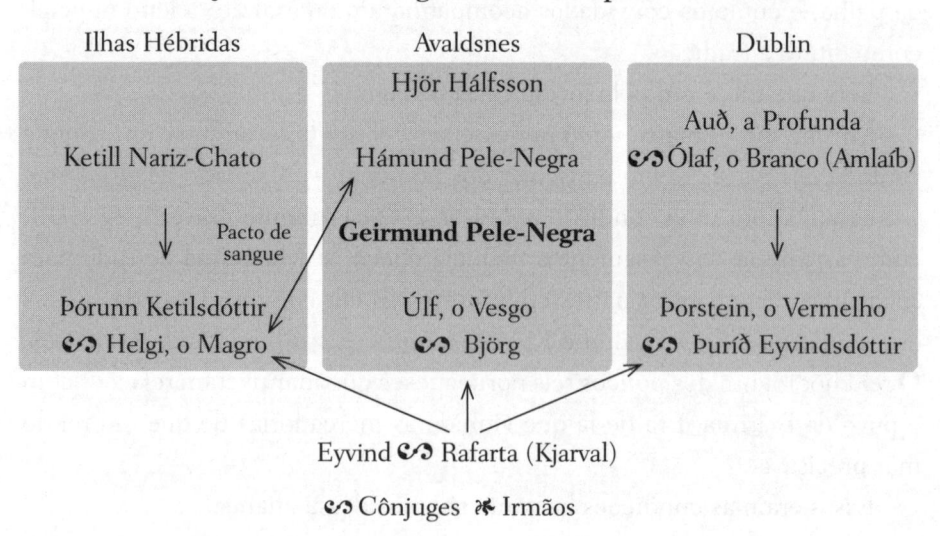

Eyvind ෆ Rafarta (Kjarval)

ෆ Cônjuges ⚭ Irmãos

Não há dúvida de que os vikings estabeleceram as primeiras cidades na Irlanda.[30] Dublin, a mais bem-sucedida, tornou-se um importante centro comercial ligado a uma ampla rede europeia: Londres, York, Kaupang, Hedeby, Ribe, Birka, Dorestad, Staraya Ladoga, Novgorod e Kiev, que por sua vez mantinha relações comerciais com o mundo árabe. Ao fazer alianças com os reis irlandeses, os vikings tornavam-se ao mesmo tempo atores importantes na política irlandesa. Quando aliou-se ao grande rei irlandês Máel Sechnaill, em 859, Kjarval deu as costas aos reis de Dublin.

Em Dublin, Ólaf, o Branco, e Ívar reagem, voltando o olhar rumo ao norte e estabelecendo uma aliança com Áed Findlíath em Armagh. Ólaf casou-se com a filha do rei irlandês. Nos anos a seguir (860-862), Áed mobilizou o genro Ólaf, o Branco, e Ívar em várias expedições militares para a região dos Uí Néill do sul, ou seja, contra Máel Sechnaill, o grande rei da Irlanda, e contra Kjarval. Assim os vikings de Dublin viram-se no meio de uma disputa entre dois antigos rivais: a batalha entre os Uí Néill do norte e os Uí Néill do sul. Num dia estavam ao lado das forças do sul, no dia seguinte estavam junto às forças do norte.

Mesmo assim, quando o rei Hjör chegou à casa de Eyvind do Leste na primeira metade da década de 860, a situação na ilha era relativamente tranquila. Não se pode dizer que a paz reinava, mas havia um equilíbrio entre os dois centros de poder. O grande rei Máel Sechnaill morreu em 862. O amigo dos reis de Dublin, Áed Findlíath, dos Uí Néill do norte, desponta como o novo regente da Irlanda.

Áed se casa com a rainha Land, viúva do grande rei anterior, Máel. Pouco depois, Kjarval se apresenta perante o novo grande rei. Podemos imaginar a cena: a capa de seda bordô tremula na brisa enquanto se aproxima com um sorriso encantador e a longa cabeleira crespa, acompanhado por um numeroso exército. Ele se põe de joelhos. Cheio de entusiasmo, promete apoiar e servir o novo grande rei.

Ao lado de Áed Findlíath está Land — a irmã de Kjarval.

Kjarval e a casa real de Dublin veem-se assim novamente no mesmo barco, mesmo que as fontes não permitam datar essa nova aliança com precisão. Mas assim se formou uma coalizão poderosa que apoiava o novo grande rei no início da década de 860 — e entre os apoiadores estavam os reis de

Dublin. Com tantos amigos dispostos a protegê-los, esses reis investem com todas as forças contra os Uí Néill do sul, nos arredores de Dublin.

Os irlandeses conservaram uma história cômica sobre a pilhagem de montes tumulares levada a cabo por Ívar e Ólaf no ano de 863. Na sede insaciável por ouro e prata, esses dois homens levam os exércitos a Brega e começam a fazer escavações em túmulos da Idade da Pedra localizados em Newgrange e Knowth, a norte de Dublin.[31] O plano era bom — faltava-lhes apenas uma visão arqueológica. Esses túmulos tinham mais de 3 mil anos de idade já naquela época e haviam sido erguidos por pessoas que não conheciam nem o ferro nem o cobre, muito menos o ouro e a prata.

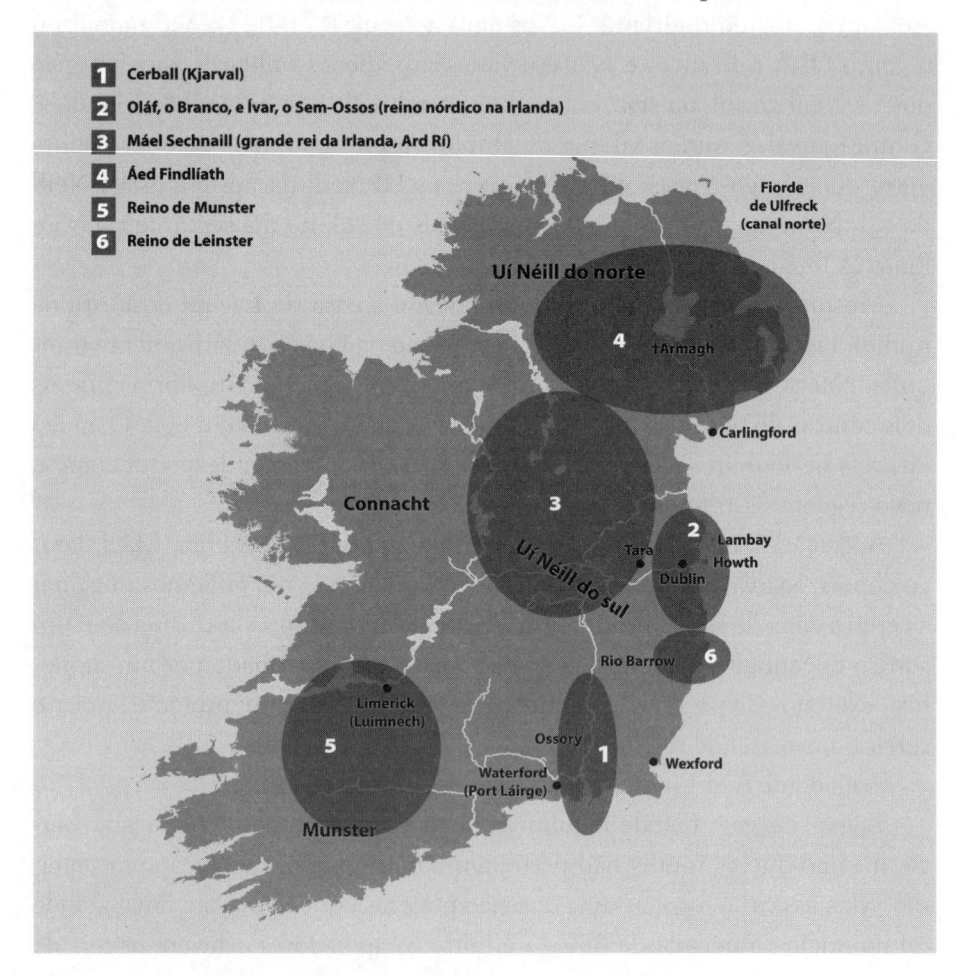

O episódio sobre a pilhagem de montes tumulares sugere uma situação difícil para os vikings da Irlanda já naquela altura. As igrejas não tinham mais bens à disposição dos saqueadores; os tesouros que haviam restado estavam bem escondidos. Seria fácil imaginar que os vikings, ao ver que os tesouros eclesiásticos minguavam, tenham recorrido a outro tipo de ouro: os escravos.

Nessa época, Ólaf e Ívar têm uma aliança com Lorcán, o grande rival do rei Conchobar de Meath, nos arredores de Dublin. Ólaf afogou Conchobar no ano de 864 em uma igreja em Clonard. Segundo os anais históricos, afogou-o no interior da própria igreja.

Será que teria usado a pia batismal?

Que recado, vindo de um pagão! Esses vislumbres oferecidos em meio ao laconismo dos anais permitem-nos imaginar uma arrogância sem limites, como a que encontramos nos personagens de um filme de terror.

Ívar, o Sem-Ossos, e Ólaf, o Branco, não têm o menor resquício de modéstia. As civilizações em que vivem não impõem nenhum tipo de limite à vontade desses homens, como os regulamentos hoje impõem aos líderes modernos — a vontade deles é a lei. Não é nada estranho perceber que há inúmeras histórias sobre reis arrogantes: povos inteiros sofreram, mulheres e crianças de repente viram-se desamparadas.[32] O poeta islandês Sigfús Daðason disse que um limite autoimposto é o limite mais forte que pode existir — mas Ólaf e Ívar não sentiam nada parecido. Se desejassem uma mulher, ela estaria na cama deles à noite. Se quisessem ampliar o *“Lebensraum”* ao redor de Dublin, bastava saquear Meath, afogar o rei em uma pia batismal e aproveitar a oportunidade para matar centenas de pessoas.

Se precisassem de escravos para vender em Dublin?

Bastava ir à Escócia e encher duzentos navios com escravos.

Se quisessem subjugar os pictos na Escócia?

Bastava ir até lá e tornar-se senhor dos pictos.

Se desse vontade de conquistar York?

Bastava conquistar York.

O brilho do sol aos poucos se apaga

Nada é perene nesse mundo.

Quando a metade da década de 860 se aproximava, nuvens escuras começaram a obscurecer o comércio entre Avaldsnes e Dublin. Havia um problema na Noruega; e esse problema era um rei de cabelos compridos e pescoço grosso.

A partir da batalha de Hafrsfjord, em 872, podemos esboçar uma cronologia para os desdobramentos anteriores graças aos quais Harald Belos-Cabelos expandiu seu poder. As fontes afirmam que, ainda em um estágio bastante incipiente, Harald estabelece uma aliança com o *jarl* Hákon Grjótgarðsson. Isso deve ter acontecido já em 866.

O *Heimskringla* de Snorri corrobora essa hipótese ao afirmar que o rei sueco Erik Anundsson teria morrido dez anos depois que Harald ascendera ao trono da Noruega.[33] Se Harald tiver de fato se casado com Ása, a filha do *jarl* Hákon no ano de 866, esse também foi o ano em que assumiu o controle de todo o comércio com as regiões do norte.

O resultado é que os mercadores e pequenos reis como Hjör Hálfsson não podiam nem viajar nem manter comércio com finlandeses e biarmeses pelas costas dos halogalandeses e desse novo poder. Harald começa seu reinado com um golpe de mestre: ao monopolizar o comércio com o norte, apropria-se da galinha dos ovos de ouro. Depois subjuga o restante da Noruega, pouco a pouco, com direito a pilhagens, incêndios criminosos, enforcamentos e construção de alianças — mas essa é uma outra história. Hjör já tinha ouvido as histórias acerca daquilo que era um assunto corrente entre os homens que viajavam pelo Karmsundet: a novidade se espalhou depressa por toda a Noruega. Há motivos de sobra para acreditar que o rei Hjör tenha agido depressa em relação à nova situação do poder no que dizia respeito ao tráfego pela Rota do Oeste.

Um encontro do *Þing* em Dublin

Jamais saberemos como se deu esse encontro repleto de possibilidades, mas creio que podemos fazer uma tentativa de imaginá-lo mesmo assim.

Um homem de barba grisalha, expressão séria e voz solene chama as principais figuras de Dublin. Está desanimado e parece ter perdido a aura que sempre o acompanhava; um novo e poderoso rei chamado Gadelha está pondo em prática um plano de aliar-se aos halogalandeses para conquistar de uma vez por todas a parte mais setentrional da Rota do Norte. Assim ganharia o controle total sobre os recursos que até então aquele mesmo homem desanimado providenciava...

Talvez houvesse representantes da casa real de Dublin, e talvez o próprio Kjarval também estivesse lá. Ívar estava viajando, ocupado com assuntos na Escócia e na Inglaterra, mas Ólaf, o Branco, poderia estar presente, bem como muitas outras figuras importantes de Dublin. A atmosfera era de absoluta gravidade. Esses homens sabem que a questão é dobrar-se ou não perante um rei da parte oeste da Noruega. As mercadorias eram necessárias para manter as esquadras em funcionamento. Se as esquadras não fossem mantidas, os reis perderiam a autoridade, fossem ou não independentes.

O rei Hjör prossegue. Diz que a tristeza que sente é maior que a dos outros presentes. Ele tem um filho na Biármia que talvez não possa mais buscar...

Todos fizeram silêncio quando o rei Hjör terminou de falar. O crepitar da lareira e o sussurrar do intérprete logo atrás da cabeleira crespa de Kjarval eram tudo que se ouvia. Ólaf se levanta e começa a falar com Eyvind. Ele termina de falar e solta uma risada nervosa e feminina. Essa risada irrita Kjarval, e a irritação se torna visível para todos; ele tem uma sombra no olhar que instila medo em todos os demais. Eyvind aproxima-se de Kjarval e repete o que Ólaf lhe havia dito. O intérprete está ao lado de Eyvind, com gotas de suor brotando da testa — é importante que a mensagem seja transmitida de maneira totalmente fidedigna. O gaélico e o nórdico antigo harmonizam--se, selando o destino daqueles homens.

Imagino Ólaf, o Branco, com os cabelos loiros e a expressão dura, as sobrancelhas visíveis e salientes como os picos dos morros acima de olhos negros e fixos que lembram uvas-passas empurradas para dentro de uma massa branca. E então aquela risada nervosa e feminina. Ele também se aproxima de Kjarval. Os dois trocam palavras que são traduzidas pelo intérprete. Eyvind do Leste mantém-se ao lado. Auðgísl está lá, e logo há de partir com

Ólaf em uma expedição à Escócia. Úlf, o Vesgo, está lá. Hámund e Helgi, o Magro, estão bem ao lado. Nesse instante o futuro é decidido.

Não sabemos os detalhes sobre como tudo aconteceu. Mas sabemos que esse é mais ou menos o pano de fundo para que Geirmund Pele-Negra entre no palco irlandês. Sabemos que os poderosos de Dublin optaram por não juntar forças com os homens de Rogaland na luta contra Harald — pelo menos não antes que mais uns anos se passassem. O que decidiram foi mais ou menos o seguinte:

Anos depois, pela Irlanda e pela Noruega circulam boatos sobre navios que haviam chegado a uma terra a norte das ilhas Faroé. Em uma das redações do *Landnámabók*, a viagem de um certo Naddoð ocorre no ano de 770, enquanto outras fontes mencionam que teria ocorrido em 861. Temos uma datação mais precisa graças aos eremitas que chegaram à ilha de Thule e tiraram piolhos uns dos outros à luz do sol da meia-noite (os piolhos deviam ter sido levados desde a Irlanda!). Thule provavelmente é a Islândia, e o monge irlandês Dicuil afirma que a viagem teria ocorrido no ano de 795.[34] Porém muito antes o boato já deveria circular pela Escandinávia, pela Irlanda e pelas Ilhas Britânicas.[35] Esse conhecimento com certeza chegou ao antigo povo nórdico, tão ávido por viagens. Se homens como Eyvind do Leste não estivessem a par da novidade, dificilmente outra pessoa estaria. E essas histórias, em especial no que dizia respeito à perspectiva dos nórdicos, deveriam incluir menções a uma fauna ainda "virgem", em meio à qual se encontravam os animais tão valiosos para a cultura naval: os *rosmhvalir*.

Nesse caso, a questão era: quem seria capaz de fazer o melhor uso desses animais? Quem conhecia a melhor forma de capturá-los sem assustá-los em pouco tempo? Quem sabia preparar o equipamento necessário? Quem sabia cortar e tratar as peles da maneira correta para fazer as tiras que podiam ser trançadas para dar origem aos cabos? Quem era capaz de produzir óleo de qualidade a partir da gordura daqueles animais?[36]

Não faltavam homens talentosos na base de Eyvind do Leste — havia o filho Helgi, o Magro, e o irmão de criação Hámund, para não falar do cortejo que acompanhava os reis de Dublin. Mas o que sabemos é que o segundo filho do rei Hjör foi chamado para liderar a expedição de caça rumo à misteriosa Thule. Geirmund tinha as habilidades necessárias; tinha aprendido com os melhores caçadores de mamíferos marinhos. A partir desse raciocínio, um plano foi definido.

E era um plano genial.

O rei Hjör teria os reforços necessários para levar a cabo a parte do plano que lhe cabia. Teria de fazer uma última viagem à Biármia. Traria de volta o filho, junto com caçadores do povo em meio ao qual Geirmund vivia. Hjör tentaria encher os navios com mercadorias e fazê-las atravessar a nova força que dominava o norte. Não desafiaria os novos detentores do poder em nenhuma hipótese e pagaria os tributos necessários sem hesitar: nesse momento, podemos imaginar que Kjarval e Ólaf devem ter jogado sacos de prata aos pés de Hjör. Esconderia os caçadores de maneira que não fossem vistos pelos detentores do poder ao norte e, assim, os faria chegar a Dublin. Quando essa etapa fosse concluída, o passo seguinte do plano seria posto em prática.

Não havia tempo a perder. A expedição teria de ser lançada tão logo as condições de navegação se mostrassem favoráveis, na primavera seguinte.

O jovem filho que não poderia desafiar o irmão gêmeo Hámund, herdeiro do reino, ele, que se mantinha longe das luzes da ribalta para garantir suprimentos vindos dos confins do mundo, de repente encontra-se sob o olhar atento de todos.

Transformou-se no eixo ao redor do qual todo o restante gira.

Geirmund é trazido da Biármia

Digamos que uma expedição para buscar Geirmund na Biármia tenha sido preparada na primavera de 866. Deve ter havido um profundo sentimento de insegurança. Segundo os boatos, Hákon, que detinha poder sobre a parte mais setentrional da Rota do Norte, era uma pessoa ainda mais difícil do que Grjótgarð, o pai, e além disso tinha o novo grande rei a seu lado. Seria mesmo possível atravessar a região dos halogalandeses transportando mercadorias? Seria possível buscar Geirmund? E será que Geirmund ainda estaria vivo?

Nesse caso o povo de caçadores tinha-o convencido a comer carne crua e a beber sangue. Deve ter vomitado de repulsa e, então, deve ter precisado

consumir uma nova dose. Muitas e muitas vezes. Para obter os minerais necessários, a única maneira era consumir o conteúdo estomacal (quimo) dos
mamíferos marinhos e terrestres, pois aquela era uma terra onde não havia
cereais nem pão.

E fazia muito frio. Um frio congelante. Nas caminhadas mais longas, os
dedos das mãos acabavam rígidos e os dos pés, exangues, e o rosto tornava-se
insensível; era preciso respirar com cuidado nos dias mais frios, quando o ar
gelado queimava os pulmões. O verão trazia outros tormentos. Os samoiedos
contam que certa vez tiveram de lutar contra um enorme canibal que por
fim conseguiram matar. Queimaram-lhe o corpo em uma grande fogueira,
mas em meio ao crepitar do fogo puderam ouvir que aquele *jötunn* estava
revoltado e que os ameaçava com juras de vingança. Quando as cinzas foram
espalhadas ao vento, o *jötunn* transformou-se em uma revoada de mosquitos
chupadores de sangue, o que faz com que essa época do ano seja um inferno
tanto para as pessoas como para os animais.

Mas no fim as coisas podem ter se ajeitado. A vida é fluida. E em última
análise Geirmund teria mais facilidade do que outras pessoas nórdicas para
se adaptar àquela cultura.

De volta a Avaldsnes e além...

Fazemos aqui como os antigos autores das sagas ao contar uma longa história
em poucas palavras: os homens foram à Biármia e buscaram Geirmund e seu
povo e voltaram a Ögvaldsnes...

Hjör precisa cuidar do reino em Rogaland e preparar a si e às forças que
controlava para aquele que mais cedo ou mais tarde havia de chegar: o rei de
longos cabelos e favorecido pela sorte, que as pessoas diziam ser invencível.

O filho Geirmund, por outro lado, encontra-se na melhor forma. Está
prestes a completar vinte anos e esteve em outro mundo. Entra em cena
no auge das forças e da perseverança, como o herói Enkidu da epopeia de
Gilgamesh, o selvagem das estepes.

A experiência adquirida com o povo caçador não apenas lhe incutiu uma
determinação fora do comum — também lhe conferiu autoridade aos olhos

do povo nórdico. E ele não passa os anos a seguir na companhia do pai em Rogaland. O *Landnámabók* conta que Geirmund não estava presente durante a batalha de Hafrsfjord, ocorrida por volta de 872. Naquela época Geirmund havia se instalado na Irlanda, e a partir de então foi tratado como um dos vikings mais influentes na região.

Nosso objetivo é descobrir como isso aconteceu, uma vez que já havia bases nórdicas estabelecidas e a aventura com os tesouros do mosteiro já pertencia ao passado. Não existe uma única história que associe Geirmund Pele-Negra à atividade bélica.

Geirmund e o pai separam-se anos antes da batalha de Hafrsfjord. Hjör leva a efeito o plano que havia traçado: consegue trazer o filho de volta da Biármia. Depois retorna a Rogaland com suas preocupações, e é lá que também desaparece da história. Geirmund e sua comitiva partem ao encontro dos aliados da família na Rota do Oeste.

Assim que os navios chegam ao Karmsundet, Geirmund olha para além de Skaret nos arredores da propriedade real em Avaldsnes. As memórias são ao mesmo tempo ternas e dolorosas.

Geirmund chega a Dublin

A comitiva composta por um punhado de navios supostamente faz uma parada na casa de Ketill Nariz-Chato, nas ilhas Hébridas. As águas ao redor dessas ilhas eram muito traiçoeiras. Ketill deve ter sido destacado para um porto estratégico no que dizia respeito ao acesso ao mar da Irlanda, mesmo que esse local não seja especificado pelas fontes. A arqueologia sugere que Ketill mantinha uma base na região norte do arquipélago, provavelmente em um local entre Lewis e Barra.

Harald Belos-Cabelos teria enviado Ketill para retomar todas as ilhas ao norte da Escócia que estavam sob o controle dos irlandeses e dos vikings. Os pesquisadores levantaram dúvidas relativas à extensão do reino de Harald Belos-Cabelos rumo àquela região, e por causa disso a história pregressa de Ketill Nariz-Chato permanece incerta. Björn Grímsson, o pai de Ketill, era um dos chefes de Sogn, e conta-se que aconselhou o filho a ir para Dublin quando este manifestou o desejo de fazer uma expedição ao oeste. Conforme vimos na árvore genealógica, Ketill era aliado de Dublin. Consta que sua filha Auð era cristã quando chegou à Islândia, e provavelmente os filhos também. Esses seriam indícios de que Ketill teve uma esposa celta.[37]

Ketill e seu povo devem ter discutido a nova crença religiosa com os vikings que passavam. Essas discussões podem ter sido bem interessantes. Os vikings já tinham ouvido histórias sobre o Cristo branco e a maneira como fora morto. A história deve ter soado muito estranha na cultura masculinizada dos vikings; por acaso a ideia era que acreditassem em um coitado pregado em uma cruz? A história sobre a captura de Cristo deve ter soado como um causo — uma *lygisaga*. Como a mãe de Cristo poderia ter engravidado sem que houvesse um pênis na história? E esse Cristo tinha morrido para expiar os pecados da humanidade? O que é um pecado? Geirmund deve ter feito todas essas perguntas a si mesmo.

São questões difíceis de responder. Ketill busca os amigos: seria agir contra os nossos próprios interesses, os celtas devem ter respondido.

Era uma ideia que não podia ser conciliada a uma concepção pagã da vida, na qual cada um era responsável pelas próprias ações e a força cega da natureza — o destino — decidiria quase tudo, independentemente de qualquer outra coisa. A ideia mais revolucionária era que o comportamento individual de cada um já não era mais um assunto entre as pessoas, uma questão de honra, mas uma relação entre as pessoas e Deus, e que elas poderiam ser castigadas no além. "Para mim é odiosa a ira do filho [Cristo]", escreveu um viking recém-convertido.[38] Na *Njáls saga,* Hall de Síða quis fazer amizade com o anjo Miguel ao perceber que seria este o responsável por conduzir as almas mortas e mandá-las para cima ou para baixo.

Deveria ser o fim do verão de 866 ou a primavera de 867 quando Geirmund Pele-Negra e sua comitiva passaram o chamado Þursasker a norte da Escócia, rumo a Dublin.[39] A seguir navegaram pelo Liffey e seguiram rumo à base de Eyvind do Leste. À frente do comitê de boas-vindas está o amigo e irmão de criação de Geirmund, Úlf, o Vesgo. Não é difícil imaginar a saudação calorosa do reencontro entre o feio e o vesgo.

Um passeio ao longo do mercado na companhia do amigo Úlf deve ter dado ao recém-chegado das planícies do Ártico um verdadeiro choque de cultura. Gansos e patos encontram-se dependurados em bancas com toda sorte de roupas e materiais, joias e armas; escravos com grilhões no pescoço se encontram sentados em uma clareira no fim do mercado, em meio ao cheiro de temperos estrangeiros e mercadorias exóticas.

Lá, Geirmund encontra outros homens que se tornam aliados seus no enorme projeto que há de ser posto em prática. Úlf o apresenta para Þránd Perna-Fina e Steinólf, o Baixo — um deles alto e magro, o outro baixo e atarracado. Infelizmente sabemos pouco sobre a história pregressa desses jovens — a única certeza é que vinham de Agder. Ambos provavelmente se encontram perto de Eyvind porque Bjarni, o pai, morou por muito tempo em Agder (Kvinfjorden) antes de se estabelecer na Irlanda. Þránd e Steinólf podem ser filhos dos homens que acompanharam Bjarni à Irlanda.[40]

Não demorou muito tempo para que esses sujeitos se reunissem ao redor da mesa de Eyvind do Leste para discutir o passo seguinte daquele grande plano.

Os preparativos

Um desafio considerável esperava Eyvind e os jovens ambiciosos ao redor da mesa. Os preparativos devem ter levado tempo. As circunstâncias eram similares àquelas que os britânicos enfrentaram ao preparar-se para a caça de morsas na região norte da Rússia durante a Idade Média tardia, depois que as primeiras expedições já haviam sido realizadas e as histórias sobre os recursos do norte começaram a circular.[41] Uma carta de 1575 reproduz muitas das questões levantadas pelos britânicos:

> *Quantos homens são necessários à tripulação do navio? Quantos pescadores capazes de caçar a baleia, e quantos outros oficiais e tanoeiros? Quantos barcos, e de que tipo, e quantos homens em cada barco? [...] Quantos arpões, e lanças, e cabos, e machados, e facas, e outros apetrechos necessários à pesca, e de que tipo e tamanho?[42]*

Seriam necessários muitos barris, caldeirões, conchas, anzóis, linhas de pesca e, possivelmente, redes. Era preciso forjar facas especiais para separar a gordura da pele e para cortar a pele grossa em tiras, além de arpões, lâminas pesadas e machados para cortar os ossos. Nesse ponto as orientações dos caçadores foram valiosas, e a maneira como Geirmund direcionou os trabalhadores foi impressionante. E armas também seriam imprescindíveis — não havia como saber se outros já teriam chegado primeiro à Islândia.

Os registros históricos afirmam que Eyvind assumiu os "navios militares" do pai. Mas Geirmund e seus homens não foram mandados para Thule em navios militares. Os navios em que foram tinham cascos reforçados para aguentar o peso da carga.

Quando lemos as descrições escritas no século XIII sobre a colonização da Islândia, como aquela deixada por Ingólf Arnarson, o que temos é a simplificação de uma história longa e complicada. Não bastava simplesmente juntar o equipamento, saltar para dentro do navio e zarpar rumo à nova terra para lá viver uma vida livre e independente.[43]

Mas quando ocorreram as primeiras expedições? Como vamos descobrir, os eruditos dos séculos XII e XIII tiveram de encontrar uma explicação para o fato de que não havia nenhuma saga a respeito do "mais grandioso dentre todos os colonizadores". A explicação foi que Geirmund "era velho" quando chegou à Islândia e se envolveu em poucos conflitos — e, por isso, não foi personagem de nenhuma saga. Mais tarde, um influente estudo afirmou que Geirmund pode ter chegado à Islândia no ano de 895, e outros pesquisadores aferraram-se a essa informação de maneira acrítica.

Mas podemos descartar a hipótese de que Geirmund tenha chegado à Islândia tão tarde, inclusive porque o *Landnámabók* revela uma inconsistência nessa parte — um sinal de que se baseia na tradição oral. Úlf, o Vesgo, que seguiu o irmão de criação à Islândia, é de fato mencionado como um dos primeiros colonizadores. Além disso, o *Landnámabók* afirma: "Ele [Geirmund] decidiu lançar-se ao mar *em busca da Islândia*. Na viagem também estava Úlf, o Vesgo". Muitos fragmentos apoiam essa versão de que os amigos saem "em busca da Islândia" tão logo Harald começa a ganhar poder. Mas não seria necessário lançar-se nessa empresa em 895. Na época, toda a ilha já era habitada.[44]

Nos últimos anos, os arqueólogos começaram a revelar uma parte da mais antiga colonização da Islândia. No noroeste da ilha, perto de Romshvalanes ["Promontório das morsas"], foi recentemente escavada uma antiga casa viking que remonta à época em que as primeiras estruturas fixas foram construídas na Islândia.[45] O que havia de especial nessa casa era o fato de não contar com nenhuma outra construção de apoio, como um estábulo ou uma ferraria, ou seja, não se tratava de uma propriedade com as instalações necessárias para cuidar dos animais, mas de um abrigo para a caça sazonal, construído para obter os fartos recursos disponíveis na Islândia antes da colonização definitiva. Já a partir da década de 860 é provável que pequenos grupos de caçadores tenham passado temporadas na Islândia.

Na *Laxdæla saga*, Björn e Helgi, os filhos de Ketill Nariz-Chato, tentam convencer o pai a acompanhá-los à Islândia. Entre outras coisas, lá a caça era farta.[46] Ketill recusa dizendo que não poderia viajar até aquele lugar, ou seja, até a Islândia, em uma idade tão avançada. A *Egils saga* oferece uma narrativa idêntica.

São apontados lugares no oeste e no sudoeste da Islândia. Breiðafjörður é um dos poucos locais onde era possível alimentar-se da caça durante todo o ano — o fiorde ainda é conhecido como "baú de comida" em islandês. Em anos mais recentes, surgiu um consenso entre os pesquisadores islandeses de que as morsas e outros recursos oriundos da caça devem ter sido o principal atrativo para os primeiros desbravadores da Islândia.

Nossa saga está a caminho de concretizar essa visão. Sabemos que as expedições para esse novo país são muito caras. Era preciso dispor de navios, de tripulação, de equipamentos não apenas para a caça, mas também para a obtenção de ferro, ferramentas para a construção de casas, animais e muita comida — em particular cereais e sal. E a força de trabalho, que incluía escravos, precisaria estar disponível já no momento da chegada.

A expedição para a qual a casa de Eyvind do Leste se preparava na Irlanda não estava relacionada à curiosidade ou à sede de aventura, mesmo que essas variáveis também possam ter desempenhado um papel. Os primeiros colonizadores não estão fugindo de um rei implacável. Não estão viajando para viver como homens livres e independentes, como afirmam os registros deixados pelos antigos eruditos. Tampouco seguem pés entalhados de cadeiras de honra ou "marcando a terra com fogo", como os rituais da colonização são descritos nas sagas.

Os colonizadores estão pura e simplesmente em busca dos recursos da ilha.

No início, a presença do antigo povo nórdico na Islândia foi motivada tão somente por interesses concretos. Esse contato foi definido e planejado pelas maiores autoridades na Irlanda. Assim como as primeiras colônias na Irlanda tinham a economia do oeste da Noruega nas costas, os centros de poder nórdico na Irlanda davam respaldo ao domínio de Geirmund na Islândia. Essa é uma história que os eruditos não queriam revelar na Alta Idade Média. Era uma história incompatível com o mito fundador da Islândia, e então foi calada pelos anos a seguir. A importância da Irlanda nos primeiros momentos da colonização tem recebido mais atenção graças às pesquisas genéticas: os resultados obtidos indicam que houve uma intensa participação de escravos irlandeses durante a primeira fase.

A primeira expedição

Chegamos ao momento em que a primeira expedição zarpa da Irlanda, na primavera de 867. Há motivos para crer que a tripulação pudesse ser, em boa parte, reconstruída levando-se em conta o pano de fundo sobre o qual o poder de Geirmund mais tarde se estabeleceu. Mas o certo é que esses homens navegaram ao lado de Geirmund, cada um em seu navio: Úlf, o Vesgo, Þránd Perna-Fina e Steinólf, o Baixo.

A tradição não oferece qualquer motivo para duvidar de que, desde o primeiro instante, Geirmund estivesse na liderança. É o que depreendemos a partir do fato de que sua propriedade ocupava o lugar central na colônia e também a partir das descrições do *Landnámabók*, que coloca pessoas-chave naquela mesma região. Uma coisa é certa: não havia ninguém além de Geirmund que reunisse o sangue azul e os conhecimentos necessários para aquela empreitada.

Não seria impensável que o irmão gêmeo Hámund e Helgi, o Magro, estivessem nas primeiras expedições. Provavelmente a relação entre os dois irmãos era tensa e logo haveria de se romper. Foi como se o espírito da sorte que acompanhava Hámund — sua *hamingja* — tivesse sido raptado pelo irmão gêmeo durante aqueles anos todos.

E então todos se fazem ao mar: o preto e feio, o vesgo, o baixo e o perna-fina, além de vários outros que viviam na região próxima a Eyvind do Leste e não são mencionados pelas fontes. Há vários indícios de que a expedição teria começado no rio Liffey. O ponto final da viagem era completamente desconhecido para os jovens de vinte e poucos anos a bordo dos navios.

À primeira vista, seria fácil pensar que a rota a percorrer entre a Irlanda e a Islândia seria maior do que aquela entre a Noruega e a Islândia. Por isso é tão surpreendente ver o que as fontes nos contam. O *Landnámabók* fala em três dias de viagem entre Reykjanes (sul da Islândia) e Jalldalaup, no norte da Irlanda. Essa informação é confirmada por uma descrição irlandesa de 1187: do norte da Irlanda são três dias de viagem até uma grande ilha ao norte, a Islândia. O *Landnámabók*, por outro lado, afirma que se levam sete dias para navegar de Stad, na Noruega, a Horn, no leste da Islândia. Esses detalhes sugerem a complexidade da antiga palavra nórdica *dægr* ("dia") no que diz respeito à navegação: é preciso levar em conta vários outros fatores além da simples distância (ver o mapa da rota de navegação entre a Islândia e a Irlanda na p. 148).[47]

Em tempos recentes as pessoas tentaram navegar sem aparelhos modernos, e os resultados foram surpreendentes. Uma vez localizadas a constelação da Ursa Maior e a estrela Polar, torna-se fácil saber onde está o norte. E, se havia uma coisa que aqueles homens sabiam fazer, essa coisa era navegar. Sabiam perceber as alterações no movimento das ondas quando se aproximavam de águas mais rasas e também as alterações na cor do mar. As nuvens acima da terra firme são diferentes das nuvens acima do mar; aves migratórias e baleias oferecem informações sobre a localização da terra.[48] Também precisamos levar em conta que esses homens sabiam interpretar sinais que já não reconhecemos mais.

Os rumores sobre a Islândia devem ter circulado por muito tempo nos arredores de Dublin graças à cultura marítima dos irlandeses, e outros esclarecimentos reveladores devem tê-los acompanhado. Será que Geirmund e seus homens conseguiram reunir outros que já haviam feito a viagem? É provável que tenha havido uma expedição nórdica à Islândia um tempo antes, e, quando essa empresa foi discutida, a antiga elite nórdica em Dublin deve ter apurado o ouvido e disputado os lugares para colocar seus próprios representantes a participar dessa corrida por recursos.

Geirmund e sua comitiva podem ter costeado a ilha inteira para avaliar cada uma das partes. Nesse momento era importante manter a cabeça fria e não saltar rumo à terra firme na primeira oportunidade. Mas, de um jeito ou de outro, os homens já conheciam a rota até Hornstrandir, no noroeste da Islândia, uma vez que as rotas de transporte de lá até Breiðafjörður já tinham sido estabelecidas quando a colonização estratégica teve início. Em Hornstrandir, os homens registraram grandes quantidades dos animais que buscavam, mas perceberam que aquele não era um lugar ideal para morar. Foi necessário um grande esforço para encontrar boas vias de transporte entre Breiðafjörður e Hornstrandir.

Sabemos o seguinte: quando Geirmund e seus homens chegaram de navio à parte norte de Breiðafjörður, encontraram justamente a região e os recursos que procuravam. Esses homens não tinham o olhar de um turista moderno ao mirar os fiordes; eles *desejavam* aquela terra. O colonizador desejava um fiorde, desejava um vale e o recurso que esses lugares ofereciam, e então pensava: isso tudo será *meu*.

Já se disse que, juntamente com Faxaflói, no sudoeste, Breiðafjörður deve ter se revelado uma escolha idílica para os primeiros colonizadores. As águas rasas, com uma enorme quantidade de ilhas, ilhotas e escolhos, ofereciam uma fauna variada; era possível soltar animais (e escravos), e as condições eram ideais para o cultivo de cereais. Além disso, sabemos que as focas e as morsas, bem como os êideres, preferem esses locais.

Um arqueólogo menciona três regiões de Breiðafjörður que se destacam como as mais desejadas:

- Dagverðarnes, juntamente com as ilhas e ilhotas próximas;
- Vestureyjar (e as ilhas a oeste);
- Reykjanes, no interior do fiorde.

Nesse ponto, nada é atribuído aos pés entalhados de cadeiras de honra ou ao acaso: Geirmund conquista Dagverðarnes e toda a praia na companhia do amigo Steinólf, o Baixo, que se estabelece em Fagridalur e estende seu domínio até Saurbær. Þránd Perna-Fina conquista Vestureyjar e os grupos de ilhas a leste e oeste, e se estabelece em Flatey. Úlf, o Vesgo, conquista toda a península de Reykjanes e a metade de Þorskafjörður e se estabelece no meio do promontório, em Miðjanes.

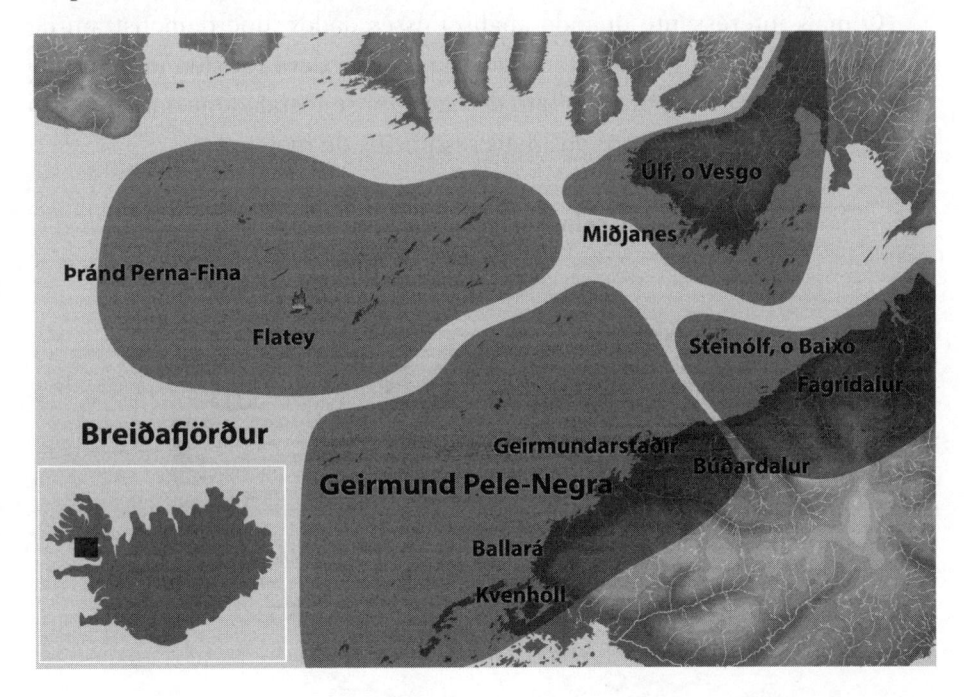

Foi em um dia chuvoso alguns anos atrás que eu liguei para o biólogo Ævar Petersen na Islândia. Eu queria falar sobre a pequena revelação que dizia respeito a Eyvind do Leste. Eu tinha começado a vislumbrar o que Geirmund poderia querer na Islândia, mas gostaria muito de encontrar indícios mais concretos do que um monte de hipóteses na minha cabeça. Essa conversa telefônica com Ævar foi um dos pontos mais importantes na minha busca pelo viking negro. Ævar tinha recolhido e registrado fragmentos de ossos e presas de morsas na Islândia por mais de quatro décadas — era o homem com um forte empirismo. Tempos atrás, ele havia escrito que era "muito provável que as morsas fizessem a parição nas ilhas de Breiðafjörður durante a época da colonização". Em 2002 foram encontradas provas concretas: restos mortais de filhotes nas ilhas próximas à propriedade principal de Geirmund (Bjarneyjar). A região central das morsas localizava-se no oeste da Islândia, particularmente em Breiðafjörður.

O mais interessante quando analisei esses dados, que demonstram de maneira clara que o grupo que chegou da Irlanda deve ter sido um dos primeiros a chegar à Islândia, é o fato de haverem se instalado justamente nas regiões onde foram encontrados mais resquícios de morsas.

Achados relativos a morsas na Islândia

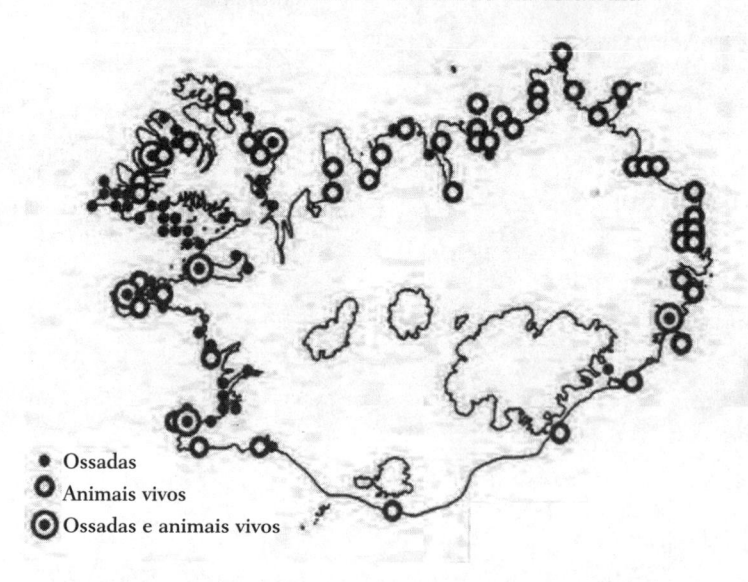

Esse mapa, feito a partir do mapa apresentado por Ævar Petersen em 1993, baseia-se em 173 achados empíricos, enquanto hoje há 263, que vêm em parte de achados concretos e em parte da descoberta de fontes escritas que fazem menção a morsas. Mesmo assim, de acordo com Petersen, as novas descobertas não alteram o padrão aqui revelado.

Vemos que a localização de Þránd Perna-Fina em Flatey era estrategicamente importante. De Flatey, ele via toda a parte norte de Breiðafjörður;

podia emitir alertas sobre a chegada de navios inimigos, trabalhar como prático e noticiar a chegada de navios amigos que vinham do norte. Conforme veremos, Flatey fica no meio da principal rota de transporte usada para as mercadorias que saíam da colônia de Hornstrandir, que pertencia a Geirmund. Era possível acender fogueiras nas elevações de Flatey, e esses sinais poderiam ser avistados por Geirmund em Skarðsströnd.

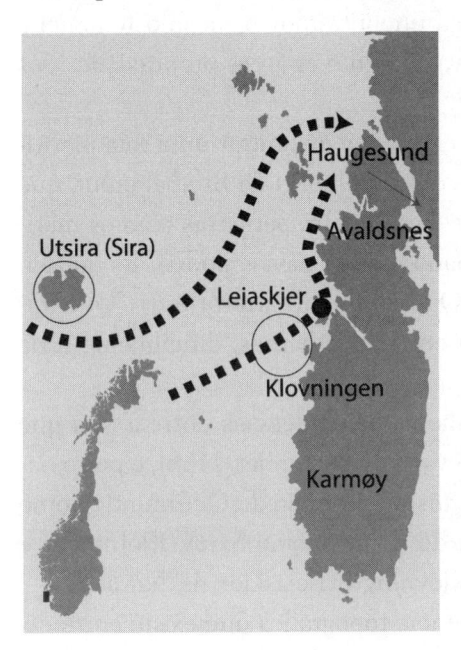
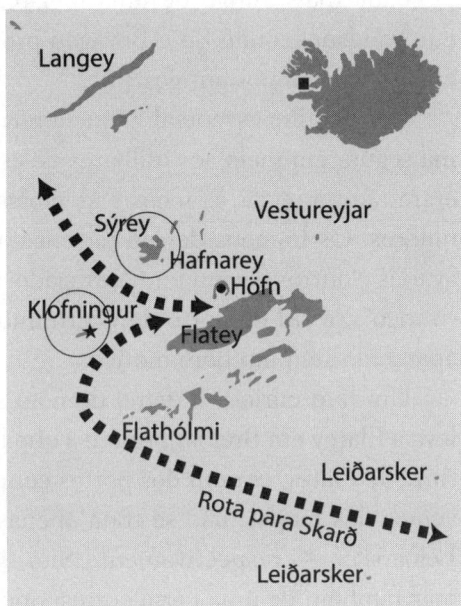

Provavelmente foram essas as regiões exploradas nas primeiras expedições, e mais tarde os homens não devem ter hesitado em erguer um teto sobre a cabeça e fazer uma limpa do terreno, derrubando árvores e cortando arbustos. Para esses homens, tratava-se de uma única coisa: procurar e conquistar os pontos com maior disponibilidade de recursos para em seguida estabelecer propriedades com uma localização central em relação ao transporte para a propriedade principal.[49]

O *Landnámabók* afirma que Geirmund primeiro se estabeleceu em Búðardalur.[50] Lá teria construído as primeiras "barracas", enquanto os navios ainda se encontravam em Geirmundarvogur. Muitos indícios sugerem que Geirmundarvogur seja a mesma baía hoje conhecida pelo nome de

Skarðsstöð, pelo simples motivo de que é o melhor porto natural de toda a região e fica perto da propriedade principal que Geirmund ocupava.[51]

De acordo com a *Þorskfirðinga saga*, Úlf, o Vesgo, teria morado em Miðjanes, localizada em Reykjanes. Essa afirmação não pode estar muito distante da verdade factual, posto que tanto Bæjarnes como Bæjarvogur localizam-se nas proximidades. *Bær* ("fazenda" — *bø*) é com frequência o nome da propriedade mais antiga de uma região; já encontramos o mesmo fenômeno em Avaldsnes, onde Bø e Bøvågen provavelmente eram as propriedades dos chefes nos tempos antigos.[52]

Um detalhe essencial naquela nova terra era encontrar uma rota marítima segura em meio aos milhares de escolhos e ilhotas de Breiðafjörður, que eram tão propícias às focas e às morsas como eram perigosas para os marinheiros. Os homens devem ter encalhado, certos navios podem ter sofrido avarias e outros devem ter naufragado. O topônimo Knarrarbrjótur ("Quebra-tronco"), a sul do porto de Geirmund em Dagverðarnes, dificilmente teria aparecido sem um bom motivo.

Um fato curioso e digno de nota são as coincidências entre a rota que leva a Flatey em Breiðafjörður e a que leva ao Karmsundet. Høfn, o porto natural de Flatey, era um dos portos centrais no domínio de Geirmund. Como vemos nos mapas, não se trata apenas de nomes como Sýrey, Klofningur e Leiðarsker — respectivamente Sira, Klovning e Leiaskjer na Noruega —, mas também de uma certa correspondência topográfica que existe entre esses nomes para os navegadores.

Toda a cultura marítima é conservadora por natureza, e esse caso não é uma exceção. Para que não houvesse dúvida nenhuma quanto à rota correta — o que era uma questão de vida ou morte naquela época —, seria preciso usar os antigos topônimos que todos já conheciam.

Na década de 1880, uma menina cresceu nas regiões próximas a Búðardalur. Chamava-se Ragnheiður Halldórsdóttir e era a 27ª descendente em linha reta de Geirmund. Costuma-se dizer que os homens de Strandir chegaram a Breiðafjörður levando troncos. Na volta, levaram uma mulher. Essa mulher também se casou com um homem de Strandir, o imediato Guðmundur Guðmundsson, e os dois tiveram treze filhos. Um desses filhos foi o meu avô, Guðjón Guðmundsson. Meu avô sempre falava com ternura sobre a minha bisavó Ragnheiður. Era uma pessoa muito ativa e também uma poetisa. Uma anedota da época em que se estabeleceram em Strandir conta que haviam se instalado em uma propriedade próxima à montanha Reykjaneshyrna, em uma das regiões mais inóspitas de Strandir. Meu bisavô tinha começado a pescar, mas não havia como preparar os peixes sem sal. Minha bisavó foi então com três crianças ao mercado próximo de Reykjafjörður. O vendedor, o poeta Jacob Thorarensen, negou-se a vender-lhe fiado e disse que a família não tinha crédito naquela loja. Minha avó caminhou empertigada até a porta, onde então parou e disse: "É verdade o que diz a Bíblia, que poucos são amigos dos pobres".

E então remou de volta com as crianças. E um grande saco de sal.

Uma donzela perde a virgindade

As primeiras expedições de caça a Breiðafjörður devem ter sido um tanto aventurescas.

Conforme vimos nas primeiras descrições europeias da caça às morsas, nos primeiros contatos esses animais demonstravam uma indiferença total em relação às pessoas. Devido a isso, no início eram presas fáceis. A velha história de um islandês que caçou morsas na terra de Franz Joseph na companhia de noruegueses pode ilustrar as condições virginais do lugar:

> *Avançávamos com armas de gume afiado presas a longas hastes. As morsas são a um só tempo animais mansos e enormes. Chegávamos pela orla e as matávamos a estocadas [...] e começávamos matando as que se encontravam mais perto do mar. Era um método extremamente aborrecido de caça, que mais se parecia com o abate do que com a caça propriamente dita.*[53]

Uma descrição na *Egils saga* oferece-nos uma imagem de semelhança notável. Quando Grím, o Careca, e seu povo chegam a Borgarfjörður, a presença maciça de "baleias" — *hvalkvámur* — é mencionada: "E era possível alvejá-las como se bem entendesse. Aqueles bichos não se afastavam do local, uma vez que não estavam acostumados às pessoas".[54]

As morsas têm filhotes nos meses de verão. No que diz respeito a esse assunto, seria importante acompanhar as tradições do povo caçador. Se Geirmund e seus homens tivessem agido como outros europeus e atacado mães com filhotes, todas as morsas teriam desaparecido de Breiðafjörður em poucos anos. A morsa é um animal a um só tempo frágil e inteligente, que se afasta e jamais retorna a um local de parição saqueado. Tudo indica que Geirmund e seus homens conseguiram esperar, mas também sabemos que por fim tiveram de ir às praias no extremo norte da Islândia para caçar aqueles animais.

Nesse ponto, o conhecimento de Geirmund foi valioso para as outras importantes figuras nórdicas em Dublin. Qualquer um podia matar morsas em lugares "virgens", mas esperar para obter esse recurso pressupunha uma boa dose de conhecimento.

No início, os homens devem ter atacado animais adultos que se afastavam da manada e não tomavam parte no processo de parição. Devem ter procurado as morsas em um grande número de ilhotas, escolhos e ilhas ao longo da costa. E começaram o mais longe possível dos locais de parição, para aos poucos aproximar-se das fêmeas com filhotes. Enquanto os animais eram pacíficos, o equipamento de caça deveria ser o mesmo usado pelos europeus até o século XX: lanças ou picaretas utilizadas para perfurar as grossas dobras de pele no pescoço e atingir o coração do animal.

Passado um tempo, a tática deve ter sido a de arpoar os animais e segui-los em pequenos barcos, como os inuítes da Groenlândia e do estreito de Bering fazem até hoje.[55]

Não obstante, uma coisa era caçar esses bichos, e outra era levá-los a um local onde pudessem ser esquartejados. Depois havia uma tarefa interminável — *prælavinna* ("trabalho de escravo"), como um trabalho pesado ainda é chamado em islandês. Os animais tinham de ser cortados dentro da água gelada — não é nada fácil manejar uma morsa em terra firme, uma vez que os maiores animais pesam entre setecentos e oitocentos quilos. Logo vamos discutir em que consiste esse trabalho, mas por enquanto basta dizer que

Geirmund e seus homens perceberam que seriam necessários mais escravos para que aquilo desse certo.

Era preciso que houvesse mais do que bife de morsa no cardápio dos caçadores. Havia peixes a pescar. O arau-gigante era um pássaro com muita carne que podia ser capturado com as mãos, já que não sabia voar. E durante os primeiros meses do ano era possível colher os ovos de gaivotas e outros pássaros marinhos.

As primeiras expedições soltaram animais em terra para ver se poderiam sobreviver ao inverno.[56] Não é impensável que escravos tenham feito uma tentativa de passar o inverno logo após a primeira expedição. Assim, Geirmund e os outros poderiam ter certeza de que ninguém se apossaria daqueles recursos valiosos durante sua ausência.[57]

Os homens veem as primeiras revoadas de gansos voarem rumo ao sul. A luz se transforma; à noite a temperatura começa a cair. Um homem vesgo com um capuz de couro chamado Úlf conversa com um mongol de pele escura em um ponto qualquer de Skarðsströnd, em Breiðafjörður, no outono de 867. Diz que acredita já terem reunido toda a carga que o navio é capaz de suportar. Geirmund dá ordens: os navios devem ser preparados. Logo são carregados com tudo quanto era possível colocar a bordo para navegar em mar aberto.

Os primeiros vikings expansionistas em toda a história da Islândia desaparecem no mar sobre os cavalos das ondas. As carcaças sangrentas de morsas e grandes focas espalham-se pela orla e pelas ilhotas, para grande alegria de gaivotas, corvos e águias. Uma ou outra baía ainda estava tingida de vermelho pelo sangue.

A donzela do norte havia perdido a virgindade.

O retorno aos senhores de Dublin

O plano se revelou um sucesso. Mas o viking negro não pensava em fazer a entrega das mercadorias a troco de nada. Ele não age como um escravo que simplesmente cumpre um dever para com o senhor. Estamos diante de um homem com sangue azul e grandes ambições. E ele quer coisas em troca — muitas coisas.

Talvez desde o início o grupo de Geirmund tenha planejado uma estadia duradoura na Islândia. Devem ter sentido desde o primeiro momento que a Irlanda jamais seria um lugar seguro para eles. As circunstâncias da Noruega também estavam cada vez menos estáveis. Geirmund chegou à Irlanda quando tudo havia começado a se complicar para os vikings. A região ao redor de Eyvind do Leste provavelmente era tranquila em 867; o construtor de navios estava sob a proteção do patrono irlandês e das forças de Dublin. Os comerciantes, bem como as pessoas que viviam e trabalhavam em Dublin, pagavam tarifas alfandegárias para a casa real e em troca recebiam proteção.[58] Em outros lugares os vikings eram abatidos como gado — os reis irlandeses estavam mais agressivos do que nunca.

Consta que Flann, o rei vizinho, filho de Conaing de Brega, venceu uma batalha contra os vikings no ano de 865 ou 866. No sul da Irlanda, muitas bases vikings foram saqueadas e destruídas em 866. Os vikings perderam uma batalha em Leinster, ao sul de Dublin, e a fortaleza que Ólaf havia mandado construir em Clondalkin, próximo a Dublin, foi destruída. O motivo foi que Ólaf, o Branco, saiu de Dublin com um grande exército em 866 para investir contra os pictos. Sabe-se pouco a respeito desse povo e mal se conhece a língua que falavam, mas Ólaf queria alguma coisa deles. Seriam escravos para o mercado em Dublin? Ívar também havia deixado a Irlanda, mas pode ser acompanhado por meio das histórias contadas nos anais da Inglaterra e da Escócia até 871.

E, quando o gato sai, os ratos fazem a festa. Os irlandeses aproveitaram a situação para investir contra as bases vikings menores, que não tinham quem as protegesse. Os mais expostos a esses ataques eram os noruegueses ao norte da Irlanda. Os anais contam-nos que Áed Findlíath, o grande rei da Irlanda, já em 866 ordenou um ataque contra os vikings a partir de Armagh. Os textos fazem menção a eruditos que teriam afirmado que a esposa de Áed o incitara a lançar um ataque contra os vikings. Essa era a rainha Land, irmã de Kjarval e viúva de Máel Sechnaill; Máel detestava os vikings de Dublin. Tudo soa como uma saga islandesa.

O ano de 867 trouxe muitos acontecimentos importantes. Foi o ano em que Áed Findlíath, o grande rei da Irlanda, deu as costas para os reis de Dublin. Os mesmos reis também devem ter sido ignorados por Kjarval. Esses homens já não precisavam mais dos vikings de Dublin.

E, quando todos lhes dão as costas, o comércio acaba.

De repente os vikings se veem sozinhos. Essa cisão também ocorreu nas próprias fileiras dos vikings. No mesmo ano, Ólaf retornou e atacou uma igreja em Waterford, nos domínios de Kjarval.

Seria uma mensagem para ele?

Sabemos, portanto, que a maior parte das mercadorias resultantes da caça na Islândia acabou no estaleiro de Eyvind do Leste. Há indícios de que Kjarval tenha encomendado a construção de vários navios para o genro Eyvind. Ólaf, o Branco, foi outro para quem Eyvind trabalhou. Ele também pode ter estado em Dublin no outono de 867, quando o grupo de Geirmund retornou. E nada indica que os homens de Geirmund fossem pagos com ouro e prata — esse era um recurso sem valor naquele novo país. Precisavam de escravos, e seria impensável que Eyvind do Leste conseguisse pagá-los nessa moeda sem ajuda. Somente os reis de Dublin, que comandavam o maior mercado de escravos de todo o norte da Europa, dispunham do capital exigido pelo viking negro. Como vamos ver, nos anos seguintes foram necessárias centenas de escravos, e não havia mercadoria com valor mais alto do que os escravos.

Imaginamos que as primeiras negociações devam ter sido tensas. Geirmund deve ter adotado as precauções necessárias para não demonstrar arrogância em relação a Ólaf, o Branco — esse poderia ser um erro de consequências fatais. Por outro lado, Geirmund sabia de sua própria importância. E valeu--se dessa importância no mais alto grau.

A situação se agrava

Tudo parecia complicado em Dublin para os vikings quando o domínio de Geirmund começou a florescer. Esse desdobramento teria consequências para os nossos homens.

Conforme dito anteriormente, o rei irlandês Flann de Brega venceu uma batalha contra os vikings no ano de 866. Em 868, por outro lado, entrou em conflito com o grande rei Áed Findlíath, e de repente Flann quis ter os vikings de Dublin a seu lado. Talvez Dublin, que estava privada de todas as alianças, tenha aceitado a primeira oferta recebida. Certos anais chegam a mencionar uma força de trezentos vikings.

Não sabemos se o próprio Ólaf participou da batalha entre Flann e o inimigo Áed. Não sabemos se Eyvind do Leste, Geirmund ou Úlf participaram. Mas sabemos que os vikings e seus aliados perderam a batalha contra o grande rei. Muitos vikings morreram, entre os quais se encontrava um de alto posto. Não era ninguém menos do que Carlus, o filho que Ólaf, o Branco, tivera com *ingin* Áeda, a filha de Áed.

Mas Áed fizera mais do que romper a aliança com Ólaf, o Branco, e seus homens.

Também matou o filho dele, seu próprio neto.

Se não estava presente na hora, Ólaf deve ter se revoltado ao receber a notícia e ver o cadáver do filho. Sabemos que logo depois Ólaf passa um tempo planejando uma vingança à altura. Um ódio sincero e profundo alimenta esses planos.

As fontes parecem confirmar que Ólaf investiu contra Armagh durante o festival de São Patrício no ano de 869, quando o lugar estava repleto de participantes e peregrinos.[59] Ólaf está furioso. Ele berra ordens. Os cachos brancos mancham-se com o vermelho do sangue. É um banquete para os lobos e as águias. E Ólaf não se limitou a queimar a igreja de Armagh, símbolo do reino dos Uí Néill do norte. Os anais de Ulster contam-nos que *mil homens* foram capturados ou mortos. Uma divisão mais ou menos idêntica entre mortos e prisioneiros significaria que quinhentos escravos retornariam a Dublin. Mais uma vez testemunhamos um comportamento que desconhece limites, que os cristãos não hesitariam em associar aos pecados capitais do orgulho e da ira.

Áed havia dado a mensagem: "Não preciso de você".

Ólaf, o Branco, respondeu: "Também não preciso de você".

Nesse ponto chegamos ao ataque lançado contra o próprio Árd Rí — um dos grandes reis da Irlanda. Capturar escravos na região central do poder era uma provocação enorme. Queimar o próprio símbolo desse reino era uma atitude que não conhecia limites. Tampouco podemos esquecer que nessa época já fazia muito tempo desde que os irlandeses haviam se convertido ao cristianismo. Ólaf queimou aquilo que havia de mais sagrado. Mesmo que não conhecesse os pecados capitais, devia ter plena consciência do tipo de mensagem que essa forma de agir daria ao grande rei.

Essa é a Irlanda a que o jovem Geirmund chega na segunda metade da década de 860. Seria difícil imaginar um contraste maior em relação ao povo de caçadores pacíficos que havia encontrado na Sibéria. Nenhuma fonte sugere que Geirmund e Úlf tenham sido enviados para acompanhar as forças de Ólaf, o Branco, a Armagh em 869, mas essa é uma possibilidade que não pode ser ignorada. De qualquer modo, as expedições de caça à Islândia já eram ocupação suficiente. Mas durante aquele período a situação aos poucos começou a se agravar para os vikings.

Essas novas circunstâncias, em que os reis de Dublin estavam sozinhos, por fim devem ter posto os amigos contra a parede: foi preciso que todos assumissem uma posição e revelassem a casa real a que permaneceriam leais. Em outras palavras, Geirmund Pele-Negra e Úlf, o Vesgo, acabaram no meio da disputa pelo poder na Irlanda — uma disputa entre um grande rei irlandês e o reino nórdico em Dublin.

De um lado está o grande rei Áed, aliado a Kjarval, que preferiu acompanhá-lo quando a aliança com Dublin virou fumaça. Os anais contam-nos que esses reis investem lado a lado contra Leinster em 870. Deve ter sido a essa ramificação do poder que Eyvind do Leste se manteve leal, mesmo que "pensasse pouco da guerra" e fosse até certo ponto independente. Do outro lado estavam os reis de Dublin. Eram os reis que detinham aquilo que Geirmund precisava e exigia — o ramo de negócios sobre o qual Dublin fora erguida: o comércio de escravos.

A corda logo começa a apertar no pescoço de Ólaf.

Alianças instáveis 869-870

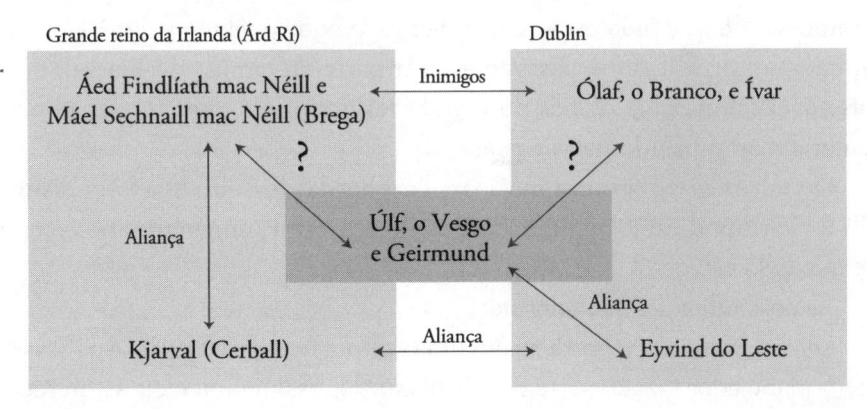

A missão dada por Ólaf, o Branco

Estamos no ano de 870. Em 868, o grande rei Áed Findlíath venceu uma batalha histórica contra o rei Flann de Brega, o reino vizinho logo ao norte de Dublin. Tudo indica que, após a vitória, Áed tenha colocado uma pessoa de suas próprias fileiras como rei em Brega: Máel Sechnaill mac Néill.[60] Assim Áed tinha um homem de confiança nos limites de Dublin. E tinha matado o filho de Ólaf.

Os conflitos entre Dublin e o reino ao norte (Brega) não eram nenhuma novidade para o ano de 870.[61] Mas, em particular no ano de 870, dar cabo do rei de Brega foi uma vingança mais doce do que mel. A sede de vingança de Ólaf não conhece limites.

Ou seria apenas medo puro e simples?

Um líder ameaçado, que precisa o tempo inteiro fazer demonstrações de força?

Os nobres de Dublin se dividem.[62] Ívar estava longe, e ninguém sabia quando havia de voltar. Todas as alianças haviam se reduzido a fumaça. Ólaf, o Branco, está sozinho. Tenta manter a cabeça fria. Uma investida contra Brega poderia custar-lhe muito caro. Poderia ter como resultado o contra--ataque de um exército reunido pelo grande rei, por Kjarval e por muitos outros. E um ataque desses poderia custar-lhe tudo aquilo que tinha.

Foi nessas circunstâncias que Ólaf, o Branco, teve uma ideia. Pensou nos caçadores que arranjavam as mercadorias para o estaleiro de Eyvind do Leste, pois quando a situação aperta é preciso falar com os amigos. E perguntou-se: de que lado estão Úlf, o Vesgo, e aquele viking negro? Por meio do casamento, Úlf tinha passado a fazer parte da família de Kjarval, o cão miserável que lambia os pés do grande rei Áed. Será que aqueles homens tentariam apunhalá-lo pelas costas?

Ou talvez essas circunstâncias mal explicadas fossem uma força? Afinal, Úlf e Geirmund estão ao pé da lareira de Kjarval. E ninguém sabe ao certo de que lado estão!

As possibilidades são enormes.

Ólaf, o Branco, encontra-se em uma cultura na qual a traição e os assassinatos planejados faziam parte do cotidiano.[63] E assim uma ideia se ofereceu:

o genro de Eyvind do Leste poderia muito bem manter-se nas aparências como um amigo e um aliado de Kjarval e Áed. Assim poderia aproximar-se do rei de Brega e assassiná-lo em uma cilada. Os homens receberiam uma missão e, quando esta chegasse ao fim, não restaria nenhuma dúvida quanto ao lado em que estavam.

Os anais contam-nos que Máel Sechnaill foi morto à traição (*per dolum*). E foi morto por um homem chamado Úlf, que tinha ligações com Dublin.[64] É preciso imaginar esse acontecimento prenhe de consequências futuras.

Ólaf chama Úlf Högnason. Há bons motivos para crer que o irmão de criação de Úlf, o Vesgo, estivesse a seu lado durante essas provações. Os dois haveriam de fazer uma visita ao rei de Brega e aconselhá-lo quanto à melhor forma de subjugar o reino de Dublin. Úlf, o Vesgo, faria menção às ligações que tinha com Eyvind do Leste e com a família de Kjarval — ligações essas provavelmente conhecidas pelos irlandeses de Brega.

Em uma tarde, o vesgo e o preto cavalgam até as planícies de Brega na companhia de um intérprete de Dublin. Mandam o intérprete à frente e pedem-lhe que chame o rei Máel para uma conversa a sós — apenas os dois e o intérprete. O encontro deveria transcorrer no mais absoluto segredo. Os homens são revistados pelos guarda-costas de Máel, mas conseguem entrar com uma lâmina. Um deles corta o pescoço do rei com um movimento rápido.

A noite começa a cair em Brega. Úlf, o Vesgo, e Geirmund agradecem aos guarda-costas.

E voltam a Dublin a cavalo.

Provavelmente Úlf e Geirmund não tinham escolha: ambos eram economicamente dependentes dos reis de Dublin e precisavam demonstrar lealdade. Esse acontecimento também marca a divisão entre os irmãos Hámund e Geirmund: para além desse ponto, Hámund não participa do estabelecimento do domínio de Geirmund na Islândia. A *þátt* sobre Geirmund conta-nos que Hámund tomou o partido do irmão de criação Helgi, o Magro, quando Harald tornou-se rei de toda a Noruega em 872. A história não pode estar muito longe da verdade. Helgi, o Magro, contava com a proteção do avô

Kjarval. Mas Kjarval morre em 888, e logo os dois precisam fugir. Helgi, o Magro, e Hámund vão mais tarde para a Islândia — e consta que boa parte da ilha já estava conquistada quando estabeleceram-se em Eyjafjörður, ao norte da ilha. Essa viagem coincide com a morte de Kjarval.

Não é possível identificar muitos nórdicos nos anais irlandeses. Se a sequência de acontecimentos que apresentamos estiver correta, é necessário que tenha havido consequências.[65] E aqui chegamos a um ponto que já foi motivo de inúmeros debates entre os pesquisadores: a identificação dos vikings a quem os irlandeses chamam de *finngaill* e *dubgaill*, respectivamente os "forasteiros claros" e os "forasteiros escuros". Há pesquisadores que entendem esses termos respectivamente como "noruegueses" e "dinamarqueses". Nesse contexto, Úlf deve ter sido um enviado de Dublin; outros antigos centros de poder nórdicos dificilmente teriam interesse em lançar um ataque contra Brega. Duas histórias trazem menções a Úlf e chamam--no de *dubgall*, ou seja, "forasteiro escuro" (*dubgaill*, no plural), enquanto uma terceira história chama-o de "danês". Esta última identificação pode ter como base o fato de que o rei Ívar era dinamarquês, o que pode ter levado seus aliados e Dublin a serem identificados da mesma forma. Dinamarqueses e noruegueses misturam-se nos textos que compõem os anais históricos; é altamente duvidoso que os irlandeses fizessem uma distinção clara entre esses dois povos em pleno século ix.

O domínio de Dublin deve ter sido composto por uma mistura de forças norueguesas e dinamarquesas. Essa visão sustenta a hipótese de que os termos *finngaill* e *dubgaill* apontavam mais para uma liderança política viking do que para uma característica étnica: nesse caso, simplesmente revelariam a que centro de poder as pessoas em questão pertenciam. Um *dubh-gall* seria qualquer pessoa que estivesse ligada a *Dubh-linn*.[66]

O outro detalhe que nesse caso podemos confirmar é o local onde Úlf, o Vesgo, e Geirmund Pele-Negra mantinham uma base na Irlanda, e também o fato de que foram principalmente os reis de Dublin que cobriram os custos das primeiras expedições à Islândia.

A posição ocupada por Eyvind do Leste nesse cenário é um grande enigma. Será que poderia demonstrar lealdade a Kjarval — e ao mesmo tempo construir navios para Ólaf e Ívar? Será que desempenhava o trabalho em uma terra de ninguém entre os centros de poder — um homem tão importante para ambos os lados, que ninguém se atrevia a desafiá-lo no que dizia respeito à lealdade, já que esse desafio poderia resultar em uma aliança com o outro lado?

O início da escravidão

A lealdade estava posta às claras no que dizia respeito a Dublin. As negociações prosseguiam. Em um processo que se estendeu da segunda metade da década de 860 até 873, Geirmund e seus homens tiveram navios que faziam viagens periódicas à Islândia e negociavam com Eyvind do Leste e seus senhores, Ólaf, o Branco, e Ívar, quando estavam na Irlanda. E há muitas evidências de que tenham mantido o comércio com os sucessores desses líderes simplesmente porque estes últimos tinham esquadras igualmente numerosas. Segundo o ditado, um rei de grande fama não vive muito tempo; reinar em Dublin era uma atividade dura e implacável: Bárð (morto em 881), Sigfrøð (morto em 888), Sigtrygg (morto em 896) e Glúniarann (morto em 896). Geirmund e seus homens tiveram muitas entregas a fazer até a queda de Dublin em 902. Dito de maneira simples, esse comércio consistia na troca de matérias-primas e produtos manufaturados da cultura marítima nas margens do mar da Irlanda pela mercadoria mais cara que Dublin tinha a oferecer.

A escravidão era uma instituição econômica mantida pela relação entre a terra, a força de trabalho e o capital. Quando os recursos são abertos, o acesso à terra é ilimitado e as despesas de capital são relativamente baixas, os trabalhadores buscam cuidar de si próprios, e a força de trabalho torna-se escassa.[67] E as circunstâncias da Islândia na época da colonização eram justamente essas. Como resultado, o preço da força de trabalho tornou-se alto, e assim o trabalho forçado — a escravidão — despontou como a única solução para homens como Geirmund Pele-Negra.

Nos documentos do século xx consta que todas as rotas a todas as ilhas que pertenciam à antiga propriedade de Geirmund, Skarð, têm uma extensão aproximada de oitenta quilômetros (*níu vikur sjávar*). Essa menção é feita em um contexto que pretende mostrar a magnitude da força de trabalho necessária para, entre outras coisas, juntar plumas de pato naquelas ilhas. E aqui estamos falando apenas da região próxima à propriedade de Geirmund, que não inclui as enormes regiões próximas a Dagverðarnes, em Barðaströnd e na região noroeste da Islândia.

Há muito, os pesquisadores notaram que esses centros colonizatórios devem ter precisado de uma grande força de trabalho nos primeiros tempos. Um desses pesquisadores menciona, por exemplo, que mais tarde os sacerdotes da Islândia reclamavam de não ter pessoas suficientes para aproveitar as terras da igreja. A igreja aceitava de bom grado assumir a responsabilidade pelas grandes propriedades, bem como por todas as terras que lhes pertenciam, mas já no século XII a escravidão se encontra em declínio na Islândia. Não há mais um número suficiente de trabalhadores para manter o nível de atividade observado no impulso original da colonização.

Dizem que os escravos não podiam ser donos de nada, não podiam herdar nada e tampouco deixar qualquer coisa de herança. No caso da Islândia, isso não passa de uma meia-verdade. E, como os primeiros escribas não tinham interesse em contar a história da antiga escravidão, o resultado do trabalho de pesquisa genética feito por Agnar Helgason e sua equipe deve ter causado uma pequena sensação quando foi apresentado nos anos 2000. Ficou demonstrado que os escravos podiam deixar pelo menos uma coisa de herança — seus genes. Enquanto as pesquisas de DNA indicam que aproximadamente 80% dos colonizadores homens tinham origem escandinava, mais da metade das primeiras colonizadoras mulheres (62,5%) vinham das Ilhas Britânicas. A Irlanda e a Escócia — ambas habitadas por povos celtas — despontam como as principais regiões de origem dessas mulheres.

O mais impressionante a respeito dessa conclusão é a maneira como se encaixa na história que estamos desenterrando.

Uma visita a Dalkey em 870

Em vez de enjaular os escravos em terra firme, com todos os custos decorrentes de manter uma guarda fixa, os comerciantes de escravos usavam uma pequena ilha na foz de Dublin como local de alojamento. O nome irlandês dessa ilha é Deilg-inis, ou "ilha dos espinhos". Os colonizadores nórdicos pronunciam o nome irlandês à sua maneira e chamam-na de Dálkey, como haviam adaptado os nomes dos biarmeses de Geirmund. E a versão nórdica foi por sua vez adotada em inglês: Dalkey, como até hoje se chama.

Geirmund e Úlf, juntamente com Steinólf, o Baixo, e Þránd Perna-Fina, visitaram a ilha por diversas vezes, inclusive por volta do ano 870. Os pesquisadores são unânimes ao afirmar que o mercado de escravos em Dublin cresce na segunda metade do século IX, quando Dalkey passa a ser utilizada.

No século IX havia uma grande demanda por escravos no mercado internacional, em particular da parte dos muçulmanos; e assim os preços subiram. Na Rota do Leste, há relatos de uma etiqueta de 600 mil dirhams por um escravo, o que equivale a mais de 100 mil dólares em valores atualizados. A escrava irlandesa Melkorka custou o mesmo que quatro vacas, segundo nos conta a *Laxdæla saga*, mas isso aconteceu depois que os preços começaram a cair no século X. Geirmund constrói sua potência quando os escravos haviam atingido um preço recorde.

Vimos que os anais históricos mencionam a tomada de centenas de escravos por Ólaf, o Branco, em Armagh no ano de 869. Esses peregrinos desafortunados, homens e mulheres, haviam viajado desde o norte da Irlanda e também das ilhas escocesas mais próximas para celebrar São Patrício em uma alegria devota. Mas o festival teve um fim abrupto. Centenas dessas pessoas estão em Dalkey, com grilhões no pescoço, quando Úlf, o Vesgo, e Geirmund confirmam sua lealdade a Ólaf, o Branco. Os homens já realizaram as primeiras expedições e já entregaram as mercadorias. Agora, estão em busca de escravos.

Esse é o contexto histórico.

Curiosamente, a genética nos oferece uma reprodução notável dessa mesma história. Para rastrear os antepassados de uma pessoa, os pesquisadores isolam o material genético transmitido da mãe para os filhos, chamado de DNA mitocondrial (mtDNA). Esse material é dividido em grupos haploides que apresentam mutações, e é justamente por meio dessas mutações únicas (que não se repetem em nenhum outro lugar) que os antropólogos genéticos podem rastrear a origem de uma pessoa.

Um determinado grupo haploide (J) é particularmente frequente nos islandeses. Esse grupo haploide, mais particularmente o grupo J1b1, tem uma determinação característica (16192T) que, para além dos islandeses, existe apenas em povos do norte da Irlanda, das ilhas Hébridas e dos Estados Unidos, provavelmente como resultado da imigração irlandesa para aquele país. O mesmo deve valer também para a Islândia, segundo os pesquisadores, uma vez que nesse caso não importa se passaram-se décadas ou milênios: essa mutação deve ter se originado nas mulheres que chegaram à Islândia 1.100 anos atrás vindas de regiões habitadas por povos celtas. Assim começamos a juntar as pontas soltas:

1. O domínio de Geirmund tinha ligações econômicas com o reino de Dublin e foi o maior importador de escravos para a Islândia na época da colonização.

2. O reino de Dublin dispunha de centenas de escravos trazidos do norte da Irlanda e da Escócia a partir do ano 869.

3. Naquela época, o domínio de Geirmund provavelmente entregou os maiores estoques de mercadorias retiradas da Islândia de todos os tempos.

4. Os islandeses têm uma grande proximidade genética com os povos do norte da Irlanda e da Escócia.

Nessa época os senhores de Dublin tinham sede de sangue. Em 871 Ólaf, o Branco, e Ívar chegam a Dublin após uma expedição à Escócia e à Inglaterra. Os dois trazem duzentos navios carregados de escravos. Se calcularmos dez escravos por navio, temos um total de 2 mil pessoas: o suficiente para lotar a pequena Dalkey. Esse capital dos senhores de Dublin poderia ser comparado a somas na casa dos bilhões na economia de hoje.

Geirmund mantém o olhar frio quando observa ao redor em Dalkey, escolhendo os escravos que haveria de levar para a Islândia. É como se aquelas pessoas estivessem em uma exposição de animais. Era preciso avaliar a constituição física e a vitalidade, a força dos pés e das mãos — e se o olhar traz indícios de astúcia e capacidade de trabalho independente. Ao ver um escravo que parecia interessante, os homens devem ter perguntado onde foi a captura e se poderiam ser úteis na Islândia: acaso sabiam cuidar da terra, executar trabalhos em marcenaria, tratar dos animais, domar cavalos? Acaso poderiam ajudar na caça, na floresta ou no mar? Quando a escravidão se tornou um grande negócio para Dublin, os donos de escravos começaram a pôr-lhes grilhões no pescoço.[68] Os escravos mandados para Dalkey provavelmente subiram a bordo do navio nessas condições.

Há uma estrofe na poesia escáldica que ilustra a brutalidade disso tudo. A cena se refere à captura de escravos feita por Harald, o implacável em Roskilde, no século XI. O escaldo descreve a maneira como a contenção prendia o corpo de uma mulher, afirmando que "os elos afiados mordiam com voracidade a *hǫrund* das mulheres" — ou seja, a camada mais superficial da pele. Em outras palavras, os elos apertados faziam com que o pescoço das mulheres sangrasse. É uma imagem muito forte. Será que o escaldo tinha solidariedade para com as vítimas?

Não necessariamente. Não podemos esquecer que a mesma mentalidade existia também nos estados ao sul dos Estados Unidos não muito tempo atrás. Novamente presenciamos o funcionamento da antiga estética escáldica: o escaldo cria tensão por meio de um profundo contraste. De um lado, um elo de metal frio, escuro e afiado; do outro, o pescoço alvo e macio de uma mulher — o rei deixa sua marca sobre a presa como se fosse um predador.

Uma prática comum nos locais onde escravos eram mantidos era raspar os cabelos de todos — o que provavelmente aconteceu aos escravos de Geirmund. Será que usavam tesouras de tosquia?

Essa prática faz sentido quando pensamos que os cabelos são um símbolo de masculinidade para os homens e, para as mulheres, uma expressão de beleza. Quando os escravos têm os cabelos raspados, os homens são privados da masculinidade e, as mulheres, da beleza — no plano simbólico, veem-se privados da própria identidade.

Por que Geirmund e seus homens não fizeram uma expedição pelos vários rios da Irlanda a fim de capturar escravos pessoalmente?

Em primeiro lugar, sabemos que a captura de escravos era vista como uma provocação e despertava reações. Os pequenos reis das regiões atacadas poderiam reunir-se, perseguir e atacar um grupo de vikings que se envolvesse nessa atividade. Se Geirmund e seus homens mantivessem como base um pequeno *longphort*, estariam muito expostos. Fontes irlandesas e islandesas afirmam que as pessoas pagavam taxas alfandegárias aos senhores de Dublin em troca de proteção. No fim as duas alternativas levam à mesma conclusão: Geirmund e seus homens não podiam capturar escravos por conta própria e não podiam comprá-los sem manter contato com os senhores de Dublin.

Muitos dos escravos de Ólaf, o Branco, e Ívar devem ter sido vendidos para a Escandinávia. Mas as fontes são parcas em relação ao tema, e o volume desse comércio é incerto. Um escravo capturado na Irlanda tornava-se uma mercadoria que podia ser transportada no interior de uma grande rede de comércio. O monge irlandês Fintán foi capturado por vikings em 843. Foi acorrentado e levado para a Escandinávia, onde foi vendido quatro vezes, de um mercador de escravos para o outro, como podemos ler na *Laxdæla saga* a respeito de Gilli, o russo. Fintán conseguiu fugir; chegou a uma ilha desabitada nas Órcades e assim teve a oportunidade de contar suas vivências na obra *Vita Findani*.

Um grande mercado, provavelmente visado pelos senhores de Dublin, era o mercado árabe na Al-Andalus. Quando em 937 Brian Bóruma pilhou Hlymrek, a Limerick escandinava, foi como se estivesse em um mercado árabe:

> Os homens levaram joias e pertences da mais alta qualidade, bem como selas bonitas de manufatura estrangeira, ouro e prata, belos trajes bordados de todas as cores e tipos; e também peças de sedas, atrativas e coloridas, em tons de verde e escarlate.

O contato entre a Irlanda e a Espanha foi estabelecido provavelmente antes da Alta Idade Média.[69] Fontes escritas confirmam que os árabes enviaram diplomatas ao norte para negociar com os escandinavos. Um desses diplomatas, Al-Ghazāl, viajou ao norte no século IX com vasos e roupas para os "bárbaros". Os pesquisadores interpretaram essa viagem como se os árabes estivessem em busca de um contrato de longo prazo e deixaram registros escritos de acordo com os quais os vikings poderiam fornecer-lhes âmbar, peles e escravos.

Uma escrava em Dalkey no ano de 870 não tinha como saber onde acabaria, se na Península Ibérica ou na Islândia. Mesmo assim, há motivos para crer que teria preferido o sul caso pudesse escolher.

Acabar como escravo de Geirmund e seus homens deveria ser um trauma sem igual, especialmente porque as pessoas da sociedade viking existiam apenas em relação a um grupo, uma família ou uma linhagem. Uma pessoa solitária é como uma árvore sozinha, privada da proteção oferecida pela casca e pelas agulhas. "Quanto tempo vive uma pessoa dessas?", pergunta o eu lírico por trás do *Hávamál* — mas a pergunta também poderia ser: quanto tempo vive um escravo?

À noite essas pessoas transformavam-se em *outsiders* sem qualquer sentimento de honra. Em uma fonte irlandesa do século XII esse isolamento é realçado em uma descrição do medo:

> *Eram diversas [...] mulheres e donzelas virtuosas [...] e jovens alegres e decentes, e guerreiros corajosos que foram levados com opressão e correntes pelo amplo e verde mar. Ai de nós! Muitos foram os olhos reluzentes que se encheram de lágrimas e toldaram-se de tristeza e desespero com a separação de pai e filho e mãe e filha, irmão de irmão e família de parente e linhagem.*

Em termos existenciais, isso deve ter significado uma morte em vida — a única pessoa com quem o escravo se relacionava era o senhor. E essa relação era marcada pelo medo e pela constante proximidade da morte. Essa é a realidade subjetiva que se encontra por trás das descrições de escravos que aparecem nas fontes nórdicas: estão sempre em fuga, sempre tentando afastar-se disso tudo. O medo, a humilhação e a insegurança tomaram conta das pessoas que se encontravam a bordo daqueles navios e que logo seriam levadas para uma nova vida em Breiðafjörður, na Islândia. Os escravos não tinham a menor ideia quanto ao local para onde seriam levados. Carl Gustav Jung escreveu que não herdamos somente os genes de nossos antepassados, mas também sua história sentimental, seus traumas, suas esperanças e angústias.[70] Será que os escravos não teriam levado consigo mais do que conhecimentos bíblicos a obras-primas como o *Völuspá*, mais do que o cristianismo e os conhecimentos sobre o cultivo de cereais? Existe uma antiga canção de ninar na Islândia que poderia ser descrita como um antigo clássico, chamada "Bíum, bíum bambaló". Todos os islandeses a quem fiz a pergunta responderam que essa é uma antiga canção popular islandesa.

Mas curiosamente a canção tem uma melodia irlandesa.

O senhor podia matar o escravo como se fosse um animal doméstico qualquer — a única coisa que tinha de fazer era tornar a execução pública, pois de outra forma o caso seria tratado como um homicídio. Os escravos eram vendidos nus. A única coisa que os diferenciava de uma vaca, por exemplo, era que podiam ser responsabilizados por seus atos — podiam receber castigos.

Mas havia uma saída.

A alforria era uma parte integral da cultura escravagista. Havia esperança — e a esperança tornava a existência dos escravos suportável no plano individual. Para as mulheres, a saída estava em ser desejada pelo senhor; pois as escravas não eram somente agricultoras, bordadeiras ou cozinheiras: também eram objetos sexuais dos senhores de escravos. Uma relação sexual com o senhor podia melhorar as condições em que viviam em pouco tempo. As sagas oferecem-nos descrições que confirmam esse fato.[71] Para os homens, as oportunidades podiam se abrir pelo valor demonstrado em batalhas contra os inimigos do senhor ou no trabalho duro. Os escravos de Erling Skjalgsson teriam comprado a própria liberdade após três anos de trabalho. O dinheiro foi usado por Erling para comprar novos escravos.[72]

Conforme veremos, Geirmund também era capaz de mostrar misericórdia em relação a seus escravos. Mas dificilmente as pessoas estariam pensando nisso naquele verão de 870, quando os navios estavam carregados e prontos para zarpar de Dublin pelo rio Liffey. A carga era composta por bezerros, potros e porcos amarrados, sacos de sementes, tanto aveia como centeio, instrumentos de caça e de produção, mercadorias para a cultura marítima — e escravos.

Fixamos o olhar em uma escrava que traz um grilhão no pescoço. Restam tufos de cabelo aqui e acolá nos pontos em que a tesoura de tosquia não chegou até o couro cabeludo. Ela está pálida e suja, vestida com trajes rústicos, e tem o olhar toldado pela angústia e a tristeza. Talvez, enquanto range os dentes de medo no navio, pense que não pode ser verdade, aquilo não pode estar acontecendo!

Essa experiência traumática e essa história como um todo não integram a mais antiga história da Islândia quando esta é escrita séculos mais tarde, e tampouco receberam qualquer outro lugar digno. A genética, por outro lado, conta-nos que essa mulher é uma das inúmeras mães do povo islandês, trinta gerações atrás.

Os navios mantêm o curso fixo rumo ao norte.

Há uma brisa que sopra do sul e um horizonte azul e convidativo...

DE CAMPO DE CAÇA
A ILHA DE SAGAS
ISLÂNDIA (874-910)

A Islândia é a maior dentre todas as ilhas ao norte e situa-se a três dias de viagem desde o norte da Irlanda. Os habitantes dessa ilha são lacônicos e sinceros. Falam pouco e não fazem juramentos, pois não podem mentir. Não existe nada que abominem mais do que a mentira. O padre é seu rei, o rei é o padre [...]. Nesse país existem falcões e grandes e poderosas águias, que são exportadas. Raramente ou mesmo nunca há relâmpagos e trovoadas. Por outro lado, existe um outro flagelo muito pior. Uma vez por ano, ou uma vez a cada dois anos, em certos lugares surge um fogo que se ergue como um furacão de enorme força e queima tudo o que encontra pela frente. Mas ninguém sabe se esse fogo vem de cima ou de baixo, nem por que existe.[1]

Topographia Hibernica et Expugnatio Hibernica, Giraldus Cambrensis, 1187

No livro sobre os caminhos do mundo escrito pelo monge inglês Beda fala-se a respeito de um país insular chamado Thule, e diz-se em outros livros que esse país estaria localizado a seis dias de viagem a norte da Britânia. Ele afirma que lá não existe dia no inverno nem noite no verão, quando o dia tem a maior duração [...]. O monge Beda morreu no ano 785 da era de nosso senhor Jesus Cristo, de forma que o livro foi escrito mais de cem anos depois que a Islândia foi colonizada pelos noruegueses [...]. Flóki navegou a oeste, para além de Breiðafjörður, e chegou à terra chamada Vatnsfjörður, em Barðaströnd. O fiorde era tomado de peixes, de maneira que os homens não se preocuparam com a fenação, posto que havia alimento de sobra, e assim todos os animais que tinham morreram no inverno. A primavera foi bastante fria. Então Flóki dirigiu-se ao norte, rumo às montanhas, e viu um fiorde tomado de gelo. Por esse motivo esses homens chamaram o país de Islândia ["Terra do gelo"]. Os homens planejavam zarpar no verão, mas atrasaram-se com os preparativos. Ainda é possível ver as ruínas da cabana em que se instalaram em Brjánslæk, bem como o abrigo para o barco e a vala para cozinhar [...]. No verão eles zarparam rumo à Noruega. Flóki falou mal a respeito do país, mas Herjólf falou sobre as vantagens e as desvantagens do lugar. E Þórólf disse que pingava manteiga de cada uma das folhas de relva que haviam encontrado. E assim passou a ser chamado de Þórólf Manteiga.

Landnámabók, capítulos 1 e 5

CHEGAMOS A BREIÐAFJÖRÐUR NA ISLÂNDIA — o local que deve ter servido como centro para o domínio de Geirmund na época da colonização. Quando os navios de Geirmund e de seus homens atracaram na primavera de 870, já deveria haver em terra pessoas que integravam o grupo de Geirmund e que tinham ido à praia recebê-los. Naquela época, provavelmente já era possível ver animais domésticos a pastar nas maiores ilhas e ilhotas e a fumaça a se erguer das pequenas casas à beira da praia — Skarðsströnd. Os sacos de sementes são descarregados nos lugares mais propícios ao cultivo de cereais, como Dagverðarnes; os animais e os escravos são levados à propriedade principal de Geirmund. Todos haviam de começar uma nova vida.

Os escravos recebem um tratamento duro, mas enfim são libertados dos grilhões. Aquele bando recém-chegado deve ter exigido muita vigilância. Os guardas devem ter sinalizado que estavam dispostos a usar a violência para controlá-los melhor. Aqueles que tentavam fugir ou davam mostras de insubordinação eram castigados — com chibatadas ou castração, de acordo com as leis antigas; e tudo acontecia na frente dos outros escravos.

Um vislumbre da atividade dos guardas quando Geirmund já se encontrava estabelecido na ilha foi preservado no *Landnámabók*:

"Mas quando Geirmund visitava suas propriedades, tinha por hábito levar oitenta homens consigo."[2] Essa citação faz várias revelações: trata-se de um grupo numeroso, como o que se poderia esperar de uma pequena guarda real na Escandinávia. Em uma parte anterior do mesmo texto, um trecho afirma que Geirmund tinha uma grande propriedade e muitos homens — "oitenta homens livres", ou *frelsingjar*.[3] Tudo indica que esses sejam guarda-costas que o protegem dos grupos de escravos nas propriedades. A *þátt* sobre Geirmund conta que esses oitenta homens eram guardas armados, e há motivos de sobra para crer que fossem nórdicos, e não irlandeses. Uns se juntaram a Geirmund na Rota do Oeste; outros podem tê-lo acompanhado desde as regiões próximas à antiga propriedade da linhagem em Rogaland; e ainda outros podem ter feito ambas as coisas. Conforme vimos, os topônimos indicam que muitas das pessoas que faziam parte do grupo de colonizadores nas propriedades de Geirmund vinham da região norte de Karmøy.

Jamais vamos descobrir se a quantidade de homens de Geirmund é historicamente correta, mas os autores do *Landnámabók* não tinham motivo para exagerar. Afinal, essa é uma história sobre a qual preferiram manter silêncio — oitenta guarda-costas indicam um enorme grupo de escravos, e um bom cristão deveria abominar a escravidão.[4] Oitenta guarda-costas armados poderiam manter aproximadamente 120 escravos sob controle. Esse número indica que Geirmund mantinha um grupo dessa magnitude pelo menos em uma de suas propriedades. Um lugar que se destaca é Manheimar ("Casa dos escravos"), ao lado da propriedade principal. Seriam necessários muitos trabalhadores para trazer os recursos necessários de centenas de ilhas, escolhos e ilhotas que faziam parte de suas terras em Breiðafjörður. Além disso, havia uma grande propriedade — *rausnarbú*.

Esses oitenta guarda-costas são homens livres. Podem se casar e ter filhos; juntos, devem ter sido um grupo de mais de duzentas pessoas. Homens livres que trazem a mão na espada, que treinam os escravos, que dão ordens e aplicam castigos. Manter esses homens e suas famílias e equipá-los para que possam agir como guarda-costas tem um custo.

Em suma: o preço de um escravo é alto nesse período. Os escravos são muitos, e os custos de manter uma guarda são grandes. Podemos imaginar que Geirmund tivesse negócios intensos para sustentar tamanhos gastos.

Mas os islandeses decidiram calar-se no que diz respeito a essa parte da história antiga de Thule. Pequenos vislumbres podem ser obtidos ao se ler os antigos textos legais, bem como os fragmentos das histórias de escravos. Nesse ponto discernimos uma das principais razões para aquilo que eu chamo de ambivalência em relação a Geirmund na tradição islandesa.

A ambivalência

O *Landnámabók* se refere a Geirmund como "o mais grandioso dentre todos os colonizadores da Islândia", mas não explica o motivo de tamanha grandiosidade.[5] Assim recebemos uma mensagem indireta: "Sim, concordamos que ele foi o mais grandioso de todos, mas não vamos dizer mais do que isso".

É complicado decidir se essa atitude deve ser atribuída tão somente aos eruditos ou a toda uma tradição oral deficiente. As histórias e os poemas sobre a colonização tiveram de ser passados adiante por um certo número de gerações antes de chegar aos escribas. E as histórias que essas gerações ágrafas recontam são em parte aleatórias e fragmentadas. Mas existe ordem no caos, uma vontade ou uma tendência por trás daquilo que as pessoas escolhem lembrar, e nesse ponto Geirmund é posto de lado.

Há indícios de que os eruditos sabiam mais do que aquilo que resolveram escrever. Referem-se a homens sábios — *vitrir menn* — que discorreram sobre a grandeza de Geirmund. Esses homens sábios precisam basear-se em uma tradição que tomam por autêntica, uma vez que dificilmente um escriba resolveria inventar uma história dessas no século XIII sem fazer qualquer esforço no sentido de expandi-la. Mas não ouvimos praticamente mais nada a respeito dessa tradição: por que "o mais grandioso"? Por que andar na companhia de oitenta homens armados?

Não temos respostas.

Os fragmentos a respeito de Geirmund revelam-se, assim, um paradoxo para Sturla Þórðarson, um dos autores do *Landnámabók* no século XIII, que se viu obrigado a oferecer explicações. Depois de ter escrito que Geirmund era o mais grandioso dentre todos os colonizadores, Sturla acrescenta: "Poucos foram os conflitos que teve com outras pessoas por ter chegado bastante velho à Islândia". Essa é, portanto, a explicação: Geirmund velho = nada de inimigos = nada de saga.

Mas ao fazer uma análise mais detalhada percebemos que a explicação de Þórðarson não corresponde aos fatos: Geirmund envolveu-se em conflitos e chegou ainda jovem à Islândia.[6]

Mesmo assim, não existe nenhuma saga a respeito de Geirmund Pele--Negra e de seus descendentes. Também é surpreendente que não haja nenhum descendente de Geirmund Pele-Negra mencionado pelo nome. Skarð, a primeira propriedade de Geirmund, é mencionada pela primeira vez no ano de 1120 (antes disso falava-se apenas em Geirmundarstaðir). Um homem chamado Húnbogi Þorgilsson morava por lá. Por muito tempo os pesquisadores se perguntaram se a linhagem de Húnbogi não teria sido ligada a Geirmund Pele-Negra — por mais óbvia que a hipótese pareça: e se o mais grandioso dos colonizadores fosse o antepassado? Os homens de Skarð, caso assim quisessem, não teriam visto nenhum problema em inventar ou simplesmente fazer pequenos ajustes na genealogia para mostrar que eram descendentes de Geirmund.

Mas não foi o que fizeram. E esse deve ter sido o resultado de uma escolha.

Hámund, o irmão gêmeo de Geirmund, tornou-se o antepassado de uma linhagem mencionada pelo nome,[7] assim como Úlf, o Vesgo, e Steinólf, o Baixo, entre outros.

O paradoxo torna-se ainda maior quando percebemos que a propriedade principal de Geirmund, em Skarðsströnd, tornou-se um dos grandes centros da escrita estabelecidos durante a Idade Média. A região produziu os mais belos pergaminhos de toda a Islândia, e foi lá que viveram os maiores escritores do século XIII.

Parece haver algo de estranho nessa história.

Þórð Narfason (morto em 1308) morou em Skarð, a propriedade principal de Geirmund, e reuniu as histórias, os manuscritos e os fragmentos que deram origem àquilo que viria a ser a *Sturlunga saga*. Era primo em primeiro grau de Helga, a esposa de Sturla Þórðarson, que também morava na região. Þórð pertence ao grupo dos poderosos de Skarð e começa a *Sturlunga saga* com uma *þátt* a respeito de Geirmund Pele-Negra.

Os pesquisadores supõem que Þórð Narfason quisesse estabelecer uma ligação entre a propriedade da família em Skarð e o grande chefe primordial; ou que os descendentes de Geirmund quisessem estabelecer uma ligação com um passado lendário, de maneira a influenciar a "história contemporânea".

Nenhuma dessas hipóteses resiste a uma análise mais detalhada. Þórð colocou Geirmund na abertura da *Sturlunga saga* sem estabelecer qualquer tipo de ligação com sua própria família. E Þórð não exagera a influência de Geirmund. Pelo contrário: minimiza-a chamando Geirmund de "um camponês e um homem influente" em vez de "mais grandioso dentre todos os colonizadores", como afirma o *Landnámabók*. Þórð refere-se a "certas histórias" sobre a riqueza e a fama de Geirmund e sobre a grande esquadra que tinha à sua disposição. Temos a impressão de que se escreveu mais a respeito de Geirmund do que os textos que chegaram até nós. Þórð afirma que o assunto fora discutido na última parte da *Hróks saga svarta* e não deixa nenhuma dúvida quanto ao fato de ter lido uma saga escrita. Mas não reconta nada a respeito dessa saga, nem mesmo as partes que versam sobre Geirmund como rei do mar: a descrição chama-o de camponês! Como já foi dito, a *Hróks saga svarta* foi completamente perdida. Pode ter sido um acaso. No entanto, um manuscrito com uma saga que ninguém se importa em conservar é um manuscrito condenado a desaparecer.

Geirmund é o mais grandioso dentre todos os colonizadores, mas já não o tratam assim e chamam-no de camponês. Ele teria sido um progenitor de linhagem ideal naquela época, mas ninguém o quer em sua genealogia. Conta-se que houve muitas histórias e façanhas em sua vida, mas ninguém se refere a elas.

O mito fundador da Islândia

Todas as nações criam uma imagem de sua própria origem baseada em ideais, acontecimentos e testemunhos históricos, e assim todas as pessoas tentam encontrar um sentido em suas próprias vidas e construir uma imagem própria. No fundo, tudo isso também se relaciona ao tipo de povo que *desejamos ser*, à maneira como a nação percebe a si mesma e apresenta-se para os outros povos. A escritura da história é como a metáfora: ilumina certos elementos e esconde outros na sombra; identificamo-nos com certos aspectos e decidimos não recordar outros. Essa maneira de pensar e de conceber a si mesmo geralmente recebe o nome de "mito fundador".

No mito fundador islandês, a Islândia primordial e originária é apresentada como um país marcado pela igualdade entre os homens. No *Íslendingabók* de Ari, o Sábio (início do século XII), essa visão já se encontra plenamente consolidada e é representada por meio de quatro colonizadores, um em cada região do país. Esses progenitores dão início a linhagens apresentadas como os pilares que sustentam toda a sociedade islandesa. Ninguém tem a honra de ser o primeiro, ninguém se destaca em relação aos outros e ninguém é maior ou mais importante que os outros.[8]

Depois de fazer a viagem, cada família constrói a propriedade que passa a habitar e vive em plena independência política e econômica. A frase mais tipicamente islandesa de todas talvez seja a resposta que Hrólf Andarilho, na Normandia, dá ao imperador quando este lhe pergunta quem era o líder dos islandeses: "Não precisamos de um líder, porque somos todos iguais".

Mas a arqueologia revela-nos uma sociedade bem mais estratificada e aristocrática do que aquela representada nas fontes escritas. Um arqueólogo islandês acredita que um número muito reduzido de grandes camponeses poderosos tinha influência sobre 3 mil subordinados, ou seja, a economia era baseada em uns poucos escolhidos.[9] Essas aristocracias baseadas em linhagens foram levadas pelos colonizadores desde a Noruega.[10]

Alianças de casamento nos domínios de Geirmund

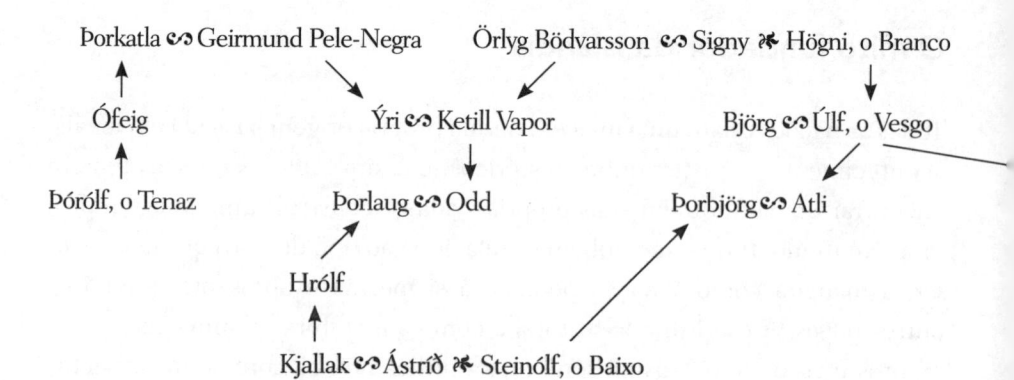

Outros arqueólogos afirmam que o herói e grande camponês da saga islandesa lembra os grandes reis da história antiga. Ele foge da centralização do poder levada a cabo por Harald Belos-Cabelos para que assim possa ser livre e independente em um novo país. É o que encontramos nas palavras postas na boca de Geirmund na *Grettis saga*: ele não quer voltar para a Noruega porque não aguentava "ser escravo do rei".

O mito fundador islandês revela-se com especial clareza nos primeiros colonizadores, Ingólf e seu irmão por pacto de sangue Hjörleif. Hjörleif é percebido como uma espécie de contradição à história oficial da Islândia, representada por Ingólf, que reforça a imagem do irmão por pacto de sangue exemplar. Hjörleif é um louco movido por motivos econômicos. É um viking que havia pegado em armas na Irlanda e que, por meio de escravos irlandeses, havia introduzido um aspecto estrangeiro na cultura islandesa. Os escravos são representados como *inclusões lamentáveis na fundação do país* — isso quando não são completamente omitidos. Ingólf, por outro lado, conserva os princípios da antiga sociedade, honra as forças superiores e os próprios antepassados ao oferecer sacrifícios e ao seguir os pés entalhados das cadeiras de honra, e assim foi considerado um "pagão nobre".[11]

Hjörleif tem o fim que merece quando é morto pelos escravos. E assim desaparece da história.

Aos poucos começamos a compreender por que as gerações ágrafas e os eruditos da Alta Idade Média não demonstravam qualquer interesse em

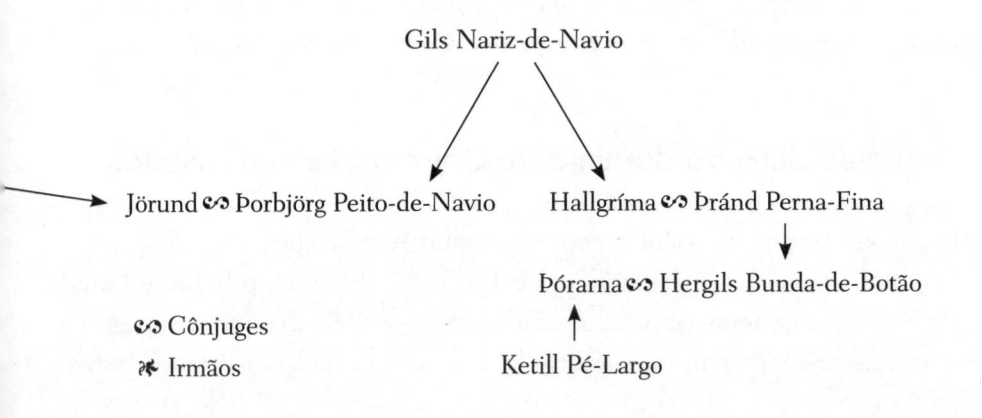

falar sobre Geirmund Pele-Negra. Em primeiro lugar, ele era um aristocrata que subjugou grande parte do noroeste e do oeste da Islândia — o que não se adequava à ideia de que todos os homens eram iguais. Geirmund era um viking com motivações econômicas que não apenas reinava sobre muitos outros homens nórdicos, mas também fazia grandes importações de uma mercadoria indesejada na sociedade islandesa: escravos irlandeses. Era um louco como Hjörleif. Era como o próprio Hjörleif. Além disso, sua origem remontava aos povos estrangeiros mais ao norte.

De certa forma eu compreendo as motivações desses historiadores: uma nação erguida sobre um desejo insaciável por lucros, caça predatória e escravidão? Não é um mito fundador muito bonito!

As primeiras gerações a empregarem a escrita na Islândia encontram-se em uma sociedade marcada cada vez mais pela centralização do poder. Umas poucas linhagens e uns poucos chefes agarram-se a todo poder que encontram pela frente, o que resulta em constantes guerras e conflitos. Naquela época parecia razoável lembrar-se de um passado com igualdade entre os homens, um passado em que a Islândia era uma sociedade com poderes equilibrados, marcada pela igualdade entre famílias e indivíduos. Essa concepção foi estabelecida já na década de 1110, mas passou a fazer cada vez mais sentido à medida que os anos transcorriam. Da mesma forma, passou a fazer sentido que os historiadores noruegueses se lembrassem de um rei, Harald Belos-Cabelos, que teria reinado sobre *toda a Noruega*, e também de Viken, uma vez que a realeza da Noruega fez a primeira tentativa de chegar ao poder naquele local durante a Alta Idade Média.

Desse modo, não se trata de uma simples omissão, mas de uma *omissão repleta de significado* no que diz respeito a Geirmund Pele-Negra.

O núcleo duro do domínio de Geirmund e seus aliados

Quem se instalou na Islândia com Geirmund Pele-Negra?

O *Landnámabók* menciona que Úlf, o Vesgo, Steinólf, o Baixo, e Þránd Perna-Fina zarparam com Geirmund. E temos mais do que a topografia e antigas histórias para nos indicar que essas informações estão corretas.

A esta altura podemos recorrer a fontes que nos ajudam a ter um panorama das alianças entre Avaldsnes e Dublin: os historiadores islandeses preservaram o núcleo duro do domínio de Geirmund por meio de árvores genealógicas, pois na época os casamentos estavam relacionados a alianças, não ao amor.

Conhecer a própria árvore genealógica tinha uma importância enorme na antiga cultura nórdica. As leis vigentes na época, que entre outras coisas dispunham sobre vinganças e o dever de cuidar, estabeleciam que as pessoas deveriam conhecer os próprios antepassados até cinco gerações para trás — e no início do século XII, quando a mais antiga versão do *Landnámabók* foi escrita, cinco gerações era a distância até a época da colonização. Não apenas era necessário conhecer os próprios tetravós, mas também os parentes deles e todos os descendentes que haviam deixado — tudo isso por razões legais: a qualquer momento, alguém poderia bater à porta e exigir que esse direito fosse reconhecido. Por outro lado, também era preciso saber a quem recorrer quando as coisas apertavam. Por causa disso, podemos considerar que as informações genealógicas contidas no *Landnámabók* são confiáveis. Mesmo que possa haver "ajustes" nesses documentos, na grande maioria dos casos essas imprecisões surgiam devido a equívocos na própria tradição: ninguém fazia uma conspiração para falsificar árvores genealógicas.

Como podemos ver no panorama oferecido nas páginas 214 e 215, um homem chamado Gils Nariz-de-Navio parte do núcleo duro dos domínios de Geirmund, e provavelmente acompanhou-o já nas primeiras expedições. Gils morava em Gilsfjörður, um local estratégico para o transporte de recursos. Pertencia à alta sociedade, uma vez que suas filhas haviam se casado com homens muito próximos de Geirmund. A filha Hallgríma casou-se com Þránd Perna-Fina em Flatey. A outra filha chamava-se Þorbjörg Peito-de--Navio,[12] e casou-se com Jörund, o filho de Úlf, o Vesgo.

Steinólf, o Baixo, era um dos aliados mais próximos de Geirmund. Sua filha Þorbjörg casou-se com Atli, um outro filho de Úlf, o Vesgo. Para além disso, pressentimos mais um aliado evidente no homem que mora entre Úlf, o Vesgo, e Gils Nariz-de-Navio: Ketill Pé-Largo, em Berufjörður. Sua filha Þórarna casou-se com um dos filhos de Þránd Perna-Fina. As genealogias indicam, então, a existência de alianças entre Úlf, o Vesgo, Steinólf, o Baixo, Gils Nariz-de-Navio, Ketill Pé-Largo e Þránd Perna-Fina.

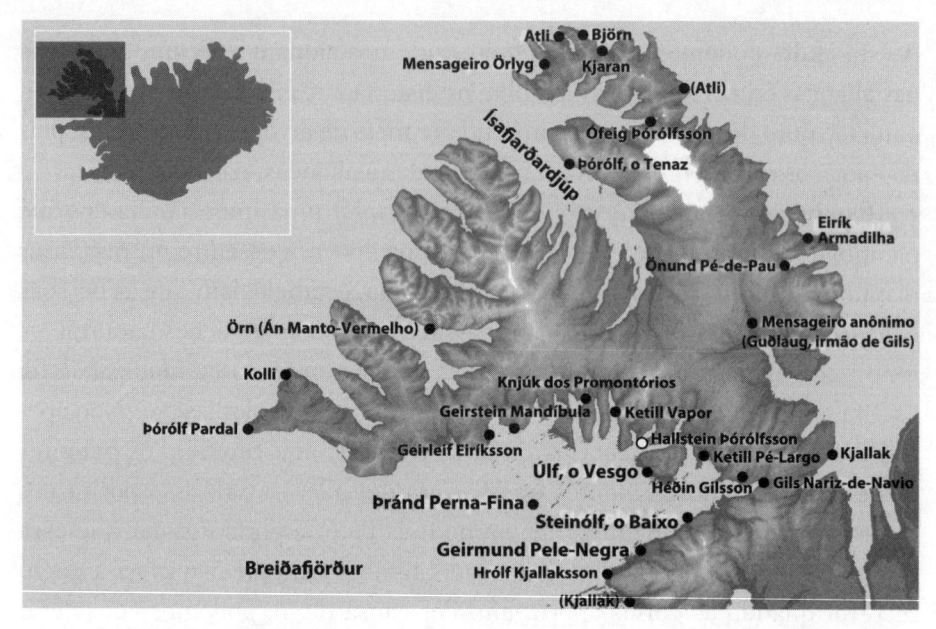

O mapa indica as pessoas ligadas aos domínios de Geirmund.

O mensageiro de Geirmund chamava-se Örlyg Bödvarsson, e seu filho é casado com a filha de Geirmund. Esse é o casamento entre Ketill Vapor e Ýri, que acontece nos fiordes da parte norte de Breiðafjörður. Geirmund indicou aquela região ao marido da filha porque precisava de mais uma via de transporte que saísse de Hornstrandir. Signy, a mãe de Ketill, reforça ainda mais essa ligação, pois é irmã de Högni, o Branco, pai de Úlf, o Vesgo.

Essas são as pessoas mais próximas no domínio de Geirmund.

Todos se conhecem há bastante tempo. O contato remonta à região próxima ao construtor de barcos Eyvind do Leste, e em muitos casos até Rogaland. Vemos que Gils Nariz-de-Navio também frequentou o círculo ao redor de Eyvind do Leste e desde cedo acompanhou o estabelecimento de Geirmund na Islândia. O fato de sua filha haver se casado com Þránd Perna-Fina indica que seria um pouco mais velho que os demais líderes. Gils Nariz-de-Navio tinha um irmão chamado Guðlaug. Guðlaug era um imediato competente e trabalhava como transportador para o irmão e, portanto, também para o viking negro. Logo vamos conhecer melhor esse personagem e sua história. Há muitos outros que sabemos terem sido aliados de Geirmund, mesmo que não apareçam na genealogia. Mas essas pessoas podem ser rastreadas de outras maneiras.

Antigas explicações para a riqueza de Geirmund

A tradição islandesa não deixa qualquer dúvida em relação ao fato de que Geirmund Pele-Negra era rico.[13] O *Landnámabók* e as sagas em geral costumam expressar a riqueza dos chefes mencionando o tamanho dos rebanhos que tinham à sua disposição. Que Geirmund tenha enriquecido graças à criação de animais é uma explicação que surgiu nas circunstâncias vigentes à época em que a sociedade passava a manter registros escritos.[14]

O *Landnámabók* menciona que Geirmund tinha "uma quantidade extraordinária de animais. Segundo dizem, os porcos ficavam em Svinanes, e as ovelhas, em Hjarðarnes, e ele mantinha pastos de verão em Bitra". Histórias mais tardias suplementam essa narrativa afirmando que Geirmund tinha tantos animais, que os rebanhos estendiam-se desde as baias em Geirmundarstaðir até o vale seguinte, onde ficava a cerca. A mensagem dessas narrativas tem um cerne histórico — a saber, que Geirmund tinha enormes recursos à disposição.

Em épocas mais recentes, houve tentativas de tornar as explicações relativas a tantos animais um pouco mais nuançadas. Um estudo afirma que os irlandeses moravam na Islândia antes da chegada dos nórdicos. Aos poucos, eles teriam acumulado grandes rebanhos, e Geirmund e seus homens teriam conquistado esses animais daquelas pessoas indefesas. Essa hipótese parece bastante duvidosa, uma vez que os animais islandeses vêm da Noruega, e não da Irlanda. O transporte de grandes rebanhos de animais pelo Atlântico não parece uma hipótese plausível: uma única vaca precisa de quarenta a cinquenta litros de água por dia. Leva tempo criar um rebanho de animais domésticos; seriam necessários cerca de cinco anos para dobrar um rebanho, e somente ao fim de trinta anos seria possível ter uma quantidade cem vezes maior.[15]

É certo que Geirmund e seus homens envolveram-se na criação de animais domésticos. Mesmo assim, isso não basta para explicar a extensão de seus domínios e de sua riqueza, tampouco a forma como pagava pelos escravos.

A árdua rotina dos escravos

Voltemos aos navios que chegam a Breiðafjörður na primavera de 870. Cada um dos homens levou consigo um grupo de escravos para trabalhar nas regiões que havia de ocupar. Vamos acompanhar somente os escravos de Geirmund — mais especificamente, três — para conhecer a rotina que os esperava no novo país aonde haviam chegado na condição de trabalhadores e coletores de recursos para o senhor Pele-Negra.

Um desses escravos é um sujeito forte de cabeça raspada que havia caçado muitas focas e toninhas na costa norte da Irlanda. Tem um rosto vermelho cheio de espinhas e chama-se Cuáran; os nórdicos chamam-no de Kjaran. Demonstra ser um sujeito confiável e mais tarde haveria de tornar-se capataz em uma das propriedades de Geirmund em Hornstrandir, em um lugar que até hoje se chama Kjaransvík. Kjaran vai aprender o trabalho junto com outros escravos que também devem produzir mercadorias a partir de mamíferos marinhos em Hvalgrafir, nos arredores da propriedade principal.

Também vamos acompanhar a escrava com os tufos de cabelo que Ólaf, o Branco, capturou em Armagh. Vamos chamá-la de Myrgjol. É uma mulher esbelta de trinta e poucos anos, habilidosa em toda sorte de trabalhos manuais. Ela é colocada no grupo que vai ser levado a Hrappsey, uma das ilhas ao redor de Dagverðarnes. A terceira, chamada Gormflaith ou Kormlöð, é uma jovem que chama atenção, com pernas fortes, quadril largo e busto farto. Geirmund deu ordens para que não tivesse os cabelos raspados. Kormlöð é levada para a região de Brega, nos arredores de Dublin, onde há muito tempo os habitantes cultivam cereais.[16] Havia de ser levada até as mulheres de Kvenhóll ("Outeiro das mulheres") em Dagverðarnes.[17]

Kjaran em Hvalgrafir (óleo, cabos e presas)

Como deve ter sido a rotina de Kjaran?

O panorama em Breiðafjörður era especialmente propício a morsas, focas e muitas espécies pequenas de baleia. O topônimo Hvallátur aparece em uns poucos lugares próximos ao núcleo dos domínios de Geirmund. Hvallátrar/Hvállatur significa "local de parição da baleia". Sabemos que afora a morsa nenhuma outra "baleia" se reproduz em terra, e assim o nome do lugar torna-se claro. Esse significado foi em parte confirmado graças à descoberta de esqueletos de filhotes de morsa em Bjarneyjar, nos arredores da propriedade principal de Geirmund. A mesma explicação foi usada para os muitos lugares chamados de Hvalsker — via de regra, lugares ideais para as morsas devido à riqueza de crustáceos.

As focas também desfrutavam de condições favoráveis. Com certeza havia focas-comuns e focas-cinzentas, mas também outros tipos, entre os quais se encontra a foca-barbuda, que vive nas regiões árticas. Essa foca tem muita gordura e uma pele grossa, que deve ter sido muito desejada para a fabricação de cabos.[18] Mas essas focas podem ter desaparecido tão depressa quanto as morsas caso os caçadores tenham sido demasiado agressivos.[19]

Uma questão importante era produzir óleo a partir da gordura. As instalações para a produção desse óleo são conhecidas pelo nome de valas de derretimento e existem em grande quantidade nas regiões árticas.[20] Em tempos recentes, a análise dos resquícios de gordura nessas valas e a arqueologia experimental revelaram sem sombra de dúvida que aquelas eram instalações para a produção de óleo a partir de mamíferos marinhos diversos.

No verão de 2010 eu e uns amigos islandeses tentamos reconstruir a produção de óleo da época da colonização. Tínhamos conosco um especialista no assunto, o dr. Gørill Nilsen, da Universidade de Tromsø. Abrimos uma vala na orla da praia com cerca de 1,10 metro por 60 centímetros e a recobrimos com pedras lisas. Era uma vala de derretimento.

Encontramos o topônimo Hvalgrafir, "Túmulos das baleias", junto aos abrigos para navios de Geirmund, entre suas propriedades principais.[21] Esse é um bom nome nórdico para as instalações onde se produzia óleo, particularmente se o óleo de morsa também fosse produzido nesses locais. Muitas vezes essas valas são encontradas perto de abrigos para navios, e essa localização deve ter uma motivação prática. Um camponês local,

Hermann Karlsson, mencionou que de acordo com a tradição os muitos abrigos para navios em Hvalgrafir teriam pertencido a Geirmund Pele--Negra. Que aquela seja a região ocupada por Geirmund durante a colonização está além de qualquer discussão.

Levamos o experimento a cabo não muito longe de Geirmundarstaðir, em Selárdalur, uma das outras propriedades centrais de Geirmund em Strandir. Havíamos conseguido uma foca-comum de trezentos quilos, que deveria conter mais de cem quilos de gordura. O trabalho consiste em caçar o animal e levá-lo até a praia. Depois é preciso esfolar a carcaça de maneira que a gordura permaneça grudada à pele. Algumas capas são conservadas dessa forma, enquanto outras têm a gordura separada e cortada em pequenos pedaços. Naturalmente, todo esse trabalho é realizado na orla. Além disso, é necessário partir lenha.

Uma vez que as achas estavam prontas, acendemos uma fogueira no interior da vala. Lá dentro, colocamos pedras redondas encontradas na orla. Quando tudo esquenta de verdade, a vala é esvaziada e o carvão ainda quente é retirado. Esse carvão poderia ser transferido para outra vala no caso de uma produção de óleo em grande escala. Uma manta de gordura é colocada de maneira que a pele fique voltada para o fundo da vala, e então esta é preenchida com mais gordura e com as pedras quentes. Uma nuvem de vapor e o cheiro de rosquinhas se erguem da vala, e assim torna-se fácil imaginar que cheiro deveriam ter as instalações dos escravos que produziam óleo na Islândia. Passado um curto tempo, a gordura começa a soltar o óleo. O produto final pode ser retirado da vala de uma só vez, já que a pele no fundo impede que seja absorvido pela terra. Em dois dias, produzimos cinquenta litros de óleo em nossa pequena vala, mesmo que uma das tentativas tenha resultado em fracasso total.[22]

Não seria irreal pensar que escravos habilidosos seriam capazes de produzir centenas de litros de óleo por dia. A carcaça de uma morsa exigiria um grande número de mãos trabalhando juntas, tanto no esquartejamento como no transporte da gordura e das mantas de gordura. Uma vez pronto, o precioso líquido tinha de ser armazenado em barris ou no estômago do próprio animal.[23] Essa era uma das mais valiosas mercadorias de exportação produzidas nos domínios de Geirmund.[24]

$$***$$

Kjaran e seu grupo tiveram de aprender também a fabricar cabos. Ottar havia recebido impostos do povo mais ao norte na forma de cabos de morsa e de foca. Esses cabos eram chamados de "cabos de pele" — *svarðreipi*. Boa parte desse conhecimento se perdeu, mas um projeto de pesquisa tentou reconstruir a técnica de manufatura com a ajuda de inuítes da Groenlândia.[25] De acordo com as fontes mais antigas, sabemos que o método tradicional consistia em fazer cortes em volta do animal para assim obter longas tiras de pele.[26]

As tiras eram colocadas em salmoura, os pelos eram removidos e depois as tiras eram postas a secar, para então serem trançadas e dar origem aos cabos com a resistência necessária. Não sabemos em que grau o povo nórdico dominou essa técnica; pode ter sido justamente por esse motivo que os conhecimentos de pessoas como Geirmund tenham sido decisivos.

Os cabos de pele de foca eram usados no massame dos navios menores, e os cabos de pele de morsa, no massame dos navios maiores. Os cabos de pele eram um material orgânico que precisava ser trocado após um certo tempo, mas era possível aumentar a vida útil desses produtos besuntando-os com óleo. Quando pensamos nos duzentos navios que os irlandeses atribuem aos reis de Dublin, sabemos que a demanda deve ter sido enorme — e essa demanda era a galinha dos ovos de ouro nos domínios de Geirmund.

Na época dos vikings, a pesca geralmente era feita com anzol e linha, e os peixes eram uma parte importante da dieta. Mas que tipo de linhas os vikings usavam? Linhas feitas de linho e cânhamo seriam relativamente fortes, mas esses materiais não aguentam bem a fricção contra as tábuas do navio, e esse é um desgaste ao qual todas as linhas de pesca estão sujeitas. Em razão disso, tiras estreitas de pele eram a ferramenta ideal. As tiras eram muito resistentes e podiam ser facilmente enroladas em um molinete. Essas tiras devem ter sido mercadorias bastante procuradas, não apenas em Dublin, mas em todas as nações envolvidas com a pesca.

Mais do que qualquer outra coisa, eram as mercadorias ligadas à cultura marítima — o óleo e os cabos — que os colonizadores levavam para comercializar em Dublin a um alto preço.

As presas de morsa, ou o "marfim do norte", também eram mercadorias de exportação com elevado valor comercial. Havia uma técnica especial para retirar as presas do crânio, e os vikings na Islândia devem tê-la dominado.[27]

As presas de morsa eram importadas para Dublin e trabalhadas por lá. Os arqueólogos supõem que essa mercadoria vinha principalmente do norte da Noruega, enquanto não há menções à Islândia nesse contexto.[28]

É impossível saber em que grau a carne dos mamíferos marinhos também era um produto de exportação, mas sabemos que era desejada pelas primeiras gerações de colonizadores, uma vez que no início desse período o sustento oferecido pelos rebanhos ainda era parco. Desse modo, essa carne não servia apenas para alimentar centenas de escravos; era também um meio de que Geirmund dispunha para obter lucro e fazer amigos e aliados no continente. E não podemos esquecer que certas mercadorias eram salgadas em barris e levadas de volta para a Irlanda. Mais tarde essa carne teria uma grande procura na Europa.

Kjaran tem uma rotina bastante ocupada no novo país. Muitos outros escravos trabalham nas propriedades de Geirmund ao longo de Skarðsströnd e também em Dagverðarnes. Þránd Perna-Fina precisava de escravos na sua propriedade em Vestureyjar, nas proximidades de Hvallátur. Um numeroso grupo de escravos também acompanhou Úlf, o Vesgo, à enorme e idílica região de Reykjanes.

O *Landnámabók* conta-nos que Geirmund estava por trás de todas as principais propriedades ao longo da costa na região norte de Breiðafjörður e também em Barðaströnd. Conhecemos apenas o nome dos que levaram as pessoas a essas propriedades e sabemos que chegaram a Hornstrandir com Örlyg, o capataz de Geirmund. Temos de prestar especial atenção às pessoas de Barðaströnd: Þórólf Pardal e seu irmão por pacto de sangue, Kolli, em Kollsvík. Geirmund mostra-lhes onde devem se instalar. Os dois encontram-se subordinados ao grande chefe, mas em troca dessa subordinação recebem proteção e bens. Þórólf Pardal passou a morar na propriedade chamada Hvallátrar (não a de Breiðafjörður), perto da qual se encontram Látravík e Látrabjarg (*látur* = "local de parição"). Nessa região foram encontradas grandes quantidades de presas, crânios e ossos de morsa. Þórólf e Kolli têm seus próprios caçadores, guardas e escravos, assim como Geirmund em Hvalgrafir.

Por trás de toda essa empresa há um mongol de pele escura que viaja de uma propriedade a outra para certificar-se de que todo o trabalho seja realizado de acordo com os conhecimentos do povo caçador.

Myrgjol em Hrappsey (plumas de pato)

Vamos acompanhar a escrava Myrgjol à ilha de Hrappsey, perto de Dagverðarnes, o limite da região colonizada por Geirmund em Skarðsströnd.[29] Myrgjol era a figura pálida com pequenos tufos de cabelo na cabeça e olhos escuros que em 869 foi a Armagh para celebrar São Patrício com amigos e familiares. Ela, que ficou como que paralisada quando um exército de vikings se aproximou correndo do lugar onde estava na companhia de outros peregrinos, tendo à frente um demônio chamado Amlaíb. Ela, que foi agrilhoada e levada, com o pescoço sangrando, até Dalkey, nos arredores de Dublin. Ela, que depois foi buscada pelo viking negro e transportada até Breiðafjörður: uma distante antepassada dos islandeses.

O topônimo Dǫgurðarnes deve-se ao fato de que Auð, a Profunda, haveria tomado o desjejum (*dǫgurð*) naquele local antes de se estabelecer mais ao sul, em Hvammsfjörður. Era lá que enforcavam os ladrões de ovelhas, era lá que corriam histórias sobre águias que levavam crianças pequenas e foi lá que o meu tio Steinólfur contou-me sobre os mortos que voltam e assustam as pessoas tirando a própria cabeça do lugar, jogando-a para cima e aparando-a com a boca!

"Como uma coisa dessas é possível?!"

"Ora, me diga você", respondeu meu tio Steinólfur.

Dagverðarnes é uma das regiões mais propícias ao cultivo de cereais na região oeste da Islândia; é o lugar onde a primavera chega primeiro. Em Dagverðarnes encontramos o topônimo Höfn ("porto"); esses topônimos indicam os melhores portos naturais. Aquele foi o primeiro grande porto de exportação dos islandeses, um local que provavelmente remonta aos domínios de Geirmund. A *Eyrbyggja saga* conta que no ano de 999 navios vindos de Dublin chegaram a Dagverðarnes, e muitas pessoas foram até lá para negociar com os irlandeses e os hebridenses a bordo. Uma das mulheres que fizeram a viagem levava consigo finas roupas de cama inglesas, tapetes de seda e decorações de parede sem igual.[30]

Ao registrar os topônimos da região em 1925, um camponês local indicou lugares onde se podiam ver resquícios de antigas construções nos arredores de Höfn. De acordo com o camponês, esses resquícios eram muito antigos — uns com mais de vinte metros de comprimento, porém assim mesmo estreitos — e estavam totalmente cobertos por urzes e arbustos. O homem achava que eram antigos abrigos para navios. A oeste de Höfn fica Hafnarhólmi, e nesse ponto o camponês se lembrou da própria infância, quando se falava a respeito de *Írahöfn* ("porto dos irlandeses") sem que ele compreendesse por quê.[31]

Um raciocínio típico da crítica das sagas diria que o autor da *Eyrbyggja saga* transferiu o presente rumo ao passado. No entanto, é mais provável que o papel que mais tarde viria a ser desempenhado por Breiðafjörður, em parte no tocante ao comércio com a Groenlândia, se baseasse em uma tradição mais antiga. Os ambientes marítimos são conservadores por natureza, e os especialistas acreditam que o porto de Dagverðarnes foi importante desde os tempos mais antigos. Resta a esperança de que no futuro a arqueologia faça mais descobertas, porém uma coisa é certa: Geirmund precisava de um bom porto para exercer sua atividade comercial. Não é improvável que os grandes abrigos para navios e carregamentos encontrados em Höfn sejam resquícios das atividades desenvolvidas no domínio de Geirmund. Resquícios de longos abrigos para navios, como aqueles descritos pelo camponês, seriam capazes de abrigar grandes navios de carga, que seriam os veículos ideais para transportar cargas pesadas por alto-mar até Dublin.

Em Hrappsey valia o mesmo que em Dalkey, nos arredores de Dublin; os escravos não tinham nenhuma chance de fugir e, por conta disso, exigiam pouca vigilância.[32] Com base nos muitos topônimos em Hrappsey que começam com *Akur-*, "campo", há motivo para crer que Myrgjol e seu grupo hajam trabalhado no cultivo de cereais naquela região. Rúghólmi é uma das ilhotas próximas. O grupo também deve ter cuidado de animais, uma vez que Hrappsey tem grama e pasto. Mas, além disso, um outro recurso fora deixado em paz nas incontáveis ilhas e ilhotas em Breiðafjörður desde a Era do Gelo — sem que os homens nem as raposas polares o importunassem. Hrappsey é conhecida pela grande quantidade de patos que abriga.

As plumas de êider (*Somateria mollissima*) eram uma das mercadorias que Ottar levava ao visitar as pessoas ao norte — o tesouro dos finlandeses. E foi também uma mercadoria central para os mercadores dos países bálticos a partir do século VIII.[33] No navio de Oseberg, construído no início do século IX, foram encontrados resquícios de plumas do enchimento de um edredom, e da mesma forma encontraram-se plumas em Grønhaugen, Avaldsnes, o local onde Geirmund cresceu, bem como nos túmulos de Gokstad, Tune, Mannen e Jelling na Jutlândia, entre outros. Uma estrofe da poesia escáldica escrita no século IX também menciona "luvas forradas com plumas", um acessório que pode ter sido popular entre as mulheres da aristocracia, mesmo que o guerreiro Harald Belos-Cabelos as abominasse. E as mercadorias desejadas pelas casas reais via de regra são caras. As plumas devem ter sido muito valorizadas pelos europeus que não queriam passar frio à noite — e as plumas do êider eram obtidas no norte, uma vez que esses animais nidificam somente naquela região. Na *Egils saga*, parte da riqueza de Þórólf Kveldúlfsson vinha dos chamados *eggver* — uma palavra usada até hoje para designar locais com grande número de êideres em Breiðafjörður.[34]

E eu tenho certos conhecimentos acerca de Hrappsey, a ilha onde surgiu a primeira editora independente da Islândia! A família da minha mãe morou lá entre 1940 e 1945; meus avós Magnús e Aðalheiður e os dez filhos, que mais tarde viriam a ser treze. A família nunca tinha demonstrado interesse em falar sobre os anos em Hrappsey, e aos poucos comecei a entender por quê. Einar, um dos irmãos da minha mãe, disse mais tarde que, se não fosse pela espingarda do meu avô, a família teria pouco ou mesmo nada para comer.[35] O arrendamento na ilha custava 24 quilos de plumas limpas — justamente a produção total! As plumas eram entregues uma vez por ano em Staðarfell a Magnús, que representava a Universidade da Islândia, proprietária daquele *eggver*. Houve um ano em que a família não conseguiu juntar os

24 quilos. Ninguém fez muito alarde por causa disso, mas a impressão foi de que a família esteve a ponto de receber um castigo. Meu avô foi por diversas vezes à ilha principal na esperança de negociar um valor mais baixo para o arrendamento.

Não deu certo.

Todo o ano era gasto na limpeza das plumas. Minha mãe (nascida em 1938) lembra que minha avó passava o tempo inteiro ocupada com a limpeza, e as crianças ajudavam retirando as sujeiras maiores. As plumas tinham de ser esfregadas contra uma caixa com barbantes (uma atividade conhecida em islandês como *krafsa dún*) — um trabalho ingrato feito em condições precárias. Mesmo que Myrgjol provavelmente não tenha feito a limpeza da mesma forma, as plumas sempre precisam receber pelo menos uma limpeza superficial para o uso em edredons, por exemplo.

Como resultado, os meus avós não ganhavam nada em Hrappsey. Todo o trabalho que faziam servia apenas para pagar o custo do arrendamento. Os escravos de Erling Skjalgsson levavam três anos para acumular capital suficiente para comprar a própria liberdade, mas meu avô Magnús nunca teria conseguido comprá-la em Hrappsey se fosse um escravo por lá.

Meu avô escolheu permanecer naquele lugar. Ele podia ir embora a qualquer momento, e foi o que mais tarde fez. Claro que não era essa a situação de Myrgjol e de seu grupo. Supõe-se que a escravidão tenha acabado na Islândia no século XII, mas de certa forma é possível alegar que a antiga ordem escravagista tenha continuado por um longo tempo. A principal diferença foi que o termo *þræll* ("escravo") foi substituído por aquilo que se chamava de *leiguliði* — arrendatário.

Existe uma continuidade notável na história islandesa. Aos poucos comecei a acreditar que essa ordem a que a família da minha mãe estava sujeita era muito antiga. Seria possível justificá-la em 1945 dizendo que "as coisas sempre foram assim". Se essa resposta encerrar qualquer tipo de verdade, minha família teve um pequeno gosto da ordem escravagista que subjugava Myrgjol e seu grupo. Consta que a velha ordem aristocrática de Skarðsströnd começou a afundar somente já no século XX.

***

O que sabemos é que os colonizadores precisaram utilizar todos os recursos que a terra oferecia. Hrappsey era uma das maiores ilhas, mas o viking negro e seus homens dominavam muitas, muitas outras. Dizem que não é possível contar as ilhas em Breiðafjörður. E, para tirar o máximo proveito, era preciso muita gente. Geirmund era o senhor de uma região que pode ter produzido centenas de quilos de plumas de êider. Somente nas ilhas que fazem parte de Skarð, a produção no início do século xx foi de 35 quilos, mas nesse caso o camponês responsável menciona o imenso trabalho envolvido nessa atividade.[36] Pesquisas genéticas indicam que o êider da Islândia veio originalmente da Escandinávia e que migrou de lá cerca de 10 mil anos atrás.

Esse recurso, em boa parte ignorado durante o período da colonização, pode ter sido uma importante fonte de renda para o domínio de Geirmund. Pode ser que não tenha sido tão essencial no tempo dos vikings quanto foi no século xvii, época em que se escreveu que as plumas do êider islandês "eram muito apreciadas pelos estrangeiros, que por elas pagam um alto preço".[37] Via de regra são necessários sessenta ninhos para que se obtenha um quilo de plumas — o suficiente para encher um travesseiro. Hoje em dia, 250 quilos de plumas valem mais de três milhões de coroas.

Além disso, a Islândia oferecia inúmeros outros recursos. As ilhas de Breiðafjörður sempre foram ricas em aves marítimas. Os ovos de várias espécies eram um bem-vindo acréscimo às refeições durante a primavera. E lá se localizam alguns dos melhores lugares de pesca de toda a Islândia, não apenas no que diz respeito ao bacalhau: dizem que é possível pegar peixes-lapa com as mãos na água verde do mar, e excelentes lugares para a pesca do alabote são descritos em vários pontos de Breiðafjörður. Não seria impensável que o muito apreciado bacalhau do mar de Barents (*skrei*) fosse exportado já naquela época, mesmo que esse tipo de comércio encontre-se documentado apenas na Idade Média. Nos córregos e rios não faltavam salmões e trutas. As raposas habitavam a região desde a última Era do Gelo e deveriam existir em grande quantidade na época da colonização.[38] Também foram descobertos objetos feitos de ossos de baleia nos túmulos dos chefes em Dublin — esses ossos talvez se espalhassem pelas orlas islandesas desde milênios atrás, quando baleias encalharam. Mesmo assim, nenhum desses recursos era comparável às morsas.

Kormlöð e o conflito de Geirmund com Kjallak

E que destino aguardava a bela Kormlöð, que pôde manter seus cabelos?

Ela vinha de Brega — uma cultura que sabia cultivar cereais. Nas ilhas no extremo dos promontórios de Breiðafjörður o clima é úmido; já no início da primavera o solo descongela, e nesses locais era possível semear muito antes do que em outras partes do território. Geirmund e seu povo chegam em um período quente: somente na Idade Média tardia o clima esfriou e deixou de ser possível cultivar cereais na Islândia. Por sorte ainda temos o fragmento de um conflito motivado pelo cultivo de cereais, ocorrido entre Geirmund e Kjallak, o "colonizador" mais próximo de Dagverðarnes.[39]

Os cereais podem não ter sido um artigo de exportação, mas eram necessários para garantir a independência e a autossuficiência daquelas pessoas. Mesmo que os colonizadores tivessem acesso a grandes quantias de carne de mamíferos marinhos e peixes, essas fontes jamais seriam capazes de satisfazer toda a necessidade de nutrientes. Os carboidratos precisavam vir da terra. Geirmund e seus homens vinham de regiões produtoras de cereais na Noruega e ocuparam-se com seu cultivo tão logo chegaram à ilha. Sabemos que os noruegueses do século XIII já não eram autossuficientes em relação a esse tipo de alimento, e que sem o suplemento de cereais alemães haveria falta de comida em meio à população norueguesa. Esse detalhe foi usado pelos hanseáticos para obrigar os noruegueses a serem mais flexíveis em assuntos diplomáticos. Os cereais eram indispensáveis, e como não era possível cultivá-los a única saída era depender dos outros. Tanto os topônimos como escavações feitas ao acaso nas regiões de Geirmund demonstram a importância do cultivo de cereais na época da colonização.[40]

Em Klofningur, o antigo marco entre Fellsströnd e Skarðsströnd, encontramos o topônimo Ekrur, ou Ekra (compare-se com Ekrene, próximo a Torvastad, em Avaldsnes). A primavera costuma chegar primeiro nos locais com nomes de lavoura. Esse pedaço de terra localiza-se próximo de onde ficava a propriedade conhecida como Kvenhóll ou Kvennahóll, que pertencia a Geirmund. Lá ainda é possível encontrar resquícios de lavouras. O *Landnámabók* afirma:

Ele [Geirmund] e Kjallak tiveram um conflito em razão da terra entre Klofning e Fábeinsá e travaram uma batalha nos prados junto a Klofning. Lá, ambos queriam semear. A vantagem ficou com Geirmund. Björn do Leste e Vestar de Eyr os ajudaram a fazer um acordo. Vestar parou em Vestarnes ao ir para esse encontro.

Será que também houve conflitos por causa do melhor local para cultivar cereais?

Existem detalhes estranhos nesse fragmento. Não se fala em homens tombados, mesmo que tenha havido uma batalha. E será que Kjallak teria mesmo a presunção de desafiar um homem rodeado por um número enorme de guerreiros armados como Geirmund? Felizmente uma tradição mais tardia pode nos oferecer certos esclarecimentos.

Primeiro quanto ao próprio nome da propriedade: Kvenhóll ou Kvennahóll, "outeiro das mulheres". O nome aparece na *Sturlunga saga* e não deixa qualquer dúvida. Não conhecemos nenhum outro caso na antiga sociedade nórdica de um espaço habitado somente por um grupo de mulheres. E dificilmente haveria mulheres nórdicas livres em Kvenhóll — tudo indica que eram escravas. A maioria deveria ser composta por mulheres celtas. Ólaf, o Branco, e seus homens haviam capturado muitos escravos na região de Brega, nos arredores de Dublin. Essa era uma importante região produtora de cereais que abastecia a cidade. Na época dos vikings havia cevada e aveia nos arredores de Dublin, e esses também foram os cereais mais cultivados na Islândia. Assim se explica por que Geirmund põe Kormlöð e outras escravas irlandesas naquela região idílica de cultivo de cereais.

A tradição mais tardia de Skarðsströnd também pode ser empregada — com certa cautela. Há uma história segundo a qual Geirmund ou Kjallak mantinha somente mulheres em Kvenhóll — e que uma relação sexual com essas mulheres teria sido o motivo para que as coisas azedassem entre os dois.[41] A propriedade deve ter pertencido a Geirmund, e nesse caso seria Kjallak quem havia tomado liberdades demais com as mulheres. A outra história foi escrita por um camponês que viveu por muito tempo em Kvenhóll. Ela foi confirmada por outras pessoas da região e conta que Geirmund e Kjallak haviam se preparado para um combate no local chamado de

Orustuhryggur, mas não conseguiram combater porque as mulheres de Kvenhóll colocavam-se entre os dois e os separavam.[42] Isso explicaria por que não há menção a homens tombados em combate.

Dessa forma, as escravas não seriam apenas lavradoras, mas também concubinas.

Teríamos encontrado o harém do viking negro?

Tudo indica que Kjallak não apenas perdeu a batalha contra Geirmund, mas também foi obrigado a subordinar-se por completo ao vencedor. Como resultado, Geirmund toma Hrólf, o filho de Kjallak, como guarda da propriedade Ballará, localizada perto de Kvenhóll. Hrólf é definido como um "amigo" de Geirmund no *Landnámabók*. Na época dos vikings a amizade é um conceito que inclui obrigações e interesses — *não sentimentos*. Kjallak teria uma outra propriedade em Bitrufjörður, chamada Kjarlaksstaðir, onde ainda hoje se encontram resquícios de construções.[43] Na *Eyrbyggja saga* o lugar é chamado de Kjallaksá.

Há motivos para crer que Kjallak tenha ido para lá a mando de Geirmund, uma vez que o viking negro precisava ter um homem em Bitrufjörður — afinal, esse era o fiorde que servia como principal via de tráfego para as mercadorias do norte. O conhecimento a respeito desse assunto foi preservado no *Landnámabók* e comunicado por meio de uma explicação relativa ao rebanho de vacas: consta que Geirmund tinha pastos de verão em Bitra. Essa interpretação torna-se ainda mais convincente quando levamos em conta que os navios conseguem atracar na costa próxima a Kjarlaksstaðir. Bons portos naturais são raros naquela região.

Provavelmente o acordo intermediado por Björn e Vestar levou Kjallak a perder a posição que ocupava em Fellsströnd e a ter de abandonar Kvenhóll e os prados que havia por lá. Em seguida ele teria ocupado um posto avançado em Bitra. O filho Hrólf assume o papel de guarda e vai para a propriedade de Ballará, conforme todas as versões do *Landnámabók* que chegaram até nós. Havia, portanto, motivos pessoais e econômicos para que Hrólf fosse posto em Ballará — Geirmund *não queria simplesmente* "dar[-lhe] bens móveis e grandes propriedades", como afirma a *þátt* sobre Geirmund. Aqui temos novamente um exemplo de contexto econômico esquecido pela tradição.

Os historiógrafos representam Kjallak como um colonizador independente. A guerra entre ele e Geirmund é representada pela tradição como um conflito entre homens em pés de igualdade. O mito de que originalmente todos eram iguais na Islândia deu uma nova forma à história, que na origem tratava de um assunto completamente outro. Tudo indica que Kjallak tenha sido enviado por Geirmund primeiramente a Fellsströnd, quando chegaram juntos à Islândia, e depois a Bitrufjörður, após o conflito.

Kjallak é a antiga adaptação do nome irlandês Cellach. Assim podemos saber de onde vinha esse homem. A participação de Björn do Leste no conflito ajuda-nos a estabelecer quando tudo aconteceu. As fontes afirmam que teria chegado à Islândia doze invernos depois de Ingólf. Se aceitarmos essa informação como verdadeira, o conflito teria ocorrido depois de 878.[44]

Muitos indícios sugerem que Kjallak, quem quer que fosse, teria chegado à Islândia junto com os homens de Geirmund e trabalhado como intérprete e guarda das lavradoras em Kvenhóll. A relação entre Geirmund e Kjallak talvez remonte à década de 860, na casa de Eyvind do Leste, e talvez não tenha relação nenhuma com o cultivo de cereais, mas simplesmente com o fato de que Kjallak *não soube controlar seus impulsos.*

O *Landnámabók* registra que teve dez filhos, sem que jamais se mencione quem era sua esposa. Somos lembrados das mulheres sem nome que moravam em Kvenhóll, como aquela que chamo de Kormlöð, e que segundo a história cercaram Kjallak quando Geirmund perdeu a paciência e decidiu resolver o assunto em combate. Será que as mulheres estariam protegendo o pai de seus filhos? Kjallak pode ter sido um homem interessante das camadas sociais mais elevadas da Irlanda. Os filólogos imaginam que tenha existido uma **Kjalleklinga saga,* hoje perdida. Supostamente a saga trazia relatos de ciúme, feitiços capazes de levar as pessoas à loucura, homens que andavam vestidos de mulher e uma bela quantidade de assassinatos. A recontação dessa saga no *Landnámabók,* entretanto, é sucinta a ponto de ser incompreensível — *reductio ad absurdum.*

A vida em Ballará e Kvenhóll

Existem várias histórias sobre essas regiões. O filho de Kjallak foi mandado para Ballará, uma propriedade que também é atribuída a Geirmund nas fontes mais antigas. Essa parece ser uma informação confiável, uma vez que a genealogia é consistente ao registrar que Oddi Ýriarson, o neto de Geirmund, casou-se com Þorlaug, filha de Hrólf Kjallaksson. O nome Ballará refere-se a uma pedra em formato esférico no vale.[45] Ballará tem muitas ilhas e ilhotas, entre as quais se encontram Djúpeyjar, Rauðseyjar, Rúfeyjar e Bjarneyjar: nesses locais foram encontrados ossos de filhotes de morsa.

Em Kálfhólmi é possível fazer descobertas estranhas. No registro de topônimos consta que houve muita caça à foca na região e que o local tinha abrigos para navios e instalações para a produção de óleo, mas boa parte disso foi mais tarde levada pelo mar. Lá também há uma grande construção vagamente circular — uma estrutura hexagonal de turfa. A função dessa construção é até hoje desconhecida.

Um historiador local escreveu que nessa ilha foram encontrados crânios e presas de morsa. No mar, um pouco mais além, encontra-se Hvalsker.[46] Em um manuscrito, o mesmo historiador local reuniu histórias sobre resquícios de morsa por aquelas regiões, onde são comuns. E concluiu: "Provavelmente foram encontrados vários outros [dentes], e, portanto, deve ter havido uma grande quantidade de morsas em Breiðafjörður nos velhos tempos, mas esse animal deve ter se revelado mais sensível [ao contato humano] do que as focas quando a Islândia passou a ser habitada ao longo do fiorde e também nas ilhas".[47]

Essa é uma conclusão sensata.

Há indícios de que Hrólf e seu grupo de escravos operavam em uma das propriedades de Geirmund envolvida na pesca ou na mineração. Além disso, Hrólf assumiu o cargo de guarda das lavradoras em Kvenhóll. "Não invente de fazer como o seu pai!", Geirmund pode ter dito a Hrólf quando o pôs em Ballará.

Ainda não posso abandonar o outeiro das mulheres.

Isso porque na rota entre Kvenhóll e Skarð há um antigo ponto de parada chamado Snorraskjól. Essa era uma parada costumeira para quem atravessava Klofning, que separa Skarðsströnd de Fellsströnd, respectivamente as regiões de Geirmund e Kjallak. Snorraskjól são escarpas que se erguem em meio ao panorama de resto plano que leva da montanha à praia, e ao pé dessas escarpas crescem gramados exuberantes. O lugar situa-se aproximadamente no meio do caminho entre Skarð e Kvenhóll. Segundo dizem, antigos feitiços e forças magnéticas pairam no ar. Diz-se também que os homens têm ereções e as mulheres sentem o sexo abrir-se ao parar naquele local, mesmo quando se encontram sozinhos e têm os pensamentos voltados para outros assuntos.

Essas forças podem ser explicadas da mesma forma que aquelas existentes em lugares com assombrações ou forças impuras no ar, com a diferença de que a assombração de Snorraskjól é positiva e cheia de vida. Esses fenômenos, tanto positivos como negativos, eram chamados de *taufur* ou *reimleikar* nas antigas sagas.

O magnetismo indecente de Snorraskjól não é descrito pelas antigas fontes — mas, como diz o meu tio Steinólfur, de Fagridalur, "qualquer um que duvide pode ir lá tirar a prova". Entre outras pessoas, uma guia turística teria duvidado. Meu tio, que estava no ônibus, pediu ao motorista que parasse no local, porém a mulher preferiu não se deitar no chão para descobrir o que aconteceria. Steinólfur explicou a presença do magnetismo dizendo que com frequência os casais aproveitavam para se aconchegar um pouco ao descansar naquele refúgio natural, e que essas forças todas ainda pairavam no ar.

Como o cientista e o empirista ferrenho que sou, decidi fazer a experiência em um dia ensolarado de verão. Por telefone celular, recebi de minha tia Halla Steinólfsdóttir de Fagridalur (uma descendente em linha reta de Steinólf, o Baixo) a descrição exata do lugar; naturalmente seria prudente tê-la o mais longe possível caso as lendas tivessem qualquer base na realidade.

Me deitei no chão de Snorraskjól. No viçoso gramado sob a primeira escarpa. As moscas zumbiam e os cisnes cantavam na praia ao longe. As nuvens deslizavam vagarosamente rumo ao norte enquanto a luz e a sombra brincavam nas planícies e nas encostas.

E era mesmo verdade.

Ao olhar para trás, não consigo definir se minha ereção deve ser atribuída ao velho magnetismo ou à minha vontade de que aquilo pudesse mesmo acontecer. Então comecei a imaginar cenas ligadas ao harém de Geirmund em Kvenhóll.

Os homens chegam a cavalo ao longo da praia. O mar brilha com a luz matinal em Breiðafjörður. O solo tem o cheiro de plantas recém-brotadas e o ar se enche com os gritos de êideres e gaivotas em meio à brisa suave. A primavera chegou a Skarðsströnd. Geirmund tem quarenta anos, mesmo que não tenha se dado conta. Já perdeu um par de dentes visíveis, e os outros se encontram muito desgastados pela comida rústica da época. O chefe de pele escura se aproxima com uns poucos homens escolhidos a dedo. Eu os vejo se aproximando, levantando uma nuvem de poeira sob os cascos dos cavalos. Geirmund está usando a mais bela capa escarlate e botas de couro de foca. Todos estão a caminho de saciar impulsos e fantasias sexuais. A última parada antes de Kvenhóll é Snorraskjól.

A questão é: será que essas forças poderiam vir dos tempos mais antigos? O que paira no ar é um desejo ainda não saciado. Assim como uma assombração é sempre a imagem de uma pulsão vital suprimida — como a libido —, imagino que esse caso também possa ter como explicação um grupo de homens cheios de um desejo ainda não saciado que mal aguentam esperar pelo que sabem que está por vir.

Sugiro que você também experimente ir a Snorraskjól em busca de uma explicação.

Quem se atreve a espiar os aposentos de Kvenhóll talvez não descubra mulheres sujas e de cabelos raspados em casacos cinzentos. Elas são belas. Têm cabelos penteados e usam joias árabes. A lareira está acesa. As mulheres trajam roupas de seda e de outros materiais caros trazidos de Dublin. Pode ser que usem "maquiagem artificial", como um árabe andaluz escreveu a respeito de certas escandinavas em outra época.

Estão enfeitadas. São atraentes.

E parecem estar desejosas.

Ou melhor dizendo: mais ou menos. Parece improvável que desejassem aquilo voluntariamente, mas apesar disso sabem que carregar o filho de um daqueles grandes homens nórdicos seria o fim da escravidão. E é lá que tudo acontece. Os homens bebem hidromel e talvez vinho nas épocas de maior fartura. Examinam os sacos de cereais e tocam nas sementes. Discutem entre si. E depois os olhares voltam-se para os corpos das mulheres. Como em uma exposição de animais extraordinários. Os homens conversam e riem, e o desejo paira no ar. Os homens escolhem uma mulher, ou talvez várias.[48] Kormlöð deita-se em um banco coberto por um pelego de ovelha. Ela parece diferente assim, toda nua. Os seios fartos têm formas belas e arredondadas, e balançam em um ritmo delicioso. Como as ondas do norte em uma calmaria. E é nesse momento que o esperma nórdico encontra o óvulo celta. O DNA e o destino daquelas pessoas se trançam de uma forma que jamais poderá ser destrançada.

É impossível saber se foi isso o que se passou em Kvenhóll. Mas às vezes a fantasia é a única maneira de construir uma história a partir de fragmentos. Provavelmente seria exagero dizer que as grandes figuras que integravam o grupo de Geirmund promoviam orgias. Mas temos a comprovação genética de que, em um lugar ou outro naquela época, situações como essa de fato ocorreram entre os homens e as escravas trazidas da Irlanda.[49]

Não seria preciso muita fantasia para descobrir exemplos similares em tempos modernos. Mas, ao se fazer esse paralelo, é preciso lembrar que Geirmund não tinha nenhum motivo para se envergonhar. Ele vivia em uma sociedade em que não ocorreria a ninguém criticar esse tipo de comportamento. As mulheres em Kvenhóll eram propriedades, como animais. Ele podia fazer com elas o que bem entendesse.

Entre os eruditos da Idade Média, por outro lado, esse tipo de comportamento passou a denotar mau caráter, especialmente porque a escravidão não podia existir em uma sociedade cristã. Reis e chefes que faziam uso puramente sexual das mulheres passaram a ser representados como injustos e impopulares, mesmo que os escaldos contemporâneos fizessem elogios a essas conquistas.[50] Assim, existem motivos para crer que as antigas histórias sobre haréns e concubinas irlandesas tenham levado à ausência de empatia por Geirmund no contexto da tradição cristã, bem como a um silêncio acerca dessas práticas.

Uma síntese dos anos 870-880

Enquanto o domínio de Geirmund estabelecia-se na Islândia, as antigas forças nórdicas viam-se ameaçadas na Irlanda. Os reis nórdicos, que provavelmente bancavam uma parcela significativa dos custos relativos ao estabelecimento de Geirmund ao norte, caem nos anos seguintes. Ívar, o Sem-Ossos, morre em Dublin em 873 como "rei de todos os nórdicos na Hibérnia e na Britânia". Em 874 ou 875, Ólaf, o Branco, cai em meio aos pictos na Escócia, possivelmente durante uma cobrança de impostos — ou será que estaria capturando escravos?

Após a morte de Ívar, o filho Bárð assume Dublin e reina até cair em 881. A partir de então, os reis da família caem um atrás do outro. Não há nenhuma razão para crer que as antigas relações comerciais entre o domínio de Geirmund e Dublin tenham se mantido após as mortes de Ólaf e Ívar. Essa alteração deve ter surgido porque Geirmund aos poucos transferiu sua base para a Islândia e começou a passar cada vez mais tempo em Breiðafjörður. Quando os grandes reis caem, a Irlanda transforma-se em um lugar menos seguro para os nórdicos. Surge uma divisão entre os *dubgaill* — os forasteiros de pele escura. Os anais de Ulster contam que Oistin, filho de Ólaf, o Branco, chamado pelos irlandeses de "rei de todos os nórdicos", foi morto por Halfdan (Albann), o filho de Ívar, em 875. Oistin pode ser o mesmo homem que os islandeses conhecem pelo nome de Þorstein, o Vermelho, filho de Ólaf e Auð, a Profunda. Essas traições e divisões não podem ter passado despercebidas pelos homens de Geirmund. O mais garantido seria levar as mercadorias para o rei de Dublin e receber o pagamento mantendo sempre uma certa distância. O construtor de navios Eyvind do Leste havia envelhecido e deve ter morrido por volta dessa época, de maneira que já não deveria existir uma base segura para o genro Úlf, o Vesgo, e seus homens.

Por uma ou mais vezes durante esse período, podemos imaginar que Geirmund, Úlf e seus homens tenham retornado às respectivas propriedades familiares em Rogaland. A tomada do poder por Harald Belos-Cabelos deve ter ocorrido por volta de 872, quando os homens estavam totalmente às voltas com as expedições à Islândia. Mas os objetos valiosos que pertenciam à família, assim como os bens pessoais desses homens, eram preciosos o suficiente para que valesse a pena correr o risco de buscá-los. O *Landnámabók* conta que Geirmund fez uma viagem com esse objetivo a Rogaland após a batalha de Hafrsfjord. A *þátt* sobre Geirmund acrescenta que seu irmão Hámund também participou, e que essa foi a última expedição em que os dois investiram juntos. Também é dito que Geirmund havia passado muito tempo longe, e essa afirmação se encaixa em nossa história. No entanto, não fica claro qual seria o objetivo da viagem; consta apenas que defender a própria honra não era uma preocupação.

A descrição da visita feita por Önund Pé-de-Pau à antiga proprieda-de talvez possa esclarecer um pouco essa parte obscura e melancólica da história de Geirmund. Önund descobriu que Harald Belos-Cabelos havia conquistado sua antiga propriedade e colocado um de seus próprios mensa-geiros como responsável. Önund visita a propriedade de madrugada. E não teria sido a melhor visita de todas no momento em que sentiu o espirro de sangue quente ao degolar o mensageiro Hárek? Essa história é contada na *Grettis saga*. Önund leva consigo tudo aquilo que tinha de valioso — *lausafé*. Essa palavra se refere a bens e objetos, animais domésticos e carne, escravos e *frelsingjar*. Antes de ir embora, Önund queimou a propriedade. Deve ter sido duro olhar para aquele mar de chamas, porém a mensagem para Belos--Cabelos era inconfundível.[51]

O conflito com Þorbjörn, o Amargo

Na Islândia, os conflitos não tinham acabado para Geirmund. Aos poucos ele tornou-se dependente da colônia a norte de Hornstrandir para conseguir manter a produção de gêneros marítimos. O *Landnámabók* menciona esse acontecimento:

> *Havia um homem chamado Þorbjörn, o Amargo; ele era um grande viking e um grande criminoso. Þorbjörn viajou à Islândia com sua família e estabeleceu uma colônia no fiorde que hoje se chama Bitra e lá foi morar. Pouco depois, Guðlaug, o irmão de Gils Nariz-de-Navio, naufragou perto do monte que hoje se chama Guðlaugshöfði. Guðlaug conseguiu chegar à terra com a esposa e a filha, porém to-dos os outros morreram. Então, Þorbjörn, o Amargo, se aproximou e os matou ambos, mas levou consigo a filha para criá-la. Quando soube disso, Gils Nariz-de-Navio foi até lá e vingou o irmão matando*

Þorbjörn, o Amargo, e vários outros homens dele. Guðlaugsvík ganhou esse nome por causa de Guðlaug.

Há motivos para acreditar que Þorbjörn, o Amargo, tenha sido o colonizador original de Bitra. Bitrufjörður deve ter ganhado esse nome por causa de Þorbjörn, o Amargo (que em nórdico antigo se chama Þorbjörnn Bitra), assim como Króksfjörður ganhou esse nome por causa do colonizador Þórarin Corvo (Þórarinn Krókur) — em ambos os casos, o epíteto transformou-se em topônimo, como também pode ter ocorrido a Eyvind do Leste (Eyvindur Austmáður) em Austmannstún. Tanto Þorbjörn como Þórarin chegaram ainda cedo à Islândia, e ambos se envolveram em conflitos com o domínio de Geirmund.

A tradição oral dificilmente poderia ser encarada como porta-voz da força política vigente na época em que foi registrada por escrito.[52] Quando a examinamos com atenção, percebemos que muitas vezes reflete mais do que uma única visão sobre a história, e com frequência descobrimos inconsistências e contradições na tradição oral. E essas histórias podem ser "desempacotadas" por um historiador. Assim podemos ter um vislumbre dos conflitos que a pessoa responsável por deixar um registro escrito tentou ocultar, ou então alterou, traduziu ou esqueceu. Informações contraditórias em uma determinada história são uma marca confiável de antiguidade.

A primeira coisa que notamos é que o motivo para a matança se encontra ausente — não apenas para nós, mas também para a pessoa que fez o registro escrito dessa saga. A história simplesmente não faz mais sentido ao ser transmitida; primeiro o assassinato gratuito dos sobreviventes de um naufrágio e, em seguida, o assassino que, sem nenhum motivo aparente, resolve poupar a filha das vítimas.

O próprio Sturla Þórðarson também percebeu esses detalhes ao registrar a versão da saga que se encontra no *Landnámabók*. Ele tenta oferecer uma explicação ao dizer que Þorbjörn era "um grande viking e um grande criminoso". Mas não é o suficiente. Se Þorbjörn tivesse um conflito com Guðlaug, ou se apenas quisesse matar pessoas sem nenhum motivo, poderia facilmente ter matado todos, inclusive a menininha, e deixar que o mar levasse os cadáveres. Quando Gils Nariz-de-Navio chegasse a Bitrufjörður para se inteirar do ocorrido, Þorbjörn poderia oferecer-lhe um relato do naufrágio e explicar que infelizmente ninguém fora salvo com vida. Assim poderia continuar a ser um homem livre, percebido como íntegro. Mas logo notamos que a situação é diferente. Þorbjörn, o Amargo, confiscou o navio e tudo o que havia a bordo.

Esse tipo de assassinato é a própria definição do crime cometido por um *níðing* — um criminoso indigno e covarde.

As leis mais antigas afirmam que todos tinham o direito de matar um *níðing*, onde quer que fosse e quando quer que fosse. Nesse caso, Þorbjörn não seria apenas um grande viking e um grande criminoso, mas também um sério candidato a suicida, pois teria como adversário o viking negro e todos os seus inúmeros aliados.

Só existe uma explicação para Þorbjörn ter agido dessa maneira: o navio transportava mercadorias tão valiosas, que, se conseguisse sair dessa situação com vida, teria uma existência bem mais fácil a partir de então. Þorbjörn queria se aposentar cedo. Deveria saber o que Guðlaug transportava; deveria saber que carga o navio havia recebido em Kjallaksstaðir e o que os cavalos levavam no dorso através de Krossárdalur até os senhores de Breiðafjörður. Em outras palavras, falta um esclarecimento fundamental na saga escrita: a explicação quanto ao motivo que levou Þorbjörn a matar os sobreviventes de um naufrágio. Sem dúvida era um navio carregado com mercadorias feitas de morsa.

Quando surgiu uma chance de tomar para si aquelas grandes riquezas, Þorbjörn não a deixou escapar. Ele provavelmente não tinha o temperamento de um viking nem de um criminoso. Vislumbramos um homem simples que participa de uma batalha por recursos.

Há um exemplo brilhante na literatura das sagas que demonstra a importância de se refletir acerca do lugar onde foram escritas, pois esse pormenor é decisivo para a perspectiva adotada em relação aos fatos.[53] A questão é que Þorbjörn, o Amargo, não tem nenhum porta-voz na tradição escrita da Islândia e, assim, entrou para a posteridade como um "viking" e um "criminoso". A história permaneceu viva na tradição oral de Bitra, mas foi escrita pelos senhores de Breiðafjörður.

E Þorbjörn tem um argumento, mesmo que não pareça ter muita confiança nele; o argumento seria que tudo o que vem parar em suas terras, no fiorde, é seu. Essa interpretação mais uma vez explica por que ele decide manter viva a filha da história. Não se trata do amor de Þorbjörn pelas crianças, ou seja, de uma vontade de criar a filha de Guðlaug. Assumir a educação de filhos alheios pressupunha tanto uma aliança como uma certa sujeição ao pai da criança. Essa possibilidade está de todo excluída.

Þorbjörn arranjou uma refém.

Ele sabia que aquela menina era a última sobrevivente da família de Guðlaug e, por isso, era uma vida preciosa, em especial para o irmão Gils Nariz-de-Navio. E não é difícil imaginar o que há de pedir em troca da menina: o navio, juntamente com toda a carga. Assim era possível ganhar bem na época dos vikings: exigindo um resgate por coisas valiosas — em sentido literal. Þorbjörn provavelmente tinha planos de zarpar assim que o tempo permitisse e negociar os produtos em mercados importantes como Dublin, Hedeby e na Noruega.

Mas não foi o que aconteceu.

Se a história deixa de fazer sentido para os ouvintes, em geral as pessoas deixam de contá-la. Por isso é curioso que uma história como a do assassinato sem motivação perpetrado por Þorbjörn tenha sido recontada e registrada no *Landnámabók*. Minha interpretação é que essa história permaneceu viva por explicar a origem dos topônimos; esse tipo de saga demonstrou ser o mais resistente de todos. E assim todos podem saber por que Guðlaugshöfði e Guðlaugsvík têm esses nomes, e isso é mais importante que o sentido da história.

***

Tudo indica que Guðlaug está a caminho da casa do irmão de nariz pontudo, Gils Nariz-de-Navio, um homem que pertence ao círculo mais próximo de Geirmund. Guðlaug pretende descarregar as preciosas mercadorias do navio em Bitra. Gils encontra-se em Kleifar, em Gilsfjörður, perto da rota que leva de Strandir a Breiðafjörður. Entre Strandir e Breiðafjörður são apenas oito quilômetros ao longo de uma estrada agradável. E era por lá que a rota passava até que surgissem as diferentes estradas ao longo dos fiordes. Uma velha anedota ilustra a situação: os homens da praia arrastaram troncos de Bitra a Gilsfjörður e voltaram com uma mulher.

Nessa época, Geirmund já havia descoberto e posto em uso a rota de transporte que passava por Bitra. Geirmund mantinha homens nas duas pontas da rota: a propriedade de Kjallak em Bitra (que aparece como "pasto de verão") e Gils Nariz-de-Navio em Gilsfjörður. Assim percebemos por que Gils é uma figura tão central no domínio de Geirmund: ele vigia a mais importante rota de transporte. Nesse ponto a topografia e a genealogia se encontram. E assim descobrimos uma rota de transporte essencial para Geirmund. Originalmente, a rota ia de Kjarlaksstaðir, no extremo norte da colônia de Þorbjörn, em direção a Krossárdalur, até Gils Nariz-de-Navio, e então seguia ao longo da costa até Steinólf, o Baixo, e a propriedade principal de Geirmund, para então avançar a Dagverðarnes e, por fim, chegar a Dublin. Esse era o caminho que a carga de Guðlaug devia ter seguido.

Em outras palavras, Guðlaug vinha do norte, fosse da propriedade de Geirmund em Steingrímsfjörður ou diretamente do campo de caça em Hornstrandir.

E pretendia atracar em um ponto qualquer da costa próxima a Bitra. Mas então as coisas dão errado. Guðlaug perde o controle do navio e naufraga do outro lado do fiorde.

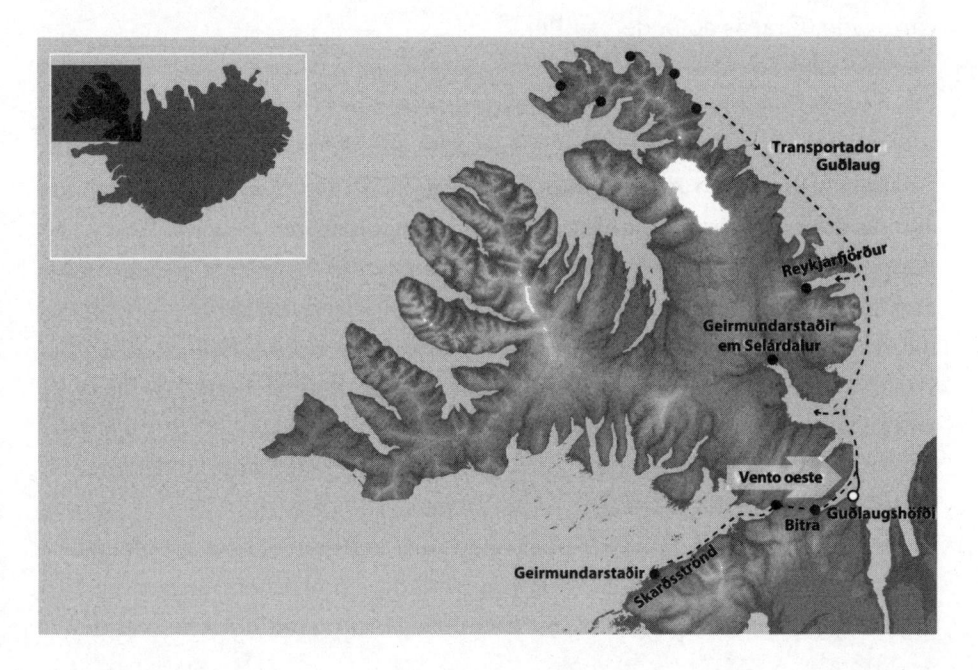

As senhoras dessas regiões fazem comparações entre o vento oeste e um homem furioso, e esse deve ter sido o vento que Guðlaug encontrou e que o impediu de atracar. O vento oeste começa a soprar de repente e torna-se forte ao extremo — um vento assassino. Certa vez entrevistei um homem que morava na região próxima de Kollafjörður, no norte da Islândia — um fiorde escavado na orientação sudoeste, como Bitra. Três irmãos dele haviam desaparecido no mar quando o motor do barco em que estavam parou; eles pretendiam atracar quando o vento oeste soprou, exatamente como Guðlaug. Nem o barco nem os irmãos jamais foram vistos outra vez.[54] Consta que o mar daquela região jamais devolve os homens que leva.

Guðlaug deve ter sido obrigado a colher a vela e buscar um refúgio em terra, do outro lado do fiorde. Seria uma saída possível se remassem como loucos em direção ao fiorde, contra o vento que os arrastava rumo ao mar, onde não teriam chances de sobreviver.

Guðlaug ordena que todos os homens peguem os remos. A voz dele corta os rumores da tempestade. Todos remam para salvar a própria vida e conseguem chegar a Guðlaugshöfði. Uma façanha impressionante. Com o navio carregado. Graças ao poderoso Þór.

Mas alguém mais presenciou essa batalha pela vida.

Esse homem acena da praia. Claro que gostaria de ajudá-los.

Na orla, Þorbjörn, o Amargo, espera os sobreviventes com seus homens.

Bem sabemos o que aconteceu na praia. Þorbjörn deveria saber que aquela era uma corrida contra o tempo. A menina poderia garantir-lhe um tempo extra, mas naturalmente seria preciso zarpar assim que a tempestade amainasse. As pessoas de Kjallaksstaðir testemunharam esses acontecimentos. Às pressas, mandaram um homem a cavalo por Krossárdalur para alertar Gils Nariz-de-Navio. Gils pediu reforços aos vizinhos. E bem sabemos que não se tratava apenas do irmão Guðlaug e de sua família.

Tratava-se igualmente de um navio carregado de mercadorias aguardadas por Geirmund Pele-Negra.

De acordo com o *Landnámabók,* Þorbjörn, o Amargo, e seus homens foram completamente destruídos. Por outro lado, não há nenhuma menção a homens tombados ao lado de Gils. Se houvesse um conflito entre pequenos camponeses, dificilmente o resultado seria esse. Em outras palavras, Gils não pode ter chegado a Bitra cavalgando com meia dúzia de homens.

Por trás de tudo o que aconteceu há um chefe de pele escura com oitenta homens equipados para a batalha, Úlf, o Vesgo, com um grande bando e Steinólf, o Baixo, com seus homens.

Esses homens foram provocados. Estão furiosos.

Mal podemos imaginar o desespero em meio aos homens de Þorbjörn quando viram o viking negro se aproximar com sua comitiva. E essa comitiva chega a Bitra antes que a tempestade amaine. Þorbjörn não consegue fugir pelo mar como havia planejado. A batalha estava perdida antes mesmo de começar.

Þorbjörn põe uma faca na garganta da menina.

Ela chora. Está pálida de medo.

Aquela menina é sua última cartada.

Infelizmente não sabemos o que aconteceu com a filhinha sem nome de Guðlaug.

A colônia de Geirmund em Hornstrandir

De certa forma, Hornstrandir inclui tanto o extremo norte da Islândia como a Biármia. Essa região limítrofe que se estende rumo ao oceano Ártico é repleta de recursos, ao mesmo tempo em que a natureza de lá revela-se dura e implacável. Um topógrafo do século XIX escreveu que a região era rica em baleias, peixes, troncos trazidos pelo mar e outros recursos, mas que o transporte por terra era praticamente impossível, e que o lugar era "tão açoitado pelo mau tempo, pelo frio e pela neblina, que [Fljótavík] é considerado o território com a pior localização de toda a Islândia".

Costumava-se dizer que em Hornstrandir viver era ruim, porém morrer era ainda pior. O adágio referia-se aos meses de inverno, quando o solo congelava e tornava-se difícil pôr os barcos no mar para levar cadáveres à igreja. As pessoas da região tentavam retardar a putrefação colocando os corpos no defumadouro até a chegada da primavera. Muitas sagas confirmam essa prática.[55] Os topônimos da região contam muitas histórias. Não existe um único topônimo que remeta ao cultivo de cereais, e pouquíssimos referem-se à criação de animais. Por outro lado, temos Heljarvík ("baía de Hel"), Illagil ("desfiladeiro do mal") e Illviðragil ("desfiladeiro do mau tempo").

Tornar-se rico criando animais domésticos nessa região é impossível. Mal existem terrenos planos, e a grama é pouca; falésias e montanhas descem verticalmente em direção ao mar. Uma das baías que pertenciam a Geirmund, Smiðjuvík á Ströndum, é descrita como a pior fazenda que já existiu na Islândia. Em Allmenningar, a propriedade do capataz Björn, não existe sequer terreno plano. Na propriedade principal de Aðalvík as fontes mais tardias mencionam que os rebanhos eram pequenos. Podemos abandonar com segurança a ideia de que rebanhos de gado seriam a explicação para a riqueza e o poder de Geirmund.

Por outro lado, as "jornadas à Biármia" rumo a Hornstrandir eram realizadas a toda hora e, na Biármia, Geirmund sentia-se em casa. Se Geirmund de fato tinha consigo um homem do povo de caçadores, aquele seria um clima familiar para ele. Será que um canto gutural mongol pode ter ecoado sob as montanhas de Hornstrandir?

Os pesquisadores já manifestaram espanto em relação ao fato de que Vestfirðir e Strandir parecem ter sido as primeiras regiões habitadas da Islândia, enquanto apenas mais tarde as pessoas se estabeleceram em lugares mais férteis.

Mas lá estão os melhores campos de caça em toda a ilha. Também já se manifestou espanto em relação ao fato de que Vestfirðir e Strandir foram habitadas quase exclusivamente por pessoas que vinham da Rota do Oeste. A razão é que o domínio de Geirmund esteve por trás da primeira colonização ocorrida nessas regiões, e as bases de poder nórdicas como Dublin precisavam dos recursos provenientes da caça obtidos no oeste da Islândia.

Lá, sob as montanhas que abrigam as maiores colônias de pássaros no Atlântico Norte, também havia uma grande abundância de baleias. Quando a lei de proteção às baleias foi aprovada na Noruega em 1880, os baleeiros noruegueses foram para Hornstrandir, na Islândia. Foram necessários quase trinta anos para dar cabo das grandes baleias nas antigas regiões de Geirmund Pele-Negra. Em 1915, a lei que proibia postos baleeiros noruegueses foi aprovada. Nessa época já não havia mais nenhuma baleia, então os baleeiros noruegueses fizeram expedições à África do Sul.[56]

**

Sturla Þórðarson escreve no *Landnámabók* que Geirmund "achou que sua colônia era demasiado pequena, posto que a propriedade era muito grande, e havia muitas pessoas, de maneira que tinha oitenta homens livres". Breiðafjörður tornou-se pequeno demais para Geirmund, mesmo que sua colônia abrangesse mais de vinte propriedades, além de incontáveis ilhas e ilhotas. Então, ainda de acordo com o *Landnámabók*, foi preciso expandir a região que controlava em direção a Hornstrandir. Mais uma vez recebemos fatos históricos, que, no entanto, vêm acompanhados de uma explicação pouco correta — a razão mais importante para Geirmund foi a caça de mamíferos marinhos, não a agricultura.

Calculamos que os homens de Geirmund devam ter investido contra os mamíferos marinhos de Breiðafjörður no fim da década de 860. Mas desde as primeiras expedições Geirmund tinha avistado uma outra região com os mesmos recursos. Quando os lucros de Breiðafjörður e Barðaströnd começaram a diminuir, Geirmund voltou o olhar para Hornstrandir. Na *þátt* sobre Geirmund podemos ler: "E todas essas propriedades [em Hornstrandir] cobriam os custos da atividade que ele próprio desenvolvia em Geirmundarstaðir". Isso parece estar correto.

Hornstrandir não foi o resultado de uma expansão da agricultura.

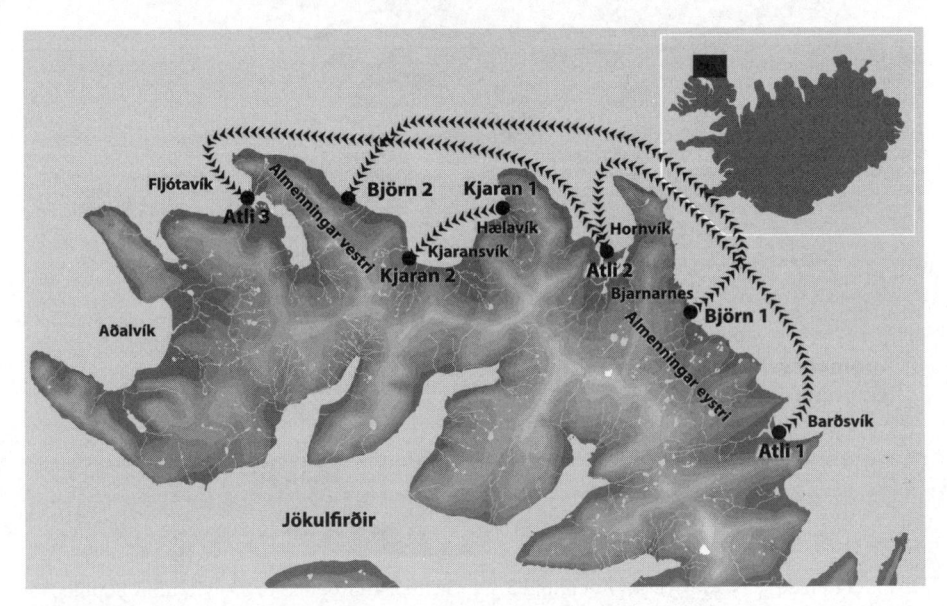

Movimentos das estações dos homens de Geirmund em Hornstrandir.

Anteriormente, o que aconteceu foi o contrário: foram as "propriedades" de Hornstrandir que passaram a sustentar a atividade em Breiðafjörður.

A dieta das morsas consiste na maior parte em crustáceos, mexilhões e outros tipos de conchas. No cardápio do peixe-lobo essas conchas também são um dos itens com maior demanda. Nas proximidades de Hornstrandir encontram-se alguns dos melhores locais para a pesca do peixe-lobo em toda a Islândia.

De acordo com o *Landnámabók* e com a tradição toponímica, o grupo de Geirmund ruma cada vez mais em direção ao norte em Hornstrandir. A aventura começou em Barðsvík, e foi de lá que o povo de Geirmund começou a avançar rumo ao norte, como podemos ver no mapa. A explicação mais provável é que estivessem no rastro de um recurso que se movimenta continuamente para o norte.[57]

Como vemos no mapa, essas tradições desenham um padrão que oferece uma das contribuições mais seguras para que possamos descobrir no que consistia a riqueza de Geirmund. Uma história contada pelo caçador de focas Jói, o norueguês oferece uma explicação simples:

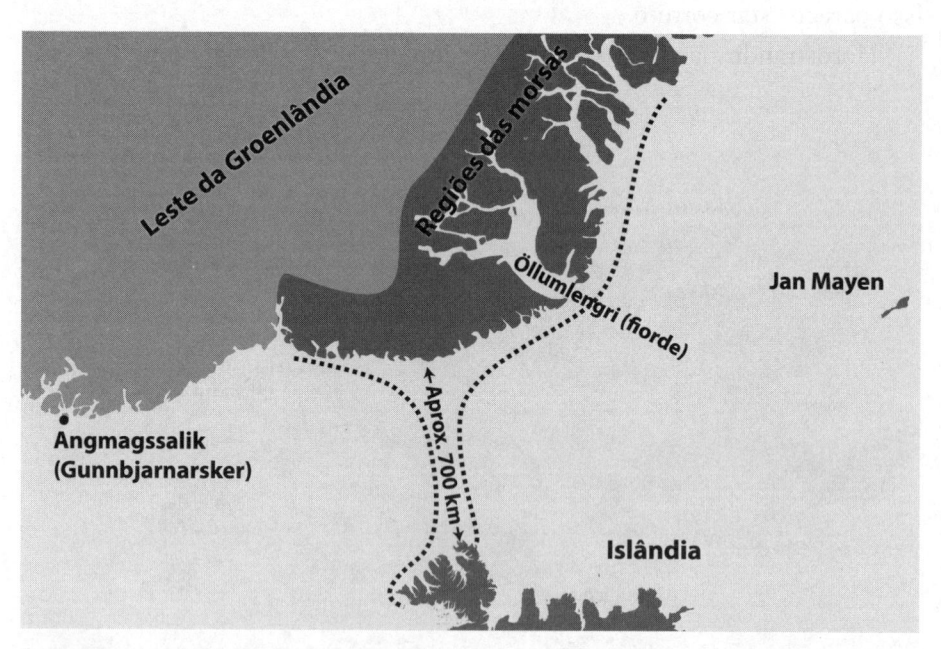

Distância entre a Islândia e a Groenlândia. No leste da Groenlândia havia uma população numerosa de morsas.

Ouvi histórias de velhos marinheiros que viram centenas de animais espalhados em uma praia ao norte de Svalbard. Bastava se aproximar e matá-los. Depois as morsas foram ainda mais para o norte e, assim, tornaram-se uma presa um pouco mais difícil para os caçadores.

O que leva o povo de Geirmund cada vez mais ao norte e cada vez mais ao oeste em Hornstrandir é o mesmo que levou Ottar e o rei Hjör da costa da Noruega à Biármia, e o mesmo que levou os antigos caçadores nórdicos 1.150 milhas náuticas ao norte ao longo da gélida costa da Groenlândia: o desejo de mais.

A cobiça e a exigência cada vez maior de recursos fazem com que Geirmund precise despachar homens aos locais de parição. As morsas fogem sempre rumo ao norte — assim como as raposas sempre fogem rumo às montanhas quando estão assustadas. Passaram-se muitos anos até que Barðsvík estivesse vazia de animais e vazia de homens. Recordamos histórias em que quinze homens mataram novecentos animais em um único dia porque as morsas nunca haviam tido contato com seres humanos. Que aventura sangrenta deve ter sido!

Na costa leste da Groenlândia havia uma grande população de morsas até que a caça predatória feita pelos americanos extinguiu-as no século XIX. Como vemos no mapa, Hornstrandir é a região da Islândia que se localiza mais perto do leste da Groenlândia. Pesquisadores e biólogos descobriram que as populações de morsa em Svalbard e na Terra de Franz Joseph são as mesmas. Isso significa que esses animais percorrem uma distância quatro vezes maior do que aquela que separa a Groenlândia de Hornstrandir.

Foram registrados poucos resquícios de morsas em Hornstrandir. Mas não houve nenhuma coleta de dados sistemática nessa região, que permanece em boa parte desabitada desde o fim da Segunda Guerra.[58]

Liguei para um conhecido que mora em uma propriedade chamada Drangar, um pouco ao sul de Hornstrandir. Descobri que ele tinha três presas de morsa em sua posse, encontradas pelos filhos em um morro. Ævar Petersen, que reuniu e registrou descobertas relativas a morsas ao longo de uma vida inteira, não sabia da existência dessas presas. Acredito que devam existir muitas histórias como essa. Essas presas devem remontar à Era do Gelo, uma vez que foram encontradas em um local distante do mar. As morsas praticamente não têm inimigos naturais. E, se estavam na Islândia durante a Era do Gelo, é muito provável que também estivessem por lá durante a época dos vikings.

O que aconteceu aos resquícios daquela época pode ser ilustrado por meio de uma anedota.

Em um dia de outono em 1990, o capitão de avião Þórólfur ligou para o irmão Ásbjörn Magnússson em Drangsnes (os dois são meus tios maternos). Ele havia sobrevoado as praias ao sul de Hornstrandir e avistado uma baleia cachalote morta na orla. A baleia havia aparecido em uma baía um pouco ao norte de Kaldbadsvík, onde Önund Pé-de-Pau havia se estabelecido em sua época. Ásbjörn é pescador, mas por muito tempo trabalhou com transporte de passageiros a Hornstrandir, um destino turístico bastante popular no verão. Ele zarpou de imediato com o barco e preservou alguns dos belos dentes da baleia. Depois o inverno chegou e trouxe uma forte tempestade do nordeste, acompanhada por uma forte ressaca que durou duas semanas. Com a chegada da primavera, Ásbjörn alegrou-se com a ideia de mostrar a carcaça da baleia para os grupos de turistas.

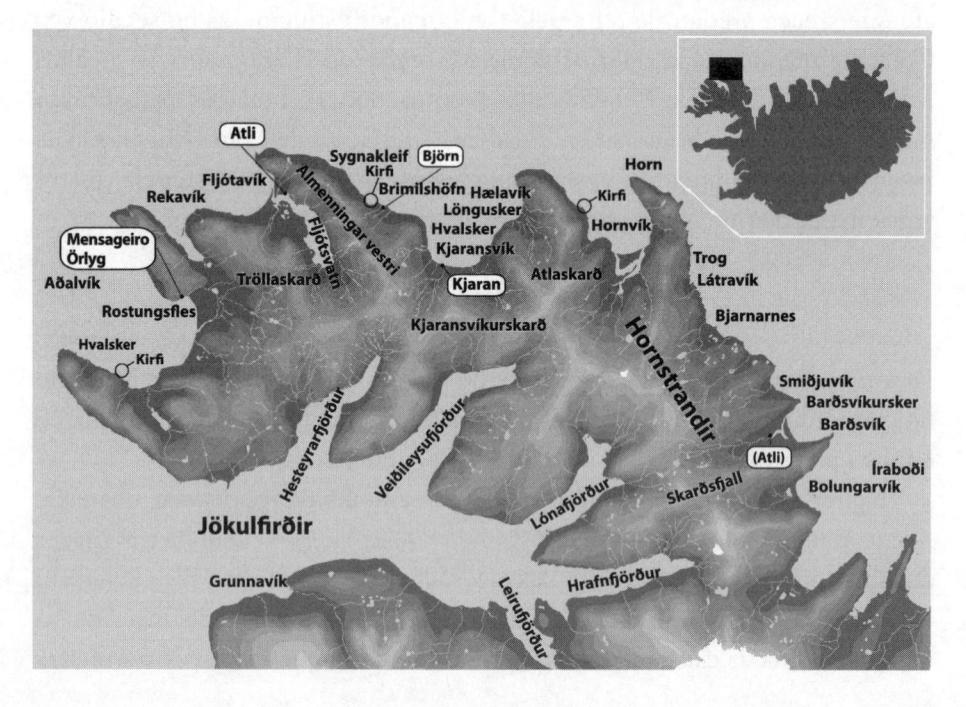

Mas não havia mais nada por lá!

E estamos falando de um animal com vinte metros de comprimento e quarenta toneladas de peso. O quebrar das ondas havia destruído o esqueleto batendo-o contra as pedras da orla, e depois os fragmentos foram levados pelo mar. Não foi preciso mais do que uma tempestade vinda do nordeste para que tudo ficasse como se a baleia jamais tivesse aparecido por lá.

Por fim, uma observação banal. Se as presas de morsa eram uma valiosa mercadoria de exportação, é natural que não sejam encontradas nos locais de caça. Tampouco são encontradas na outra ponta, nos locais onde eram comercializadas.

Aðalvík (Örlyg)

Vamos começar nossa viagem no extremo noroeste de Hornstrandir e então acompanhar o mapa ao longo das praias que vão até Barðsvík, no sudeste. Na casa do mensageiro Örlyg, em Aðalvík, Geirmund tem sua principal estação. Ela funcionava como local de reuniões, e além disso fabricavam-se tiras e óleo por lá. As mercadorias pesadas tinham de ser transportadas pela rota marítima que partia de Ísafjarðardjúp. As mercadorias mais leves, como presas de morsa e os produtos de que as pessoas necessitavam em Breiðafjörður, podiam ser levadas por terra nas costas dos escravos. As diferentes propriedades encontram-se ligadas por estradas terrestres que vão de Aðalvík rumo ao leste. A partir de todas essas propriedades existem passagens que cruzam os urzais e chegam a Hesteyrarfjörður, na parte mais quente do sul.

Örlyg tinha a responsabilidade de distribuir os artigos necessários às pessoas das outras propriedades: sal, cereais e diversos utensílios exigidos pela atividade que desenvolviam, entre os quais se encontravam lã e pele para a confecção de roupas quentes.

A propriedade certamente se localizava em Látrar, e foi nesse local que Snorri Jónsson cresceu. *Látur* significa "local de parição". Nas proximidades da praia encontramos os topônimos Rostungur e Rostungsfles, respectivamente "morsa" e "escolho da morsa". É uma região extraordinária para as focas — e, onde as focas se adaptam bem, as morsas também devem ter se adaptado. Muitas evidências sugerem que os homens de Örlyg tinham uma estação de caça no local que hoje se chama Sæból, um pouco mais ao sul da baía. Lá se encontra Búðarnes (búð = tenda). Um pouco mais além fica Hvalsker. Kirfi e Kirfisbás ficam perto de Sæbólssker.

Kirfi é um topônimo interessante, especialmente porque os camponeses que o registram no século XX divergem em relação ao significado desse nome. Há motivos para crer que seja um nome antigo. Minha intepretação é que Kirfi ou Kyrfi venha do verbo *kyrfa* em nórdico antigo, que significava "cortar em pedaços, esquartejar".[59] A topografia pode ajudar-nos nesse ponto: Kirfi é um topônimo empregado em baías agradáveis — nesse caso, uma baía com fundo de pedras polidas pelo mar, onde é possível ficar em pé e trabalhar.

As morsas tinham de ser cortadas na água do mar, e nos lugares chamados de Kirfi essa prática foi adotada sistematicamente. Temos ainda Kirfisbás, onde Björn, o líder dos escravos, comandava uma das propriedades de Geirmund; além disso, Kirfi em Hornvík, onde Atli teria trabalhado com seus escravos. Em Sæból *há um porto natural. Os topônimos da região revelam, então, o escolho da morsa* (Hvalskjær), um local de abate (Kirfi), um porto e tendas (vide o mapa de Hornstrandir na p. 250). No século XX ainda corriam histórias acerca do baú do tesouro de Örlyg no local chamado de Kistuhóll, em Aðalvík. Mas essa história é como aquela sobre a prata de Geirmund em Andakelda: não precisamos levá-la ao pé da letra. Mesmo assim, dificilmente essas anedotas surgem do nada.

Fljótavík (Atli)

O próximo lugar onde fazemos uma parada é Fljótavík. Essa é a base em que o líder de escravos Atli, de Atlastaðir, encerrou sua atividade para Geirmund Pele-Negra. Os homens que tocavam as propriedades de Geirmund eram chamados pelas antigas fontes de escravos, mas uma palavra mais adequada seria capataz, ou seja, o título de uma pessoa que tem a responsabilidade sobre a propriedade e os trabalhadores. Esses homens não eram criados livres, mas estavam acima dos escravos propriamente ditos e tinham a oportunidade de desfrutar de certos bens materiais. Acima desses temos o mensageiro

Örlyg, e depois outras figuras centrais no domínio de Geirmund, como Úlf, o Vesgo, Þránd Perna-Fina, Steinólf e Gils.

Atli é o mais conhecido dentre todos os capatazes de Geirmund, pois temos um fragmento a seu respeito que nos oferece um vislumbre do viking negro. A história que serve como pano de fundo afirma que Þorstein, o Azarado, teria matado um dos guarda-costas do *jarl* Hákon Grjótgarðsson. Provavelmente devido ao parentesco, Þorstein foi mandado à casa de Vébjörn, o protetor de Sogn, que por sua vez foi obrigado a viajar à Islândia para fugir do *jarl*. Tudo isso deve ter acontecido antes da morte de Hákon no ano 900. O *Hauksbók* afirma:

> *Geir era o nome de um homem grandioso de Sogn. Chamavam-no de Végeir porque era um homem pródigo em sacrifícios. Ele tinha muitos filhos. O mais velho destes era "Vébjörn", o defensor de Sogn, e depois vieram Véstein, Véþorm, Vémund, Végest e Véþorn, e também a filha Védís. Todos esses irmãos foram para a Islândia. A viagem foi longa e dura, mas eles ocuparam terras em Hlöðuvík, a oeste de Horn, por volta do outono [...]. No mesmo dia naufragaram em uma tempestade sob um grande despenhadeiro. Mal conseguiram escalar a rocha, mas Vébjörn caminhava à frente. Hoje esse lugar chama-se Sygnakleif. No inverno, Atli, o escravo de Geirmund Pele-Negra, tomou conta de todos sem pedir nada em troca pela estadia. Disse que a Geirmund não faltava comida. Mas, quando Atli encontrou Geirmund, este perguntou por que fora atrevido a ponto de albergar aqueles homens na casa à sua custa. Atli respondeu: "Porque enquanto a Islândia for habitada hão de falar sobre a grandeza de um homem que tinha um escravo capaz de assim fazer sem lhe pedir permissão". Geirmund respondeu: "Por esse feito hás de receber tua liberdade, bem como a propriedade de que cuidaste". E a partir de então Atli foi um homem grandioso em sua posição.*

Atli entrou para a história como o maior bajulador de todos os tempos da Islândia. Se de fato houve uma terceira baía onde Atli caçava morsas, então naquele momento ele e seus homens já haviam entregado grandes valores ao senhor — provavelmente mais do que os escravos de Erling Skjalgsson um dia viriam a entregar.

E aqui encontramos um esclarecimento precioso entre as linhas. Vébjörn e seus homens naufragam no outono; Atli oferece-lhes abrigo durante o inverno. Isso significa que as morsas, ou pelo menos as grandes focas, passavam o ano inteiro na Islândia, e não apenas chegavam da Groenlândia para ter filhotes nos meses de verão. Não seria razoável manter homens em Hornstrandir durante todo o inverno se não houvesse temporada de caça.

Provavelmente havia um grupo de homens com Vébjörn. No século xix acreditou-se que os homens eram dezoito em número. O *Landnámabók* menciona Vébjörn e seus seis irmãos, mas com as mulheres e os filhos o número total pode ter chegado a dezoito. Os locais das cabanas de madeira que Vébjörn construiu com essas pessoas "ainda são apontados no alto de um morro em meio ao gramado".

Sabemos, portanto, que não faltava comida na propriedade de Atli. Nos melhores dias, o menu provavelmente era composto por carne de mamíferos marinhos, cereais de Breiðafjörður, peixe salgado, pássaros marinhos e ovos, que durante o inverno podiam ser conservados em areia ou farinha.

Diz-se que Atli encontrou Geirmund depois de oferecer-lhes abrigo. Deve ter sido durante a primavera, quando os navios novamente podiam ser lançados ao mar. Os homens devem ter se encontrado na casa do mensageiro Örlyg, ou, segundo o *Landnámabók*, o encontro pode ter ocorrido durante uma das inspeções de Geirmund, quando surgia acompanhado pelo grupo de homens armados. De acordo com essa versão, Geirmund viajou a Hornstrandir nos meses de verão e deve ter usado a rota marítima que havia entre as diferentes propriedades na região.

Uma tentativa de localizar temporalmente esse encontro leva-nos aproximadamente à metade da década de 890.[60] O padrão dos movimentos da estação de Atli confirma essa possibilidade. Nesse ponto, Atli já perdeu Barðsvík e Hornvík no que diz respeito às morsas e encontra-se na última estação, em Fljótavík, quando Vébjörn naufraga perto de Sygnakleif.

Temos de levar em conta que devem ter sido necessários anos para exterminar as morsas que viviam nas baías e na região próxima. Por outro lado, durante um tempo Atli pôde empregar recursos como um homem livre; tornou-se um sujeito poderoso que deixou muitos descendentes e estaria enterrado em um navio no local conhecido como Skipshóll, em Fljótavík. Nesse caso, Atli teria morrido como um homem abastado. Essa possibilidade leva-nos a crer que entre 880 e 910 encontramo-nos no período da maior atividade de Geirmund em Hornstrandir. Os baleeiros noruegueses chegaram a Hornstrandir exatamente mil anos depois e exterminaram a população de baleias da região. Foi necessário um tempo igualmente longo: de 1880 a 1910.

Nunca conheci um pesquisador que duvidasse da fidedignidade do episódio de Atli no *Landnámabók*. O topônimo Sygnakleif também parece confirmar uma história similar a essa e, como no caso de Guðlaugshöfði, garante que continue viva na memória das pessoas.

Almenningar Vestri (Björn)

A propriedade seguinte de Geirmund localiza-se mais ao leste, no local hoje conhecido pelo nome de Almenningar Vestri. Não se conhece a localização exata da propriedade, uma vez que nenhum topônimo da época sobreviveu naquela região; e na verdade nem se tratava de "propriedades" no sentido exato desse termo. Mas sabemos que o líder do grupo de escravos que vivia em Almenningar Vestri chamava-se Björn. A região é descrita nos seguintes termos:

> *Em Almenningar Vestri encontra-se uma agradável baía antigamente chamada Brimilshöfn, hoje chamada de Höfn. Escolhos grandes e largos espalham-se a partir dessa baía, com águas profundas entre si. Essa baía e os rochedos próximos eram um local muito apreciado pelas focas. Esses animais mergulhavam sob as ondas em frente aos escolhos e nadavam para o interior da baía, deitavam-se nos rochedos e descansavam, tanto no sol do verão como no gelo do inverno.*

Brimill é a palavra do nórdico antigo que designa uma foca macho. Muitos indícios sugerem que a mesma palavra tenha sido igualmente usada para se referir a morsas macho. A foca fêmea chamava-se *urta* desde muito tempo. Na colônia de Þórólf Barba-de-Moster havia um lugar chamado Urthvalafjörður, em que *urthval* provavelmente refere-se a morsas fêmeas.

Isso significa que o escriba do *Konungs skuggsjá* (1250) não foi o primeiro a notar o parentesco entre focas e morsas, mesmo que as morsas em geral fossem descritas nas fontes simplesmente como *hval*. A norte desse idílio das focas situa-se Kirfisbás, um dos poucos lugares oferecidos pela natureza para que as pessoas esquartejassem cadáveres de animais e depois os arrastassem até a orla.

Ainda temos um fragmento sobre a dura batalha pela vida que aguardava Björn e seu grupo quando os recursos começaram a escassear. O *Landnámabók* afirma que Björn foi flagrado roubando ovelhas após a morte de Geirmund.

A história de Björn leva-nos diretamente ao período dramático que aguardava os escravos de Hornstrandir quando o domínio de Geirmund começou a se dissolver e o chefe morreu. Björn e seus homens viram-se em condições precárias, uma vez que começaram a ter pouca comida depois que os mamíferos marinhos foram espantados pela caça.

Kjaransvík

A próxima estação foi Kjaransvík. Assim como no caso de Almenningar Vestri, essa não é uma região agrícola, porém um pouco mais ao norte encontramos Hvalsker. Kjaran (Ciáran) era irlandês e deve ter se destacado como um homem esforçado e confiável no trabalho que fazia desde que o deixamos em Hvalgrafir no Breiðafjörður.

A essa altura, Kjaran tornou-se capataz e tem responsabilidade pessoal por doze outros escravos, de acordo com a *þátt* sobre Geirmund. Da mesma forma, Atli deve ter mantido doze ou catorze escravos sob sua responsabilidade.

Mas falta um elemento essencial nessa descrição relativa ao grupo que operava a propriedade. Esses escravos dificilmente poderiam se virar sem mulheres que preparassem a comida e se encarregassem da limpeza e da organização, e também fabricassem roupas adequadas capazes de protegê-los contra o vento que sopra do oceano Ártico. Em particular, era preciso alguém que soubesse tecer, para fabricar a matéria-prima das roupas de baixo.

Roupas de pele e de lã eram imprescindíveis para as pessoas que viviam naquela região. Os caçadores de morsa em Hornstrandir deviam usar um equipamento idêntico ao do homem chamado de "o último viking" na Groenlândia. O corpo desse homem foi encontrado em 1540, com uma touca de lã na cabeça e roupas de pele de foca; por baixo, usava roupas de tecido rústico dos pés à cabeça. Foram encontrados resquícios de antigos teares nas mais antigas casas da Islândia.

A caça e o esquartejamento dos animais eram feitos pelos homens, enquanto as mulheres devem ter participado do trabalho seguinte. A produção de óleo, por exemplo, não é tão exigente do ponto de vista físico depois que os recursos são levados até o local de processamento.

E talvez não seja irreal imaginar que houvesse um número de mulheres similar ao número de homens em Hornstrandir.[61] Nesse caso teríamos aproximadamente 28 escravos em cada estação.

Mas como um único capataz poderia vigiar 28 escravos? Em termos práticos, é impossível. Os escravos tentariam matá-lo ou então fugir na primeira oportunidade. As fontes tampouco mencionam guardas. Eram necessários cerca de sessenta homens armados para vigiar um grupo de cem escravos, ou seja, 0,6 guarda para cada escravo. De acordo com esse cálculo, cada base precisaria de dezessete guardas. Assim já temos 45 pessoas em cada estação de caça, sendo que a propriedade do mensageiro Örlyg deve ter sido a mais populosa. Se imaginarmos uma distribuição homogênea, seriam 180 pessoas nas propriedades de Geirmund em Hornstrandir. Além disso, Geirmund tinha uma propriedade em Steingrímsfjörður, na parte sul de Strandir. Se presumirmos uma ocupação idêntica, chegamos a 225 pessoas a serviço de Geirmund. Mesmo assim, essa é apenas a metade da região ocupada por sua colônia na Islândia.

Eram 225 pessoas que lhe traziam grandes riquezas, mas que assim mesmo recebiam pouco (no caso dos guardas) ou nenhum (no caso dos escravos) retorno por aquilo que produziam. Talvez não seja estranho que no século XIII as pessoas continuassem a acreditar que Geirmund Pele-Negra tinha sido o mais rico dentre todos os colonizadores. Atli provavelmente estava certo ao dizer que sua grandeza viveria por todo o tempo em que a Islândia fosse habitada.

Barðsvík (Atli)

Chegamos à estação final, onde toda a aventura começou: Barðsvík. No verão de 883, pilhas de morsas encontram-se enfileiradas ao longo da praia. Um grupo de homens as esquarteja no mar, tingindo a água de vermelho, e por trás das morsas ouvimos uma voz possante a bradar ordens para aqueles que derretem a gordura nas valas junto à orla. Um pouco acima vislumbramos a fumaça que sai das cabanas. "Um navio está chegando", uma voz diz; e, a seguir, mais alto: "Um navio está chegando!".

Atli desce até a praia, mas os guardas ordenam às pessoas que continuem a trabalhar. Atli observa a embarcação que desliza em direção aos escolhos próximos a Barðsvík. Ele está usando uma touca de pele, mas para além disso traja roupas leves — provavelmente era um desses homens a respeito dos quais se diz terem "calor de urso": nunca sentem frio. O queixo treme quando ele grita. A voz é grave e decidida, e os dentes são tortos. As pernas são curtas em relação ao corpo: o homem todo é coberto por uma generosa camada de gordura. Atli é enorme. As fontes afirmam que tinha "um temperamento explosivo e a coragem de um *berserk*". É como se aquele corpo tivesse sido formado a partir da simbiose com os próprios mamíferos marinhos. Atli entra caminhando na água e olha em direção ao mar. Quando o navio se aproxima, ele solta um suspiro de alívio. Guðlaug atraca em uma agradável baía na parte sul de Barðsvík. Atli se aproxima para ajudá-lo.

Diz a Guðlaug que não o esperava tão cedo, mas que assim mesmo há mercadorias suficientes para entregar. À tarde Guðlaug ouve a história sobre os escravos que fugiram e levaram um dos barcos na madrugada. E conta que os encontrou na ilhota que agora se chama Íraboði. Um dos homens não estava de todo morto — mas assim mesmo foi impossível reavivá-lo. Atli fala sobre o ocorrido como se tivesse perdido um animal doméstico. Ele pede que Guðlaug informe a Geirmund sobre a necessidade de mais homens. Atli é um homem forte e implacável que vive em meio a um cenário forte e implacável.

Depois de pescar naquelas regiões inóspitas por muitos verões, eu sei que os dias ensolarados criam um sistema de ventos no mar ao sul da montanha

Kaldbakur. O *innlögnin* é o vento suave que sopra quando o sol se põe no fiorde ao final desses dias e, além disso, é um vento favorável aos navios de vela redonda que chegam a Steingrímsfjörður ou Bitra (vide o mapa de rotas de transporte na p. 261).

E assim também deve ter sido 1.100 anos atrás — essas devem ter sido as condições que Geirmund e seus homens encontraram e das quais tiraram proveito. No verão as pessoas usavam essa rota de transporte para Bitrufjörður, em particular quem saía das baías no sul de Hornstrandir.

Guðlaug zarpa de Barðsvík com o sol no firmamento e o navio abarrotado. Quando passam por Kaldbakur, o vento enche a vela. Um pouco mais longe da costa os escolhos desaparecem. A navegação se torna segura. As condições são ideais. E ele tem bons homens na tripulação. Guðlaug é jovem e segura o remo com força. Tem um futuro brilhante pela frente, pois aquela é uma época auspiciosa. Ele olha para a esposa e para a filhinha pequena cujo destino jamais conheceremos. Decidiu levá-las consigo naquela vez. Assim também poderiam aproveitar a viagem enquanto ainda é verão. Ele acha bonito ver que estão desfrutando o passeio na proa do navio. E alegra-se ao pensar em ter outros filhos. Em construir uma grande propriedade e ter uma prole numerosa. Guðlaug sente-se forte; quer obter tudo aquilo que puder e proteger a família para sempre.

Mas em Bitra um outro destino o aguarda...

As rotas de transporte — o trajeto por Djúp

Foram as muitas rotas de transporte usadas por Geirmund que me levaram a pensar que haveria algo mais por trás das antigas histórias sobre a intensa atividade que desenvolvia. Comecei a vislumbrar essas rotas por meio de mapas e alfinetes, e também de uma boa dose de paciência. Passado um tempo, tentei caminhar pelas travessias de urzais para ver se poderiam ser usadas por um cavalo transportando carga.

As muitas rotas estabelecidas por Geirmund sugerem o transporte de mercadorias caras. As entregas constantes também exigiam que tivesse muitas estradas dentre as quais pudesse escolher dependendo da estação do ano, do clima e das condições do vento. Provavelmente as mercadorias pesadas, como óleo e carne, tinham de ser transportadas por via marítima. Para as mercadorias mais leves era possível usar as estradas rurais.

Também era possível alternar entre diferentes rotas de transporte para evitar as emboscadas de saqueadores. "Havia muitos saqueadores e fora da lei tanto ao norte como ao sul naquela época, de maneira que era raro encontrar alguém que pudesse deixar suas coisas em paz", diz a *Vatnsdœla saga*. Houve muitos homens como Þorbjörn, o Amargo, dispostos a fazer grandes apostas pela chance de ganhar riquezas. As pessoas deviam saber o que se passava.

Há motivos de sobra para crer que boa parte das mercadorias produzidas em Hornstrandir era reunida pelo mensageiro Örlyg em Aðalvík. Mas como levá-las de lá até Breiðafjörður?

Relações hierárquicas de Geirmund Pele-Negra

Geirmund Pele-Negra

Örlyg (mensageiro)

Kolli (irmão por pacto de sangue de Örlyg)	Líderes dos escravos (capataz): Atli, Kjaran, Björn
Þórólf Pardal	Escravo
Knjúk dos Promontórios (Svínanes)	Recursos
Geirstein (Hjarðarnes)	

O mais importante era evitar o transporte em mar aberto — evitar uma passagem por Látrabjarg e pelo assustador Látraröst. Nesses locais encontramos praticamente as mesmas condições existentes em Stad, na Noruega.[62] Os homens tinham de transportar a carga por Ísafjarðardjúp.

Lembramo-nos de que Geirmund não se contentou em enviar o mensageiro Örlyg para aquele paraíso de recursos. Junto com outros homens, vieram também Þórólf Pardal e Kolli, ambos enviados para locais ao norte de Barðaströnd.[63] Um homem importante para o transporte por Djúp era Knjúk dos Promontórios, o filho de Þórólf Pardal.[64] Consta que Knjúk assumiu as terras de Kvígindisfjörður, no leste, até Barðaströnd, onde se encontrava Geirleif Eiríksson, sobrinho de Úlf, o Vesgo. Uma região gigantesca, portanto — mas esses homens não estavam sozinhos. A região de Knjúk dos Promontórios inclui, entre outros, os promontórios de Svínanes e Hjarðarnes, onde Geirmund supostamente mantinha rebanhos.[65]

Mas Knjúk dos Promontórios era bem mais do que um mero pastor a serviço de Geirmund. Suas regiões incluíam o interior de Skálmarfjörður. De lá sai uma estrada que atravessa Skálmardalsheiði e chega a Ísafjörður, na parte mais interna de Ísafjarðardjúp.[66]

E assim descobrimos a principal rota de transporte a partir do mensageiro Örlyg. Como vemos no mapa, a rota entra em Djúp e vai a Kleifakot, atravessa Skálmardalsheiði e então segue para Flatey, Skarð e Dagverðarnes.

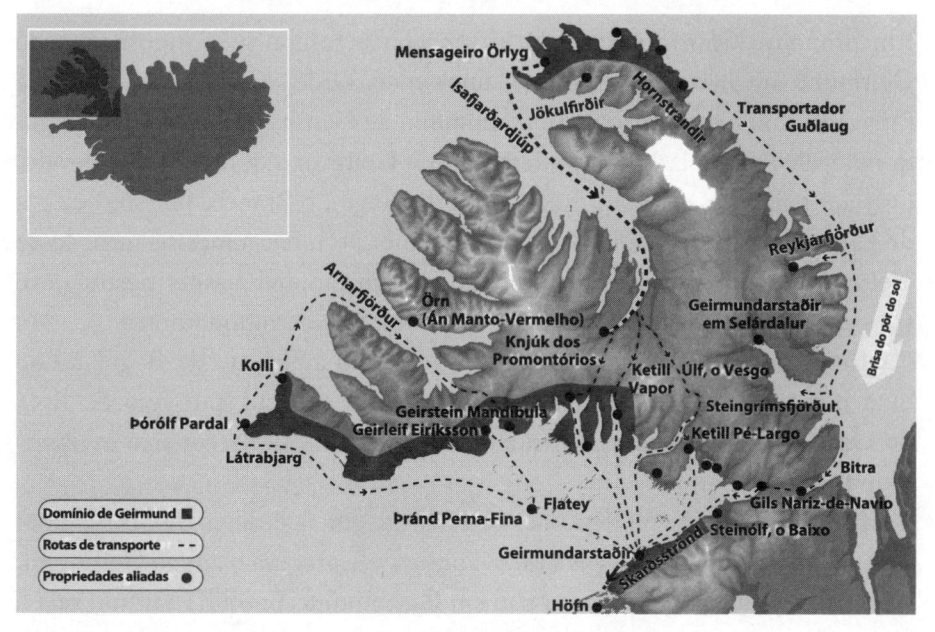

As cinco principais rotas de transporte no domínio de Geirmund.

Navegar por Djúp era bem mais seguro do que cruzar as voragens próximas a Látrabjarg e Aðalvík, por mais que a tripulação tivesse o favor dos deuses. O Straumnesröst, próximo a Straumnes, é descrito como a pior voragem nas águas de toda a Islândia. Knjúk dos Promontórios supostamente criava porcos, conforme indica o nome Svínanes ("promontório dos porcos"), porém sua mais importante atribuição estava ligada às rotas de transporte. Ele cuida dos cavalos encarregados de fazer a travessia do urzal. E deve ter mantido um navio para transportar as mercadorias até o porto natural de Flatey, onde mais tarde seria encontrada uma belíssima presa de morsa.

Será que um dos homens teria feito uma tentativa de desviá-la?

A partir de lá, Þránd Perna-Fina assumiria a responsabilidade por assegurar que as mercadorias chegassem a Geirmund em Skarð ou diretamente a Höfn em Dagverðarnes.

O genro de Geirmund: Ketill Vapor

Em primeiro lugar, portanto, Örlyg chegou e tornou-se o mensageiro de Geirmund no norte. No entanto, anos mais tarde, Ketill Vapor, filho de Örlyg, chegou e tornou-se parte do domínio de Geirmund. Ketill é uma figura notável. Pertencia à mesma família que Geirmund, a família de Ögvald. Örlyg, o pai, é casado com Sygny, irmã de Högni, o Branco, por sua vez pai de Úlf, o Vesgo. Isso significa que Ketill Vapor pertence à mesma geração de Geirmund e Úlf. Talvez seja um pouco mais jovem, mas assim mesmo deve ter sido bastante mais velho do que a menina Ýri Geirmundardóttir.

Ketill pode, então, ser associado ao mesmo ambiente de Rogaland ao qual pertenciam Geirmund e Úlf. Além disso, consta que veio da Rota do Oeste: "Ele participou de expedições a oeste e tinha consigo escravos irlandeses da Irlanda".

Na nova terra, Ketill deu início a uma existência errática de acordo com o *Landnámabók* e com a *Egils saga*.[67] Por fim, ele procura o amigo Geirmund, "pede a mão de Ýri" e encontra paz em Gufufjörður. É a filha Ýri que sela a aliança entre essas partes (vide a árvore genealógica de Geirmund na p. 39).

Mas, antes que isso acontecesse, os escravos fugiram de Ketill em todas as direções. Uns levaram consigo mulheres (provavelmente escravas) e vários bens. Esses escravos foram capturados e mortos em diferentes locais no sudoeste da Islândia.[68]

Muitos dos topônimos iniciados por *Gufa-* ou *Gufu-* associados a Ketill Vapor (em nórdico antigo Ketill Gufa) supostamente surgiram a partir de formações naturais de vapor na natureza (*gufa* = "vapor"), que os escribas do *Landnámabók* mais tarde associaram às histórias sobre as incansáveis andanças de Ketill Vapor.

Não precisamos descartar essas histórias por completo. No *Landnámabók* fica claro que Ketill entrou já tarde no processo colonizatório e precisou andar por metade do novo país até encontrar um local de residência permanente. No entanto, existe uma outra explicação, que consiste em afirmar que Ketill era um caçador que fazia deslocamentos constantes em busca de recursos; está sempre avançando rumo ao norte. E os lugares por onde Ketill andou são conhecidos pelas grandes quantidades de morsas. Em Rosmhvalanes, não muito longe de Gufuskálar, recentemente foi escavada uma construção que os arqueólogos imaginam ter pertencido a caçadores sazonais chegados à Islândia antes que residências permanentes fossem estabelecidas. Em Reykjavík e em Borgarfjörður também foram descobertos resquícios significativos de presas de morsa.

Nesse caso, Ketill não se encontra entre os primeiros bem-aventurados ao sul da Islândia. Não consegue obter matéria-prima suficiente para se manter. É isso que indicam as histórias sobre a fuga de escravos: Ketill já não tem mais como sustentar os guardas. As mercadorias que os escravos levam consigo talvez fossem tudo aquilo que Ketill havia juntado para vender na Rota do Oeste.

A história de Ketill é a história do domínio de Geirmund em miniatura. Um caçador de morsas que usa escravos da Irlanda para obter os recursos que pretende vender por meio de contatos comerciais na Rota do Oeste. Ketill passa dificuldade quando o retorno da atividade que desenvolvia começa a cair na década de 880. Mas isso não impede que antes tenha sido um caçador de sucesso. Conforme sabemos, as histórias surgem quando há problemas à vista. A essa altura, as morsas do sul ou foram caçadas ou fugiram para o norte — e o mesmo vale também para Breiðafjörður. As morsas restantes precisam ser buscadas mais ao norte, na implacável Hornstrandir.

O grande caçador Ketill deve ter sonhado com a independência, mas, por fim, nota que tem apenas uma saída: aliar-se ao amigo de Avaldsnes. Um caçador falido salva-se ao desposar a filha de um homem rico. A julgar pela região para onde foi enviado, Ketill Vapor era um transportador de Geirmund, mas se foi mesmo um bom caçador, como tudo indica, também deve ter participado das matanças ao norte. Geirmund manda o genro para *landa fyrir vestan fjǫrð* — ou seja, para Gufufjörður. Essa região inclui Skálanes e Kollafjörður. Lá, o urzal de Kollafjarðarheiði podia ser usado como via de transporte desde o ponto de descarga no interior de Ísafjörður, para então chegar a Breiðafjörður. Também é muito eloquente o fato de que mais tarde se costumava transportar barcos através de Kollafjarðarheiði.[69] Tudo era feito para evitar a rota marítima que passava por Látraröst.

As mercadorias de Örlyg em Aðalvík eram, assim, transportadas pelo filho Ketill até a propriedade do sogro em Breiðafjörður. Conforme vemos no mapa, essa rota de transporte saía da propriedade do mensageiro Örlyg, avançava por Djúp até Hrakseyri, atravessava Kollafjarðarheiði até Eiry em Kollafjörður e de lá seguia rumo a Geirmundarstaðir e, finalmente, a Dagverðarnes.

Úlf, o Vesgo

Havia uma terceira rota de transporte que saía do interior de Ísafjörður. Essa rota ficava próxima do porto de descarga na região ao redor de Hrakseyri e subia por Þorskafjarðarheiði. Essa rota era, nas palavras de Kålund, "a travessia do urzal empregada por todos", que vai de Ísafjörður a Þorskafjörður — um fato confirmado pelo topônimo Ísfirðingagil ("desfiladeiro dos cavalos do fiorde"), localizado no interior de Þorskafjörður.

Não precisamos de uma imaginação particularmente fértil para conceber quem deve ter se encarregado de transportar mercadorias por essa rota. Deve ter sido o proprietário do terreno no interior de Þorskafjörður — o amigo vesgo e irmão de criação de Geirmund (vide o mapa das rotas de transporte na

p. 261). Se quisesse evitar o mar aberto, Úlf, o Vesgo, também poderia usar uma pequena travessia chamada Hríshólsháls para chegar à propriedade do aliado Ketill Pé-Largo em Berufjörður. Se as águas em Þorskafjörður fossem tão rasas quanto hoje, seria complicado usar navios para fazer o transporte ao longo do fiorde.

Önund Pé-de-Pau

Havia um homem chamado Önund Pé-de-Pau. Ele havia participado das atividades de Geirmund na Islândia. Havia perdido um dos pés na batalha de Hafrsfjord, mas consta que continuou a levar uma vida tão ativa como se tivesse os dois. Esse era um homem de Rogaland; mais não é dito. Era um homem rico, que tinha grandes propriedades e muitos criados. Tudo isso é confirmado por uma história contada na *Grettis saga*: após a batalha de Hafrsfjord, Belos-Cabelos tomou a propriedade de Önund e pôs um de seus próprios mensageiros por lá.

Um pesquisador escreveu que Önund e Geirmund haviam feito um pacto de sangue, mas eu não consegui localizar uma fonte que servisse de base para essa afirmação. Por outro lado, existem vários indícios capazes de sugeri-la.

Existe uma estrofe de poesia escáldica atribuída a Önund na qual ele se queixa das más condições do lugar em que havia se estabelecido na Islândia — Kaldbaksvík, em Strandir. Não podemos confirmar a autenticidade dessa estrofe, que pode trazer informações muito antigas.[70] Em todo caso, o certo é que nos oferece um *insight* na psiquê de muitos colonizadores:

> Deixei para trás meu país e amigos muitos,
> porém isso é novo:
> Seria uma péssima troca
> receber Kaldbak pelos campos meus.[71]

As últimas duas linhas geralmente são interpretadas como se Önund tivesse abandonado seus campos, porém uma análise um pouco mais detida revela-nos qual era o provável lugar de origem de Önund na Noruega:

krǫpp eru kaup, ef hreppik
Kaldbak, en ek læt Akra.[72]

Akra, além de "campos", também pode significar o nome de uma propriedade chamada Akrar — que no caso acusativo transforma-se em Akra. E Akrar é o nome da maior propriedade na ilha de Karmøy, em Rogaland, hoje Åkra. A inóspita Kaldbak é um contraste e tanto em relação à abundância de Akrar.[73]

Se de fato Geirmund vinha de Avaldsnes, então Geirmund e Önund seriam antigos vizinhos de Karmøy. Em Åkra, o porto e a terra fértil para o plantio de cereais ofereciam uma aliança ideal para a propriedade real de Avaldsnes. Pode ter havido influência de ligações comerciais, mas acima de tudo essa aliança devia estar relacionada ao controle do tráfego de navios. Na época dos vikings também havia pessoas que tentavam fugir dos impostos e das tarifas alfandegárias. Para evitar a alfândega em Avaldsnes era preciso navegar pela costa oeste de Karmøy. Era uma rota perigosa, mas ao mesmo tempo a ideia de fazer a travessia com todas as mercadorias era tentadora. A partir de Åkra essas situações poderiam ser registradas.[74] Esse fato pode explicar por que Harald coloca um mensageiro na propriedade de Önund: trata-se de manter o controle sobre a Rota do Norte. A mesma saga afirma que Önund fez uma visita a Geirmund na Rota do Oeste quando reuniu forças suficientes para lançar um ataque contra Belos-Cabelos. Essa é uma indicação de que ambos já mantinham contato.

Önund chega tarde à Islândia, no período compreendido entre 895 e 900, quando o velho amigo já estava bem estabelecido. Em um primeiro momento, instala-se em Kaldbaksvík. Depois surge uma história extraordinária sobre a expansão das regiões que controlava:

> *Mais tarde, Eirík [Armadilha] deu-lhe Veiðileysa e Reykjafjörður, até Reykjanes; nada foi acordado em relação à madeira trazida pelo mar, pois era tão farta que cada um podia ter o quanto desejasse.*[75]

Temos aqui um detalhe que não faz sentido: um colonizador dá a outro a metade de sua colônia, sem pedir absolutamente nada em troca? Numa época em que a vida era, *grosso modo*, uma luta por recursos? A explicação dada pelo autor da saga é difícil de aceitar, porque não havia nada "tão farto que cada um podia ter o quanto desejasse". Eirík deve ter ganhado *alguma coisa* em troca, mas essa informação já estava no livro do esquecimento quando a *Grettis saga* foi escrita. As pessoas não se lembram de economia. Eirík era um homem rico — *auðigr*. Dificilmente poderia se manter rico agindo dessa forma.

Mesmo assim, a motivação por trás dessa atitude é bastante clara: do interior de Reykjafjörður, próximo à propriedade de Kjós, sai a melhor estrada para subir Trékyllisheiði a pé ou a cavalo. Essa é a antiga rota entre a parte norte e a parte sul de Strandir. Esteve em uso desde os tempos mais antigos, até que surgissem as estradas ao longo da costa.[76]

Junto à estrada que parte de Kjós morava a minha tataravó. Também foi lá que ela morreu ao dar à luz aos quarenta anos de idade. Certa vez me sentei nas fundações da antiga casa em Kjós. Era uma manhã de verão e os passarinhos cantavam ao redor. Eu havia voltado de um baile em Árnes — o lugar onde Eirík Armadilha morava. Olhei para as fundações e imaginei as mãos brancas que em outra época haviam esfregado fraldas na tábua de lavar, uma mulher com gotas de suor na testa, e pensei em como o esquecimento é implacável: minha trisavó está mais longe de mim do que Önund Pé-de-Pau! Tudo o que eu sabia a respeito dela era que se chamava Vilhelmína Pálína e que havia morrido ao dar à luz aos quarenta anos de idade. Minha bisavó tinha crescido naquele lugar. Lembrei-me das histórias da minha avó Vilhelmína sobre o coitado do meu trisavô Guðmundur Barnakarl, que tinha duas mulheres e vários filhos, mas não conseguia um único instante de paz, uma vez que tinha a responsabilidade de guiar as pessoas na travessia do urzal. Ele não tinha um único dia tranquilo. Tinha de controlar os horários. Pedir às pessoas que se mantivessem calmas. Ler as nuvens. Logo vamos partir. Vistam-se!

Olhei para o chão orvalhado. Imaginei um homem robusto com um pé de pau. Ele dava ordens a escravos que punham sacos no dorso dos cavalos. Logo haveriam de partir por Trékyllisheiði.

A essa altura já estamos em um ponto razoavelmente avançado na fase de estabelecimento para que as pessoas disponham de manadas de cavalos e assim possam fazer o transporte por estradas terrestres.

A resposta em relação a quem estaria por trás de tudo isso surge quando chegamos a Steingrímsfjörður, no outro extremo do caminho. Atravessamos Heiðargötugil e chegamos a Selárdalur em Steingrímsfjörður. Lá está Geirmundarstaðir em Selárdalur — segundo o *Landnámabók,* a propriedade de Geirmund Pele-Negra.

De lá basta um tiro para se chegar a Staðardalur, o vale ao lado de onde a estrada continua rumo à antiga Kollabúðarheiði, outra travessia de urzal empregada desde os tempos mais antigos. Chegamos então a Kollabúðir, em Þorskafjörður, onde se encontra Úlf, o Vesgo, irmão de criação de Geirmund.[77] Desse ponto é possível continuar a fazer o transporte por via marítima até o destino final. Aqui encontramos uma outra rota de transporte usada pelo vesgo Úlf.

Os caminhos de Önund e Úlf, o Vesgo, encontram-se, dessa forma, em Geirmundarstaðir, em Selárdalur. Provavelmente essa propriedade funcionava acima de tudo como uma estação de trânsito.[78]

Önund Pé-de-Pau não hesitou em fazer contato — e o mesmo aconteceu também na Irlanda. Geirmund usa Önund para estabelecer mais uma rota de transporte a partir do norte — desta vez por uma estrada de chão. Mas antes foi preciso negociar com o colonizador Eirík Armadilha, que comandava a melhor travessia até Trékyllisheiði. Isso teve um custo, mas Eirík também era um homem com mercadorias e capital à disposição.

A *Grettis saga* conta-nos que nas gerações seguintes houve conflitos em Reykjafjörður, o fiorde que Eirík teria "dado" para Önund. Mais uma vez testemunhamos o mesmo fenômeno: o domínio de Geirmund caiu. Agora os filhos de Eirík querem de volta as terras do pai, junto com todos os bens que lá se encontram. Houve uma mudança nas condições econômicas, e já não havia mais nenhuma vantagem em "dar" aquela região.

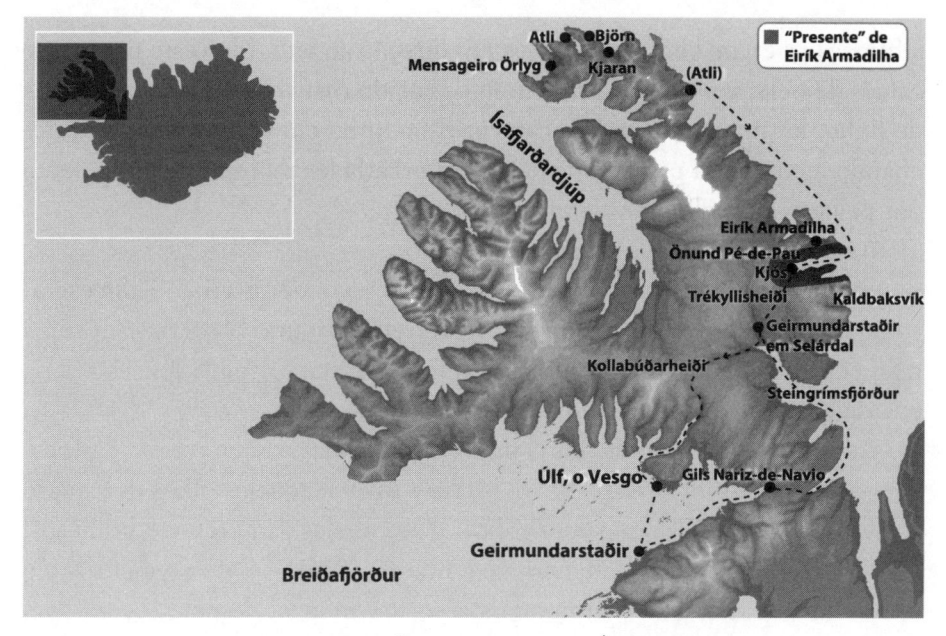

A rota de transporte sob o encargo de Önund Pé-de-Pau e Úlf, o Vesgo.

Um dia na vida de Geirmund

Já vimos um pouco do que Geirmund Pele-Negra fazia na Islândia ainda intocada. Podemos vislumbrar a notável inteligência prática desse homem a partir da maneira como posicionou homens nos melhores lugares e começou a transportar mercadorias para sua propriedade principal.

Mas ainda não dissemos se abria um sorriso quando estava bravo nem qual era o timbre de sua voz. Será que tinha pequenas manias, como apertar os olhos ao falar? Será que sabia cantar? E em caso afirmativo, o quê? Será que era um bom contador de histórias? Será que era bem-humorado? Cavouquei, pesquisei e passei diversos verões mapeando e percorrendo as rotas de transporte desse antepassado, mas é frustrante perceber quão pouco eu sei a respeito desse homem. Sou obrigado a recorrer à fantasia para me aproximar um pouco mais e imaginar uma manhã em sua vida. Vamos tentar:

Geirmund acorda com uma explosão de risadas no lado de fora da cabana e salta da cama. Uma escrava ruiva mexe uma panela acima da lareira e a fumaça se ergue como uma névoa em direção ao teto. Ele veste um par de calças de pele, um cinto e um blusão de tecido rústico por cima das roupas de linho, levanta-se e enrola a capa azul-marinho em volta dos ombros, fechando-a com uma presilha decorativa. Þorkatla levanta-se ainda sonolenta dos pelegos de ovelha, revelando os seios.

"Onde você vai?", ela pergunta.

Houve relatos de um incidente em Ballará na tarde anterior — um escravo teria sofrido queimaduras enquanto derretia gordura. É preciso ver se há maneira de salvá-lo. Geirmund pega o cinturão com a espada que estava na guarda da cama e prende-o ao redor da cintura.

Assim que se mostra na porta da casa, as risadas e as conversas das pessoas no lado de fora cessam. O sol brilha e ofusca aqueles olhos que quase somem por trás das dobras mongólicas. Os cabelos são pretos e brilhosos, e a pele ao redor do rosto de nariz redondo é escura — e nesse momento o vemos sair da casa em Geirmundarstaðir: um mongol de pele escura com botas de pele de foca olha para o fiorde.

As pessoas aguardam ordens com a respiração suspensa. Geirmund percebe que Illþurrka já está pronta com outras duas mulheres.

"Encontraram as plantas?", ele pergunta.

"Estamos fazendo o máximo possível", respondem as mulheres.

Þorstein, o Vermelho, o guarda-costas mais próximo de Geirmund, informa que vinte cavalos foram encilhados e pergunta se é o bastante.

"É o bastante", responde Geirmund.

Os homens montam no dorso dos cavalos em meio ao tilintar dos arreios e de uma ou outra arma. Ouve-se o rumor abafado de cascos quando os homens partem ao encontro de Hrólf em Ballará.

Os pensamentos de Geirmund estão mais ao norte, em Hornstrandir. Um dos primeiros navios da primavera chegou, trazendo a notícia de que cinco escravos irlandeses não haviam resistido ao inverno. Geirmund não pode sofrer uma perda tão grande em um único inverno. Esses fracotes do sul não são resistentes o bastante para o frio e a umidade da Islândia. E se durante o inverno ele se mudasse para um lugar de clima mais ameno, como Jökulfirðir? Talvez no inverno pudessem levar um barco para lá e pescar no fiorde. Assim a comida seria mais farta. Bacalhau. Nham! E também poderiam fabricar cabos por lá. É claro. Além disso, poderiam limpar plumas de êider para se manterem quentes. O fiorde tem bastante pasto, e quatro ou cinco vacas seriam o bastante para o grupo inteiro.

Está decidido. Geirmund discute o assunto com Örlyg em Aðalvík quando torna a viajar ao norte: uma base de inverno em Norðfjörður.[79]

As nuvens deslizam rumo ao leste; uma brisa suave começa a soprar do oeste. O sol e a sombra brincam enquanto os homens se aproximam de Frakkanes, onde Geirmund mantém seu grupo. Hoje esse local se chama Skálatóftir ("Fundações das casas"), e podemos supor que as construções ficavam lá.

Illþurrka cavalga um pouco mais além, até a costa. Aos poucos Geirmund se aproxima dela. Como é bela! O rosto é liso e plano como um lago no urzal. Os olhos são estreitos, de maneira que nenhum espírito do mal poderia adentrá-los. As pernas são fortes. Ele ainda gosta dela de muitas formas diferentes.

Mas tudo foi virado de ponta-cabeça com aquele parto assustador. O menino estava virado para o lado errado, e, quando enfim conseguiram retirá-lo, o cordão umbilical estava preso em volta do pescoço. Não foi possível salvá-lo. Mesmo depois de muito esfregá-lo e dar-lhe palmadas, o menino não quis despertar. Geirmund tinha visto o bebê, que se parecia consigo. A barriguinha do herdeiro. Azul e frio em cima da mesa. Havia uma estranha paz sobre aquela criaturinha. Como se estivesse dormindo.

Desde então, ele não havia sequer tocado nos joelhos dela.

Geirmund cumprimenta Hallfreð, o encarregado de Frakkanes. Os homens apeiam dos cavalos e deixam que pastem um pouco. Tudo vai bem com a produção. Há bastante pele em salmoura. Logo esse material vai para a secagem e o tratamento. E logo o óleo será mandado para Dagverðarnes. Assim que o tempo estiver bom para a navegação.

Hallfreð mostra-lhe o cabo de faca que um dos escravos entalhou a partir do osso de um pênis de morsa. Geirmund pega o osso. Percebe que o homem sabe fazer bem aquele trabalho. Talvez seja boa ideia levá-lo para a casa dos entalhadores. Mais tarde. Geirmund prende o osso entalhado no cinturão.

O grupo continua a cavalgar.

Geirmund ainda está bravo com o genro Ketill após a visita do dia anterior. Quem ele pensa que é? Por acaso acha que ganhou um dote eterno ao casar-se com Ýri? Aquele homem não tem nenhum sentimento de honra! Chegar e pedir três escravos além dos três que já havia ganhado! Como se ele sozinho pudesse tomar conta de seis escravos! Sem dúvida acabaria morto no mesmo dia. Justo ele! Que nem ao menos sabia cuidar dos escravos que já tinha! Além disso, havia pedido mais cavalos e mais porcos; o homem não tinha limites. Será que não conhecia a antiga canção que diz "há sangue no peito/ daquele que pede/ comida para cada refeição"?[80] Não haviam faltado palavras grandiosas no casamento, mas àquela altura Geirmund já duvida de que Ketill possa tomar conta da rota por Kollafjarðarheiði.

Era um rapaz da família certa — quanto a isso não havia dúvida. Mas era demasiado avaro e exigente. Será que sonhava em assumir tudo sozinho mais tarde?

Em Ballará, Geirmund apeia do cavalo e aperta a mão de Hrólf Kjallaksson. Quer saber tudo sobre o ferimento do escravo. Foi na perna esquerda — do joelho para baixo. O escravo tinha pisado no óleo quente que havia na vala. Naquele momento está dentro de casa, com a perna de molho em um balde de água do mar.

Illþurrka pede para vê-lo. As mulheres trazem um saco de pele, bandagens de linho e um estômago de foca contendo uma gosma verde. Geirmund sabe que no saco de pele Illþurrka tem ossos de mamute em pó, que trouxe consigo do norte da Sibéria. Os samoiedos usavam esse pó como cicatrizante de feridas. Depois que as mulheres entram na casa, Hrólf e Geirmund começam a falar sobre o resultado das últimas caçadas. Geirmund pergunta se as mulheres em Kvenhóll estavam cuidando bem dos cereais.

De repente, ouve-se um grito:

"Navios! Há navios chegando!"

Þránd Perna-Fina acendeu duas fogueiras no monte em Flatey — duas plumas escuras de fumaça estendem-se rumo ao leste, carregadas pelo vento.

Os navios vão diretamente ao porto de Dagverðarnes.

Quando Illþurrka e as mulheres tornam a sair, Geirmund diz que ele e os homens vão a Dagverðarnes receber os navios que chegam. Mesmo assim, três homens são destacados para acompanhar Illþurrka e a comitiva de mulheres de volta até Geirmundarstaðir. Illþurrka monta no cavalo, olha em direção a Kvenhóll e diz com uma voz cheia de autoridade:

"Vais fazer uma visita às tuas mulheres?"

Geirmund percebe na voz que a esposa está brava. É uma coisa totalmente nova — ela nunca agiu daquela forma. E ela não para. Illþurrka diz que ele se deita o tempo inteiro com Þorkatla. E que nunca mais a tocou. Que nem ao menos olha para ela. Que ele se envergonha dela!

"Não é culpa tua que os deuses não quiseram me conceder um herdeiro", Geirmund exclama quando ela parte.

Mas já é tarde demais. Illþurrka vira-lhe as costas e cavalga para longe com o que ainda lhe resta de orgulho.

"São dois navios!", uma voz grita quando duas velas surgem no horizonte.

Geirmund pensa depressa e dá ordens para que o navio de carga em Dagverðarnes seja retirado do abrigo e preparado. O primeiro navio com destino a Dublin naquela primavera está prestes a zarpar. Geirmund fala com os homens que cuidam dos navios e explica que tinham de aquecer bem o alcatrão de foca antes de impregnar o casco usando o estoque guardado em barris desde o outono anterior.

Mas ele parece estar longe quando dá essas ordens. Tem os pensamentos em outro lugar — junto da mulher que viu cavalgar para longe. Ao longo de Skarðsströnd. Ele olha para Illþurrka, que aos poucos desaparece em meio ao panorama, e depois para as velas dos navios que se aproximam pelo fiorde, antes de olhar em direção a Kvenhóll...

As esposas, os filhos e os descendentes de Geirmund

Illþurrka

Já sabemos que Geirmund não apenas teve contato com um povo de caçadores da Biármia, mas que também era casado com uma biarmesa. Além disso, existem indicações de que teria caçadores desse mesmo povo consigo na Islândia.

Por trás disso existem motivos práticos: esses homens eram necessários. Os celtas e os nórdicos que Geirmund havia levado da Irlanda não podiam ter grandes conhecimentos acerca da caça e do uso de animais como a morsa por um motivo simples: esses animais vivem no Ártico e não existiam nas Ilhas Britânicas nem no oeste da Noruega durante a época dos vikings. Essas razões práticas já foram interpretadas como motivo para que os nórdicos tenham levado caçadores da Lapônia para a Groenlândia (nesse caso, lapões do mar). O topônimo Finnsbúðir, no oeste da Groenlândia, supostamente teria surgido por causa dos finlandeses (lapões); além disso, existem palavras tomadas de empréstimo ao idioma lapão em groenlandês. Porém, em nosso caso, temos mais do que uma simples hipótese no que diz respeito às razões práticas.

A busca por um povo "biarmês" na esteira de Geirmund leva-nos a um monte de pedras no desfiladeiro acima da propriedade principal de Geirmund. Esse monte ainda hoje é chamado pelo misterioso nome de Illþurrka. Uma breve história, registrada pela primeira vez somente no século XIX e ainda viva na tradição oral, afirma que uma "bruxa" ou uma "feiticeira" foi enterrada lá. Além disso, a história conta que essa mulher foi enterrada naquele lugar exato para que não fosse incomodada pelo barulho dos sinos em Búðardalur e Skarð. Mas esses sinos vieram a soar apenas séculos depois de sua morte![81]

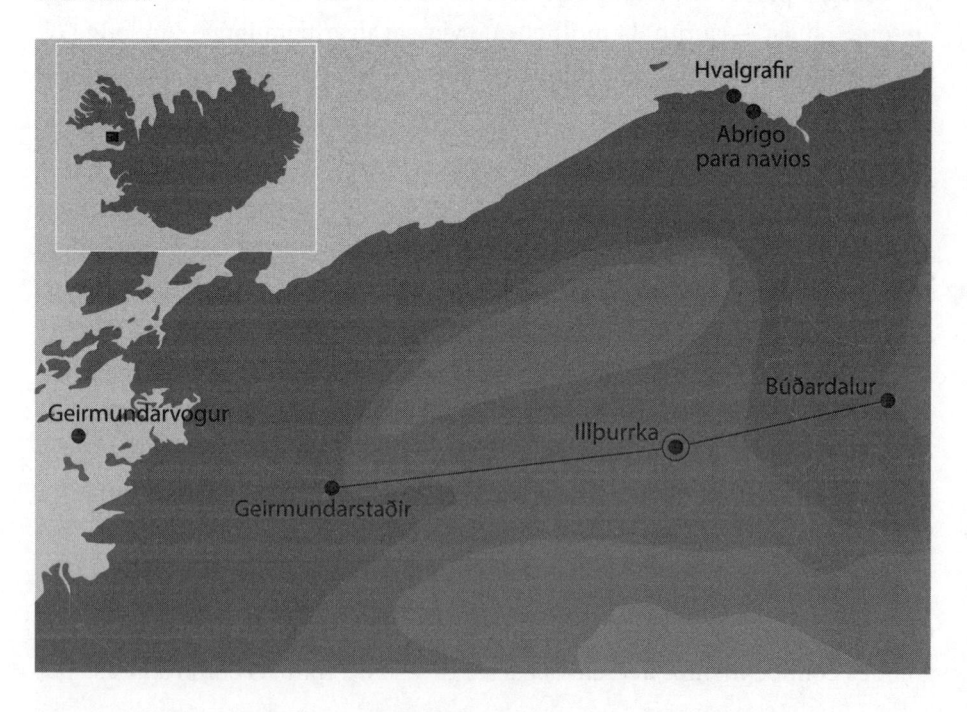

É claro que nesse ponto estamos lidando com o *tópos* de uma tradição mais tardia. Mesmo assim, será que a história não pode nos ajudar a compreender a localização do túmulo e talvez oferecer respostas adicionais?

Como vemos na imagem da p. 274, o túmulo localiza-se entre as duas propriedades de Geirmund Pele-Negra: a primeira, em Búðardalur, e Geirmundarstaðir (hoje Skarð), para onde se mudou mais tarde e estabeleceu sua propriedade principal.

A topografia estabelece ligações evidentes com Geirmund Pele-Negra, conforme essas histórias atestam.

Nos séculos XIII e XVI usavam-se motivos literários para descrever o que acontecia quando povos de xamãs envolvidos com feitiçaria encontravam a cristandade: Cristo era mais forte do que a feitiçaria antiga. Lembramo-nos da história de Þórð Narfason na Biármia: Geirmund não aguentava olhar para o lugar onde a igreja de Skarð viria a ser erguida mais de um século depois; a luz ofuscava-lhe os olhos. A feiticeira enterrada sob o Illþurrka, que não suporta o dobre dos sinos, é uma variante desse motivo.[82] A mensagem indireta da história é que a mulher supostamente enterrada no local não pertencia à antiga cultura nórdica. Ela é a feiticeira de uma história popular.

Em vista disso tudo, fomos em um clima de forte expectativa até esse monte de pedras em dezembro de 2009. Junto comigo estava o camponês e proprietário Hermann Karlsson, bem como aliados do projeto sobre Geirmund de Strandir e Skarðsströnd. Vimos uma laje erguer-se verticalmente da neve.

"Aquele é o Illþurrka", disseram-nos.

Tiramos fotografias e as mostramos para diferentes arqueólogos da Noruega e da Islândia, que concluíram tratar-se de um moledro comum de uma época mais tardia.

De nada adiantou mencionar a explicação do camponês, que havia dito que, se aquilo devesse funcionar como um moledro, teria sido erguido cerca de cem metros adiante no desfiladeiro, de onde poderia ser visto de ambos os lados do caminho. E, se fosse apenas um moledro comum, por que descer o morro do outro lado do desfiladeiro para buscar lajes? Por que o moledro não fora erguido a partir das várias pedras espalhadas pela região próxima?

"É apenas um moledro comum", responderam os arqueólogos.

Parecia uma pista falsa que não poderíamos continuar seguindo.

Mas essa palavra — Illþurrka — não me deixava em paz. Para que aquilo fosse uma antiga palavra nórdica provida de sentido, precisaria ter origem num aspecto topográfico da região. Seria possível imaginar que fosse úmida e, desse modo, um lugar com *"illur þurrkur"* ("má secura") que por um motivo ou outro havia ganhado uma terminação feminina — Illþurrka. Se o nome apontasse para uma região pantanosa, dificilmente poderia ser o local de repouso de uma "mulher dos *jötnar*" do norte, simplesmente porque entre os lapões e outros povos da Sibéria é muito importante situar os túmulos em regiões secas e protegê-los da chuva e da umidade.[83]

Para esclarecer o assunto, na primavera seguinte fui com um geólogo até a região. Höskuldur Búi Jónsson é um especialista em deslizamentos, e o trabalho que realiza inclui avaliar acúmulos de água, neve e gelo em diferentes tipos de terreno. As conclusões que apresentou descartaram a possibilidade de que o nome tivesse origem nas condições naturais da região. Tanto a flora como a localização sugeriam tratar-se de uma região seca — mais abaixo no desfiladeiro crescia uma planta conhecida como lã-de-pântano, o que indicava que eventuais volumes d'água acumulavam-se por lá.

Mas também havia outra coisa.

O que vimos naquele momento não foi apenas um marco, porém um círculo claramente desenhado com lajes ao nível do chão. O círculo tinha mais de seis metros de diâmetro e cerca de 23 metros de circunferência. Na primeira visita, havíamos deixado escapar por completo a maior parte da estrutura, uma vez que àquela altura estava coberta de neve.

Tanto o geólogo Höskuldur como o arqueólogo Gørill Nilsen chegaram à mesma conclusão: aquela era uma construção feita pelo homem, simplesmente porque aquele tipo de formação não ocorre espontaneamente na natureza. Mais tarde, vários arqueólogos concordaram que se tratava de uma "herança cultural". Existem diferentes aspectos que tornam essa uma estrutura única no contexto da Islândia.

E, de repente, a história de Illþurrka voltou a ser muito relevante.

Dificilmente poderia tratar-se de um moledro comum, uma vez que não foi construído no ponto mais alto do desfiladeiro. De acordo com o geólogo, jamais existiu um acúmulo de água (pântano) naquele local. A estrutura consiste em pesadas lajes — a maioria pesando entre vinte e trinta quilos — que tinham de ser transportadas desde uma pilha a mais de cem metros de distância; assim, dificilmente seriam pedras colocadas por viajantes ocasionais. O fato de que as pedras formam um círculo uniforme torna altamente improvável que tenha surgido a partir de pedras jogadas ao acaso por quem passava. O moledro erguido acima do túmulo provavelmente tem uma origem mais recente.[84]

Havia um elemento contraditório nos diferentes fragmentos a respeito de Illþurrka. No material sobre topônimos produzido no início do século XX consta que Herríð — a esposa de Geirmund, segundo o *Landnámabók* — estaria enterrada sob as pedras. Mas, nesse caso, por que o túmulo não tinha o nome dela?

Essa era uma pergunta que demandava investigação, e após longas buscas eu imagino ter encontrado o ponto em que essa ideia passou para a tradição. Foi na descrição de uma paróquia feita por Friðrik Eggerz no ano de 1846. E supostamente teve origem não apenas na profunda vontade que Friðrik tinha de fazer uma descrição, mas também de oferecer uma explicação para as coisas que descrevia.[85] Friðrik não reconheceu o nome Illþurrka como sendo o de uma pessoa e assim consultou o *Landnámabók* e projetou a esposa Herríð naquele túmulo de pedras.[86]

Por sorte, temos outra descrição relativa à mesma região. Foi escrita por Kristján Skúlason Magnúsen quatro anos antes da descrição feita por Friðrik, ou seja, em 1842. Como parece ingênuo crer que uma fonte do século XIX pudesse dizer-nos coisas acerca de uma situação ocorrida mil anos atrás, precisamos levar certos fatores em conta nesse contexto. A mesma família mora em Skarð desde o século XII, e essa é uma situação ideal para a preservação de histórias. Além do mais, existe uma ligação com a tradição toponímica, como nos casos de Guðlaugshöfði e Sygnakleif. Vários acontecimentos ocorridos mais tarde ensinaram aos arqueólogos e aos folcloristas que as tradições orais podem remontar a tempos muito antigos. Foi com a respiração suspensa que li o texto a seguir pela primeira vez:

No desfiladeiro entre Skarð e Barmur, junto à rota de transporte, há um monte tumular de pedras onde dizem que Illþurrka teria sido enterrada em tempos antigos, e, por isso, o monte leva o nome dela.

De acordo com a tradição registrada por Kristján Magnúsen, Illþurrka referia-se a um nome próprio e mais especificamente ao nome da mulher que estaria enterrada lá dentro — o monte tumular teria recebido o nome dela.[87]

Quando juntamos todos esses fragmentos, vemo-nos diante do nome da esposa de Geirmund Pele-Negra, que se encontra sepultada sob aquela estrutura de pedras. O nome dela era Illþurrka.

A tradição a considera uma "forasteira", uma bruxa, uma feiticeira.

Por sorte, o monte — um lugar central naquela rota de transporte — recebeu o nome dela, pois de outra forma teria sido esquecido há muito tempo. Aqui, como em muitos outros casos, o panorama e os topônimos ajudam-nos a desenterrar a história do viking negro.

Illþurrka não é um nome nórdico. Trata-se de uma adaptação nórdica de uma palavra vinda de uma língua estrangeira. Tudo indica que o termo original pertencia a uma região linguística distante. Temos muitos exemplos desse tipo de adaptação, tanto em topônimos como em nomes próprios. Nos limites entre o norueguês e o sámi encontramos topônimos como Hjemmeluft ("ar de casa"), em Alta, que vem do sámi Jiebmaluokta, pronunciado no dialeto da região como Jiebmaluofta. Outro exemplo é o lago Luktvannet ("lago do cheiro"), a norte do Mosjøen. O nome não se deve à presença de qualquer tipo de odor na região, mas simplesmente ao fato de que há muitas baías por lá, e que em sámi *luokta* quer dizer "baía".[88] A esposa de Bragi, o Velho, chamada Lopthœna, é mais um exemplo: uma palavra adaptada à sonoridade e ao sistema de declinações do nórdico antigo, e ao mesmo tempo semanticamente incompreensível. O nome foi associado aos *jötnar* do norte — o mesmo que se diz a respeito de Ljufvina, a mãe biarmesa de Geirmund. Todos esses fatores se encontram presentes no nome da "feiticeira" Illþurrka.

O idioma dos sikhyrtia, os caçadores de morsas com "rostos pretos", foi perdido. Dessa forma, dispomos de poucos elementos para buscar nesse campo uma explicação para os nomes de Illþurrka e Ljufvina. Para se lançar nessa aventura, seria necessário partir do pressuposto de que os nomes empregados pelo povo sikhyrtia encontram-se em parte preservados em meio ao povo que os assimilou nos séculos XVII e XVIII: os nenetses. Sabemos que os nenetses tomaram palavras marítimas de empréstimo aos sikhyrtia; e ainda hoje essas palavras encontram-se em uso.

Todas as fontes concordam que Geirmund tinha uma filha, e vale a pena olhar para o nome dela nesse contexto. Nos manuscritos, o nome é escrito na forma do nominativo: Ýri/Yri.

Nesse ponto já notamos um detalhe estranho. Se esse fosse um antigo nome nórdico, a forma do nominativo, Ýri, deveria ser o que se costuma chamar de substantivo em -īn, e nesse caso seria declinada como *gleði* ("alegria") e *lygi* ("mentira"). Mas não existe nenhum exemplo em que o nome siga esse padrão. Por causa disso, os filólogos não conseguiram dar-lhe uma interpretação adequada — e um pouco também devido ao velho espírito xenófobo. Já vimos também que Ljufvina foi transformada em uma mulher nórdica pelos antigos historiógrafos. Na edição do *Landnámabók* em nórdico antigo, por exemplo, o nome de Ýri foi sistematicamente "corrigido" para a forma "original" Ýrr. Ao transformar a forma do nominativo de Ýri para Ýrr, os filólogos conseguem produzir um nome próprio nórdico regular, declinado como Auðr e Hildr.[89] E assim a forma do nominativo Ýri é explicada como uma variação tardia.

Mas essa tendência não surge na Islândia antes do século XVI, e mesmo quando surge não afeta os nomes próprios.[90] E os manuscritos, que trazem quase todos a forma Ýri, são muito mais antigos do que essa tendência. O nome próprio Ýri (Ýrr) é único nas antigas fontes escritas em nórdico antigo.[91] Na redação do *Melabók* consta que o filho de Odd era "Yriar-"son, o que demonstra o nível de insegurança do primeiro escriba no que dizia respeito à declinação desse nome. A forma do genitivo Ýriar- mostra-nos que, na interpretação do autor do *Melabók*, o -i- em Ýri pertence à raiz do nome.

Assim, Ýri não pode ser um nome nórdico.

Estamos, portanto, diante de um nome estrangeiro, como acontece respectivamente à mãe e à esposa de Geirmund, Ljufvina e Illþurrka.

De acordo com antigas listas de palavras compiladas pelo linguista Sjögren, os nenetses do Mezen costumavam chamar a lua de *jiirii*. Dar às pessoas os nomes do sol e da lua é uma prática disseminada, porém não sabemos se o idioma dos sikhyrtia designava a lua com uma palavra similar àquela empregada pelos nenetses. É importante ressaltar que o idioma nenétsio não faz distinção entre os gêneros.

Uma palavra desse tipo haveria de se transformar em Ýri no antigo idioma nórdico.

A forma do nome indica-nos pelo menos uma coisa: é altamente improvável que Ýri fosse filha das nórdicas Herríð ou Þorkatla, conforme afirmam os eruditos da Idade Média. Bem mais provável é que se trate da filha da esposa biarmesa de Geirmund, Illþurrka. É a cultura dela que recebe uma homenagem e assume o lugar central quando dá esse nome à filha.

Além disso, Geirmund tem uma mãe, uma esposa e uma filha com nomes estrangeiros.

O pouco que sabemos a respeito dessas mulheres é quase desesperador — apenas que devem ter sido pessoas de pele escura com cabelos pretos e rostos arredondados com feições mongóis.

Rastros genéticos dos biarmeses

Seria possível encontrar mais rastros deixados por esse povo de caçadores?

Se partirmos da hipótese de que Illþurrka era de fato a mãe de Ýri, a genética pode nos ajudar. Isso porque o material genético hereditário passível de análise (DNA mitocondrial) é passado da mãe para os descendentes. Em outras palavras, a genética é incapaz de traçar as eventuais contribuições genéticas de Geirmund e Hámund para a população islandesa. Por outro lado, se Illþurrka teve descendentes na Islândia, o material hereditário poderia ser encontrado nos genes dos islandeses, uma vez que o mtDNA pode ser rastreado com grande precisão mesmo no caso de pessoas que viveram milênios atrás.

A *Hálfs saga* conta-nos o seguinte: "Ýri chamava-se a filha dele [Geirmund], e dela veio uma numerosa linhagem". O trecho aponta para as antigas genealogias — Ýri teria deixado muitos descendentes. Esse fato aumenta as chances de que eventuais contribuições genéticas feitas por essa mulher ainda possam ser encontradas nos islandeses.

Por mais exótica que pareça essa afirmação, existe material hereditário "não europeu" na população islandesa. São os grupos haploides C1e e Z1a. O primeiro grupo, C1e, foi recentemente analisado a fundo por pesquisadores que trabalham no grande banco de dados genéticos deCODE. Os pesquisadores concluíram que o mais provável é que esse material venha de uma ou mais mulheres da costa leste da América do Norte (*skrælinger*) que os vikings levaram para a Islândia por volta do ano 1000.

O grupo haploide Z1a, por outro lado, tem raízes asiáticas. Esse material hereditário é raro na Europa e existe em grau muito pequeno entre noruegueses e suecos, e em um grau um pouco maior entre os sámi e outros povos que habitam o norte da Rússia (carelianos, coriacos, itelmenos e casaques, bem como mongóis e coreanos). Mesmo assim, a inclusão desse grupo haploide no material hereditário dos islandeses poderia simplesmente vir dos noruegueses que chegaram à Islândia na época dos vikings. O assunto exigia mais pesquisa.

Tive a felicidade de mergulhar um pouco nesse universo com a ajuda de Agnar Helgason (deCODE) e Peter Forster (Roots for Real, Genetic Ancestor Ltd.), uma vez que não entendo nada de antropologia biológica. O projeto mostrou resultados interessantes ao extremo. Na discussão sobre a contribuição celta para os genes islandeses, mencionou-se que após uma análise mais detalhada os pesquisadores conseguem rastrear certas características nos diferentes grupos haploides. Trata-se de mutações capazes de nos dizer de onde os genes vêm. Os islandeses têm mutações no grupo haploide Z1a que, de acordo com o banco genético, não existem nem nos sámi nem em outros povos escandinavos. Isso indica que a origem desse material hereditário encontra-se em outro lugar. Uma dessas mutações é importante em nosso contexto: a mutação 16362.C.

Peter Forster fez pesquisas aprofundadas sobre esse grupo haploide a partir da ampla base genética de que dispõe, e os resultados mais semelhantes ao Z1a islandês com a mutação 16362.C foram encontrados nos buriates mongóis que habitam as margens do lago Baikal a leste dos montes Saian.

Existe, portanto, uma mutação no material hereditário Z1a dos islandeses que aponta para os povos da Mongólia. Não parece uma conclusão ideal para a nossa pesquisa: afinal, o rei Hjör não teve como aliado um povo que vivia perto dos montes Saian.

Um detalhe importante nessa história é que, mesmo não sendo um povo muito numeroso, os samoiedos habitam regiões enormes: do mar Branco a oeste até o Ienissei a leste, da costa do oceano Ártico ao norte até os montes Saian ao sul. Uma análise mais detalhada revela que os samoiedos que viviam às margens do mar Branco no século IX, de acordo com linguistas, etnógrafos e geneticistas, vieram justamente da região do lago Baikal e dos montes Saian. Esse grupo de samoiedos do sul ainda podia ser encontrado junto dos montes Saian quando Matthias Castrén visitou a região no século XIX, e Kai Donner também os encontrou por lá em 1913.

Para os samoiedos, o caminho rumo ao norte passa pelo rio Ienissei e de lá segue pelo Ob, que avança até a costa norte da Sibéria — ambos os rios correm rumo ao norte. Os pesquisadores dessa "arqueogenética" falam sobre uma "correnteza genética" que ia do Ienissei e do Ob rumo ao norte, uma vez que esses rios constituem a rota de transporte entre os povos que habitam as margens do lago Baikal e os montes Saian e os demais povos mais ao norte. As ligações genéticas entre os islandeses e os povos mongóis dos montes Saian podem ser explicadas dessa forma.

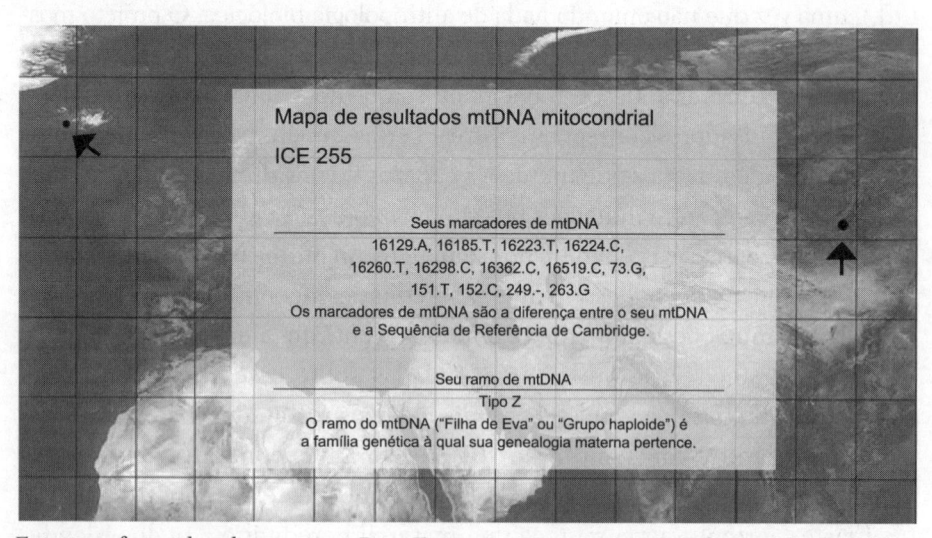

Esse mapa foi criado pelo geneticista Peter Forster e mostra uma mutação do grupo haploide Z1a, que para além da Islândia é encontrado somente na região do lago Baikal e dos montes Saian.

Em razão disso, parece que a pesquisa genética pode oferecer subsídios para as seguintes teorias:

1. Geirmund levou consigo uma esposa biarmesa para a Islândia, chamada Illþurrka em nórdico antigo.
2. Illþurrka pertencia ao povo sikhyrtia ou a outro povo samoiedo próximo, que morava a leste do mar Branco.
3. Illþurrka teve uma filha chamada Ýri, que deixou muitos descendentes na Islândia.

Para que esse "gene mongol" possa ser rastreado com segurança, é preciso fazer uma extensa coleta de dados, bem como proceder a uma análise mais detalhada do material.[92]

Eu acredito que a resposta definitiva para o enigma encontre-se oculta sob o monte de pedras chamado Illþurrka.

Esse monte nunca foi escavado.[93]

O povo de caçadores com Geirmund?

Não seria irrealístico imaginar que vários homens do povo de caçadores tenham acompanhado Geirmund até a Islândia. Os homens eram necessários. Mas não é nada fácil rastrear um povo de caçadores. A arqueologia não encontra bases sólidas; caçadores e coletores dificilmente interferem no ambiente que habitam.[94]

Certos traços da fisionomia islandesa sugerem a contribuição de um povo mongol de uma época antiga. Em 1921, um pesquisador escreveu que "com frequência podia ver sinais claros de parentesco mongol em certos indivíduos da Islândia".

Trata-se principalmente da prega mongólica (epicanto) nos olhos. Ainda hoje islandeses nascem com a prega mongólica, embora não tenham qualquer tipo de parentesco com povos asiáticos em tempos recentes.[95] O exemplo mais célebre é a rainha da música Björk, mas não seria difícil encontrar outros. Þorvaldur Thoroddsen sugeriu que a explicação seriam os "lapões e finlandeses" que os noruegueses teriam escravizado e levado para a Islândia na época dos vikings. Outros mencionam a Groenlândia como explicação para esses traços asiáticos. Mas não seria possível que pesquisas genéticas futuras demonstrassem que uma explicação igualmente razoável poderia ser encontrada na história do viking negro?

Eu gostaria de mencionar um fato curioso. No fim do século xix, homens de Haugesund mantinham uma estação baleeira em Jökulfirðir, nas antigas regiões de Geirmund. O clima nesse lugar é bem mais ameno do que em Hornstrandir, e existem muitos indícios de que os homens de Geirmund buscavam abrigo por lá quando as tempestades se abatiam sobre Hornstrandir.

Existem antigas histórias sobre um estranho monstro nos arredores de Hesteyri. O monstro, conhecido pelo nome de *fjörulalli* ("andarilho da praia"), é uma criatura única, tanto na antiga literatura nórdica como na literatura islandesa. Era do tamanho de um homem, porém tinha apenas uma perna, uma mão e um único olho no meio da testa. De acordo com historiadores locais, esse monstro sempre tentava empurrar as pessoas ou os animais para o mar com um cajado. O monstro prenunciava tragédias marítimas e morte em Jökulfirðir, e era avistado principalmente quando as grandes tempestades chegavam do oeste. Era preciso evitar ao máximo colocar-se entre esse homem pela metade e o mar. Um método infalível para manter o monstro afastado era virar-lhe o lado direito do corpo e fazer o sinal da cruz bem na frente daquele olho único.

Esses monstros são raros na Europa. Uma fonte bibliográfica sugere duas origens possíveis para o andarilho da praia: as tradições siberianas e irlandesas.

Sabemos que escravos irlandeses viveram naquela região, e, portanto, essa hipótese merece uma análise mais detalhada. No entanto, o homem pela metade irlandês apresenta diferenças claras em relação ao andarilho da praia islandês, tanto na aparência como no papel que cumpre, e por isso dificilmente poderia ter servido como modelo.[96]

Essa constatação nos leva rumo ao oriente. Em meio aos povos fino-úgricos e mongóis da Sibéria existe uma criatura sobrenatural praticamente idêntica. Os votiacos (udmurtes) fino-úgricos chamavam-na de Palesmurt — "homem pela metade". Esse monstro assusta as pessoas com berros e tenta sufocá-las apertando a metade do peito contra suas bocas. Em geral, o Palesmurt recebe a culpa quando uma pessoa se perde na floresta.[97]

Esse homem pela metade também aparece nas histórias populares dos samoiedos, descrito como "um velho com um pé, uma mão e um olho". Assim como o espírito da floresta, o homem pela metade nenétsio prenuncia assassinato e morte, e segue os passos daqueles que matam outras pessoas. Mesmo que fosse muito assustador, não era uma boa ideia matar o homem pela metade. Em uma história popular dos samoiedos encontramos a seguinte descrição:

> Ele [um samoiedo] perde a razão e a compostura e, enfurecido, mata o homem de uma só mão. Depois se aproxima das tendas; por lá, todos haviam morrido, e todas as renas estavam mortas. E naquele instante suas duas esposas também morreram. E logo todos morreram e ele acabou sozinho, uma vez que havia matado o homem com um só pé, com uma só mão, com um só olho.

Tanto na tradição siberiana como na tradição islandesa, o monstro prenuncia desgraça e morte. Assim como as pessoas se perdiam e morriam na Sibéria por causa do homem pela metade, ele aparecia na Islândia antes de tragédias marítimas. Em ambos os casos, o homem pela metade rouba animais e rapta pessoas, e aproximar-se dele é perigoso nas duas tradições. Existem diferentes truques para manter o homem pela metade longe.

O andarilho da praia em Hornstrandir apresenta tantas semelhanças com o homem pela metade siberiano, que parece natural acreditar que o paralelo se explique mediante o contato com um povo de caçadores siberianos. Basta que Illþurrka tenha contado a história para Ýri, e que Ketill Vapor a tenha recontado na escuridão do inverno ao norte, para grande espanto dos ouvintes. Sabemos que uma das principais rotas de transporte de Geirmund passava por Bitrufjörður e avançava até Krossárdalur. No meio do caminho encontramos um topônimo estranho e único: Einfætingsgil ("Fenda do homem de um só pé"). Será que Geirmund e seus homens acreditavam que o homem pela metade estaria à espreita naquele local, prestes a saltar da fenda para impedi-los de levar as mercadorias a Hornstrandir no trecho final da viagem?

Herríð e Þorkatla

Na época dos vikings, um chefe poderoso podia ter várias esposas. Não sabemos se foi esse o destino de Geirmund Pele-Negra, porém muitos fatores sugerem que sim. De acordo com o *Landnámabók*, sua primeira esposa chamava-se Herríð, filha de Gauti Gautreksson. É difícil obter informações sobre a vida de Herríð. Tanto o nome dela como o nome do pai são mencionados poucas vezes na antiga literatura nórdica.

Podemos imaginar que essa figura da tradição islandesa simplesmente tenha sido uma substituta para a "feiticeira" Illþurrka, assim como a biarmesa Ljufvina foi transformada na nórdica Hagný Hauksdóttir. No *Melabók* e em outros documentos, Herríð é chamada de Herdís. Essa peculiaridade pode ser atribuída ao historiador local Friðrik Eggerz, que associava o local conhecido como Harísargil, em Búðardalur (propriedade de Geirmund), a Herdís.[98]

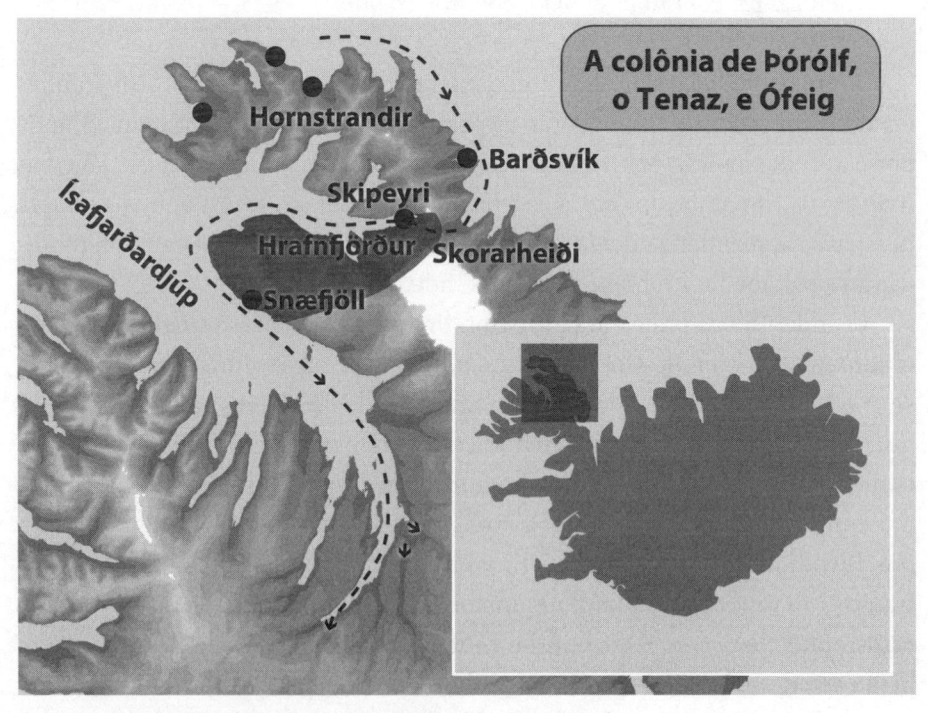

A linha pontilhada indica as rotas de transporte de Þórólf e Ófeig.

Será que Harís não poderia ser um nome biarmês, ou seja, o nome de uma determinada pessoa do povo estrangeiro em Búðardalur, que nunca ganhou voz na tradição? Não faz sentido que esse seja um nome nórdico. Já temos uma coleção bastante variada: Lopthœna, Ljufvina, Illþurrka, Ýri, Harís.

Supostamente, foi com Herríð que Geirmund teve a filha Ýri. Mas a redação do *Melabók* afirma que a mãe foi Þorkatla. Sturla, no entanto, escreve que Geirmund teve uma outra filha, Geirríð, com Þorkatla Ófeigsdóttir. Quanto a Geirríð, não sabemos nada.

Na seção a respeito da Biármia eu afirmei que Þórólf, o Tenaz de Sogn, era um velho amigo da família de Geirmund. O casamento entre a neta Þorkatla e o velho Geirmund faz sentido nesse contexto — e a hipótese ganha ainda mais força quando lembramos que Þórólf estabeleceu-se na colônia de Geirmund quando chegou à Islândia. Þórólf foi excluído de uma aliança de poder com Hákon Grjótgarðsson quando Harald aliou-se a este último. Assim, Þórólf, o Tenaz, deve ter chegado relativamente cedo à Islândia — ou seja, bem antes de 890 — e, como muitos outros, deve ter começado por uma visita ao viking negro que morava em Breiðafjörður.

Þórólf recebeu um terreno enorme em Jökulfirðir, que ia do fundo de Hrafnfjörður rumo a Leirufjörður, a oeste, e continuava por todo o promontório a seguir. Dizem que morava na parte sul do promontório, junto de Snæfjöll, em Snæfjallaströnd.

Se tentarmos pensar como os coletores de recursos de Geirmund, precisamos fazer-nos a seguinte pergunta: a localização de Þórólf e do sogro Ófeig pode ter sido útil para a atividade que desenvolvia em Hornstrandir?

Þórólf chega quando o massacre em Barðsvík já se encontra em curso. A principal rota de transporte localizava-se em Djúp, o que nos leva a deduzir que as mercadorias de Geirmund eram transportadas de Barðsvík a Jökulfirðir, de onde a rota de navegação seguia rumo às terras de Knjúk dos Promontórios no fundo de Ísafjörður. Mas antes as mercadorias tinham de ser transportadas rumo ao oeste, através dos urzais. E assim chegamos ao seguinte: o fiorde que mais se aproxima de Barðsvík é Hrafnfjörður, a região de Þórólf, o Tenaz, e do sogro Ófeig.[99]

E assim descobrimos outra jogada estratégica: uma estratégia de 1.100 anos atrás, graças à qual o incrível talento de Geirmund para o planejamento e o aproveitamento de recursos se revela. Vemos uma aliança econômica selada por meio do casamento com Þorkatla. Infelizmente não sabemos muita coisa a respeito dessa menina de Sogn. Deve ter sido bem mais jovem do que Geirmund e também lhe deu uma filha. Mas as fontes divergem no que diz respeito ao nome da criança, e as genealogias não concordam no que diz respeito aos descendentes.

Pode ser que Þorkatla não tenha dado à luz nem Ýri nem Geirríð, mas Arndís, que aparece na *þátt* sobre Geirmund escrita por Þórð Narfason. Parece estranho que Þórð, responsável pela *Sturlunga saga* e parente por casamento de Sturla, autor de uma das versões do *Landnámabók*, divergissem nesse ponto essencial: de acordo com um, a segunda filha de Geirmund foi Geirríð; de acordo com o outro, foi Arndís. Será que os dois não discutiam genealogia durante as conversas no jantar?

Esse detalhe indica que há versões diferentes sobre os descendentes de Pele-Negra. Essa Arndís, de acordo com Þórð, foi casada com Hyrning Ólafsson, neto de Steinólf, o Baixo, e, então, deve ter nascido entre os anos 890 e 900. Essa filha é um dos raros elementos fixos de que dispomos em relação à última fase da vida de Geirmund e nos informa não apenas por quanto tempo manteve-se sexualmente ativo, mas até que idade viveu.

Quando olhamos para a quantidade de esposas — sem nos esquecermos das concubinas irlandesas —, não podemos dizer que Geirmund tenha sido particularmente fértil. Por outro lado, quando levamos em conta a predisposição xenofóbica que caracteriza os eruditos da Idade Média, bem como os traços mais genéricos do mito fundador da Islândia, não parece muito provável que esses historiadores fossem dedicar grande atenção às crianças surgidas nessas condições.

O domínio de Geirmund chega ao fim

O texto que narra o fim do domínio de Geirmund — a *Þorskfirðinga saga* — não foi considerado uma fonte histórica particularmente confiável.[100]

O próprio autor da *Þorskfirðinga saga* duvida das histórias narradas, uma vez que permite ao protagonista transformar-se em um dragão que desaparece em uma cachoeira para deitar-se em cima do próprio tesouro. É um final bastante inusitado para uma saga histórica. O próprio autor duvida do material que reuniu e assim tenta nos mostrar que tem plena consciência das exigências feitas por uma história, e por esse motivo a encerra como uma fábula. Mesmo assim, pode ser que certos fragmentos registrados não sejam desprovidos de valor histórico.[101]

Em relação à perspectiva temporal, a *Þorskfirðinga saga* diz-nos tão somente que a maioria dos eventos narrados ocorreu antes da fundação do Alþingi (parlamento) no ano 930.[102] Um fato é certo: Geirmund Pele-Negra já está morto quando a saga começa. O vizinho e aliado Steinólf, o Baixo, detém o controle do porto em Dagverðarnes quando Þóri do Ouro chega à Islândia após uma "jornada à Biármia", cuja descrição inclui saques a montes tumulares e lutas contra *trolls*; provavelmente tratava-se de viagens de caça até o oceano Ártico. Þóri do Ouro torna-se o novo proprietário de Flatey. Essa nova situação não apenas lhe oferece uma boa região para o cultivo de cereais, mas também poder sobre um local de caça de importância central em Breiðafjörður: Hvallátur. As baleias tornam a surgir em Hvallátur, e esse parece ser o motivo para o conflito entre Þóri do Ouro e Steinólf. Percebemos que Úlf, o Vesgo, já se encontra fora de cena na hora da batalha decisiva entre Steinólf e Þóri; nesse momento o filho, Atli, tenta promover uma reconciliação entre as partes. Antes disso, a saga narra a morte e o banquete no funeral de Gils Nariz-de-Navio. Por fim, Steinólf, o Baixo, morre dos ferimentos recebidos depois de viver tão angustiado como um músico contemporâneo de hip-hop gângster: "Ele era tão precavido, que jamais dormia no outro lado do fiorde; colocava outro homem na propriedade em Bær".[103]

O tempo real da saga parece compreender o período entre os anos de 915 e 930 e oferece-nos uma sequência para as mortes dos mais importantes homens relacionados aos domínios de Geirmund: primeiro o próprio Geirmund, por volta de 910, com aproximadamente sessenta anos; poucos anos mais tarde Þránd Perna-Fina em Flatey; Gils Nariz-de-Navio em Gilsfjörður (aprox. 915-920); Úlf, o Vesgo, em Reykjanes (entre 920 e 925), e, finalmente, Steinólf, o Baixo (925-930). Essa sequência está de acordo com a cronologia que usei como base para este estudo, segundo a qual os mais importantes homens de Geirmund teriam nascido no meio do século ix.

A queda de Geirmund Pele-Negra

O que aconteceu ao viking negro já no final da vida? Será que usou todas as suas riquezas para montar um exército e lançar um ataque contra Harald Belos-Cabelos? Será que pretendia retomar a propriedade da família na Noruega? Será que encarava a estada na Islândia como uma situação temporária? Como foi que morreu, afinal de contas?

As fontes guardam silêncio. Simplesmente não existe nenhuma história sobre a morte de Geirmund. Vimos anteriormente que Geirmund foi comparado ao louco Hjörleif, o homem que seguiu o irmão por pacto de sangue Ingólf Arnarson até a Islândia. Havia muitos paralelos: o contato com a Irlanda, um grande número de escravos irlandeses e um motivo econômico para a colonização. Será que teria acontecido a Geirmund o mesmo que aconteceu a Hjörleif, que acabou morto pelos próprios escravos? Será que Geirmund teria colhido aquilo que plantou?

Um motivo para esse tipo de final pode ter sido o fato de que os domínios de Geirmund tiveram um fim abrupto quando as morsas afastaram-se ou tornaram-se tão conscientes da presença humana, que passaram a ser difíceis de capturar. Se Atli de fato começou a atacar os locais de parição em Barðsvík no ano de 885, devemos levar em conta que um ou dois anos depois já era preciso caçar em Smiðjuvík, uma baía mais ao norte. Em um cálculo grosseiro, poderíamos imaginar que seis anos mais tarde as morsas teriam chegado a Hornvík, onde velhas histórias registram a presença de Atli. Após seis anos naquelas regiões, Atli novamente se mudou para Fljótavík, ainda mais ao norte. Nesse ponto estamos no ano 896, ou seja, um ano depois de 895, quando de acordo com os nossos cálculos o navio com as pessoas da paróquia naufragou. Conforme essa interpretação, as mercadorias devem ter se esgotado na primeira década do século x.

Essa mesma época trouxe-nos a história segundo a qual os escravos de Geirmund foram flagrados roubando ovelhas — eles estavam passando fome ao norte, em Hornstrandir. É justamente em situações como essa que os escravos costumam insurgir-se contra os senhores; já não há nada a perder. Entre Geirmund e os escravos havia um exército armado enquanto a economia florescia. Mas a essa altura tudo está mais difícil, e assim os homens livres veem-se obrigados a abandonar o chefe e procurar sustento em outro lugar. Para tirar o osso do cachorro é preciso dar-lhe um naco de carne. Mas Geirmund não tinha esse naco de carne. O viking negro torna-se cada vez mais vulnerável ao bando de escravos. Costuma-se dizer que é na dificuldade que se conhecem os amigos, e não é certo que os amigos tenham sido muitos quando mais foram necessários. Simplesmente não sabemos.

O que sabemos é que Geirmund ainda está vivo em torno do ano 900, uma vez que por volta dessa época teve uma filha com Þorkatla. A economia começou a entrar em colapso logo a seguir, tanto em razão do padrão de moradia em Hornstrandir como também devido a uma importante sequência de eventos. Em 902, os vikings perdem Dublin e fogem ensanguentados e com os ossos partidos, segundo os irlandeses escreveram com grande alegria. Essa derrota teve consequências para homens como Geirmund, mesmo que a demanda pelas mercadorias não tenha diminuído. Ele teve uma vida longa o bastante para ver quase tudo naufragar, e por fim viu os próprios domínios soçobrarem. Cada vez menos homens o cercavam, e as fontes concordam em afirmar que Geirmund foi a primeira figura central a sumir naqueles domínios.

Existem muitas evidências de que Geirmund deve ter passado a velhice tomando conta de conflitos internos, o que nos traz pelo menos uma certeza: que material incrível para uma saga!

A morte e o enterro de Geirmund

Estamos na época em que a notícia começou a se espalhar: Geirmund Pele- -Negra tinha morrido!

Será que dedos pálidos fecharam-se ao redor de um punhal durante a noite na propriedade que habitava em 907? Os dedos de um homem com sede de vingança? Seria este um homem das fileiras de Geirmund? Ou um dos escravos que havia sofrido demais e já não tinha mais nada a perder? Talvez o filho de Þorbjörn Bitra, que vira o pai ser morto e nesse meio-tempo havia crescido e se transformado em homem?

Não sabemos por que nem exatamente como aconteceu. Mas, conforme vimos, a *Þorskfirðinga saga* afirma que dentre as figuras-chave dessa época

Geirmund foi o primeiro a desaparecer. No *Landámabók* consta que soltou o último suspiro — *andaðisk* — em Geirmundarstaðir; esse verbo não sugere uma morte violenta, mas não sabemos até que ponto podemos confiar no autor desse volume.

A descrição é demasiado sucinta.

Essa circunstância reuniu todas as figuras de destaque que ainda restavam. Þránd Perna-Fina chegou de Flatey; Knjúk dos Promontórios e Þórólf Pardal, da costa norte de Breiðafjörður com o genro Ketill Vapor, e talvez até mesmo o mensageiro Örlyg tenha chegado de Hornstrandir com outros homens. O velho irmão de criação Úlf, o Vesgo, chegou com seus homens de Reykjanes. Gils Nariz-de-Navio chegou de Gilsfjörður; Steinólf, o Baixo, percorreu o menor trajeto, pois vinha de Fagridalur. Todos esses homens reuniram-se por causa do falecido na propriedade principal de Geirmund.

Há motivos para crer que já havia um racha no interior do grupo, e a morte de Geirmund tornou-o ainda mais evidente. Já sabemos a razão: as mercadorias tinham se esgotado. Ao ver o amigo morto, talvez Steinólf ou talvez Úlf, o Vesgo, tenha sugerido que Geirmund fosse posto em um monte tumular. Talvez lágrimas tenham escorrido pelo rosto desse homem, despertadas por antigas memórias do Karmsundet ou de uma viagem à Biármia.

Mas um monte tumular? Quem se dedicaria a um trabalho desses, quando os escravos haviam se espalhado por todos os lados e apenas sobreviver já era uma provação dura o bastante? O irmão de criação pode ter respondido que o sangue real nas veias daquele homem era mais forte que o sangue de qualquer outro homem que lá houvesse posto o pé; seria necessário pensar a respeito.

Geirmund não tinha filhos homens e por causa disso não era nem um pouco claro quem seria o seu herdeiro. Essa é uma consideração importante no que diz respeito ao enterro. Muitos arqueólogos defendem a ideia de que os opulentos montes tumulares da época viking eram uma demonstração de poder feita pela linhagem dominante em uma determinada região. Quando havia descontinuidade em um centro de poder, um monte tumular serviria apenas para semear discórdia. Passado certo tempo os islandeses concordaram em dar a Geirmund um enterro digno, porém não demasiado opulento. Não existem grandes montes tumulares na Islândia.

Ingimund Þorsteinsson foi um colonizador, chefe e predecessor dos Vatnsdœla no norte da Islândia. Por inúmeros motivos, talvez fosse um homem com presença ainda mais forte do que Geirmund Pele-Negra, uma vez que teve quatro filhos que assumiram seu lugar e naturalmente também queriam manter viva a memória do pai e o centro de poder da linhagem a que pertenciam. A *Vatnsdœla saga* afirma que "Ingimund foi posto no barco que pertencia ao navio *Stígandi* e enterrado de forma honrosa, como era costume entre os grandes homens da época".

Nesse trecho vemos que nem mesmo Ingimund foi enterrado em um grande navio, mas apenas no barco que o acompanhava. Trata-se aqui de um pequeno barco do mesmo tipo daqueles que foram encontrados com o navio de Gokstad. Além do exemplo da *Vatnsdœla saga*, conhecemos apenas mais um colonizador da Islândia que de acordo com as fontes escritas foi enterrado em um navio: Geirmund Pele-Negra.

Os barcos nos montes tumulares da Islândia têm geralmente sete metros de comprimento, e os únicos materiais capazes de nos revelar a forma que tinham são os pregos. No monte encontram-se via de regra um esqueleto e os objetos enterrados com o morto — principalmente armas. Outra característica dos montes tumulares da Islândia, compartilhada com muitos daqueles encontrados em Vestlandet, na Noruega, é que são aquilo que se costuma chamar de "monte tumular plano". Nos montes tumulares planos, a terra é escavada e não deixa traços particularmente chamativos na superfície. Mesmo que o monte tumular seja a princípio visível, os séculos fazem com que se torne indistinguível. Ao redor do barco e em cima do morto eram colocadas pedras, talvez para que não pudesse erguer-se do túmulo como morto-vivo.

Em Rogaland foram encontrados diversos montes desse tipo, e provavelmente esse foi um costume que o povo daquela região levou para a Islândia. Em Avaldsnes era um costume bastante difundido. Em Refsnes, no município de Hå, foram encontrados pregos de barco em um monte tumular praticamente imperceptível. O barco estava enterrado em uma vala na areia grossa típica da região. Seu comprimento era de 4,5 metros. Levando esses detalhes em conta, podemos ver o que o *Landámabok* nos diz a respeito da morte e do enterro de Geirmund: "Geirmund morreu em Geirmundarstaðir e foi enterrado em um navio na floresta da propriedade".[104]

Isso é tudo que podemos descobrir nessa fonte.

Sturla deveria ter à sua disposição as melhores informações da época. A julgar por aquilo que escreveu, trata-se de um monte tumular plano cavado no terreno próximo à principal construção da propriedade, onde Geirmund foi enterrado no interior de um navio.[105] Temos um testemunho escrito do início do século XVII que afirma que não pode ter sido um grande monte tumular. O entalhador de presas de morsa Jón Guðmundsson, que tinha o epíteto de "o Sábio" (1574-1658), morou por um tempo em Skarðsströnd e entre 1605 e 1611 na propriedade de Skarð. Morou também por um tempo nas Ólafseyjar, em Skarðsströnd. Jón parece ter se ocupado com os colonizadores. Ele é a única fonte que registra uma maldição lançada por Geirmund, segundo a qual nenhum homem morreria ferido por armas enquanto seu baú do tesouro fosse deixado em paz em Andakelda. Jón também era um célebre escaldo e feiticeiro, com frequência encarregado de esconjurar assombrações e mortos-vivos que atormentavam as pessoas.

O estranho é que Jón escreveu ter declamado poemas para afastar o morto-vivo de Geirmund Pele-Negra nas Ólafseyjar.

É um detalhe interessante, porque acontece séculos antes que as pessoas começassem a escrever as histórias e antes que os antigos textos estivessem acessíveis. A lembrança de Geirmund ainda é muito viva na sabedoria popular. Imaginamos Jón, o erudito na penumbra, entoando ritmicamente os versos de seu poema *Fjandafæla* ("O assustador de inimigos") ou de outro poema similar na direção do viking negro que se ergueu do túmulo com terra nos cabelos...

Essa imagem nos traz uma revelação: se havia um monte tumular em Skarð por volta do ano 1600, e também histórias segundo as quais Geirmund estava enterrado nesse monte, Jón jamais teria escrito o que escreveu. Isto é, Jón acreditava que Geirmund fora enterrado nas Ólafseyjar; os mortos-vivos costumam vagar perto do local onde foram enterrados. Dito de outra forma, no século XVII não havia grande certeza quanto ao local de repouso de Geirmund.

Chegamos à conclusão de que o viking negro foi enterrado em um navio, em um local próximo à sua propriedade. Provavelmente se tratava de um monte tumular plano; se originalmente havia um monte acima do navio, não era um monte de grandes dimensões. Na Idade Média tardia, as pessoas já não sabiam mais onde ficava esse túmulo.

As terras de Geirmund em Hornstrandir são confiscadas

Nada é eterno neste mundo. Assim que Geirmund desceu à terra, iniciou-se uma sequência de acontecimentos dramáticos que precisa ser examinada mais de perto. Mais uma vez dependemos apenas de fragmentos. O *Landnámabók* afirma: "A terceira [propriedade], em Almenningar Vestri, abrigava Björn, seu escravo, que foi condenado pelo roubo de ovelhas após a morte de Geirmund; estas terras, hoje públicas, foram parte do ressarcimento que pagou".

Hoje não conhecemos as leis que governavam a propriedade de escravos por volta do ano 900. As leis do Gulaþing, que tinham o antigo códice legal *Grágás* como modelo, existem em fragmentos que remontam ao século XII. A versão mais antiga dessa lei, atribuída a Ólaf, o santo, remonta ao registro escrito das leis possivelmente ocorrido no final do século XI, mas pode ser representativo de épocas ainda mais antigas.

Certas disposições afirmam que o senhor era responsável pelo escravo em tudo; outras demonstram que o escravo tinha responsabilidade penal própria. As leis do Frostaþing revelam que, se animais ou escravos causassem prejuízos, o senhor deveria pagar a metade do ressarcimento, ao contrário dos homens livres, que deveriam pagar o ressarcimento integral.

O roubo, no entanto, pertence a uma outra categoria, e nesse ponto as leis do Gulaþing afirmam que o escravo deve pagar com a vida: "Se um escravo criado nessa terra rouba, deve ser decapitado".

Podemos ler no fragmento que Geirmund, e não Björn, é responsabilizado pelo roubo: a título de ressarcimento, as terras de Geirmund passam a ser terras de propriedade comum. Não sabemos se esse fragmento pode ser lido como uma fonte sobre uma prática corrente no que dizia respeito aos escravos na Islândia. O motivo é que esse assunto relaciona-se a mais coisas além de um simples escravo que roubou ovelhas.

Fizeram com que um morto pagasse pelas ações do escravo e que, além disso, pagasse caro. Até onde sei, trata-se de uma história única em toda a literatura nórdica. Tudo indica que as pessoas que primeiro chegaram à Islândia tinham um enorme respeito pelo direito à propriedade. Existem descrições de homens que chegavam e se apropriavam de um pedaço de terra para então o vender e retornar à Noruega. Muitos dos conflitos nas sagas surgem porque alguém sente que teve o direito à propriedade violado ou abusado por outras pessoas.

O que parece extraordinário é que tenham confiscado as terras de um colonizador para transformá-las em terras de *propriedade comum*. Essa situação não pode ser explicada com uma simples menção ao fato de que Geirmund não havia deixado herdeiros; Geirmund tinha a filha Ýri, e esta e o genro Ketill Vapor (filho de Örlyg, de Aðalvík) poderiam com todo o direito ter reivindicado as terras de Geirmund em Hornstrandir. E não podemos nos esquecer do irmão Hámund e de seus descendentes; pessoas tão próximas na genealogia têm evidentes direitos sucessórios. Percebemos que a questão é outra.

O roubo perpetrado por Björn explica apenas por que justamente aquela propriedade foi transformada em terras de propriedade comum — o local conhecido como Almenningar Vestri. Mas não explica por que toda a região desde Slétta (Jökulfirðir) a Skálar em Aðalvík bem como a região ao redor de Látrar (junto à propriedade principal de Örlyg) também foram transformadas em terras de propriedade comum. Não explica por que tanto Hælavíkurbjarg (antigamente Heljarvíkurbjarg) e Hornbjarg são terras de uso comum, bem como as regiões mais ao sul que também pertenceram a Geirmund, conhecidas como Almenningar Eystri. Na tradição topográfica, o que se observa é o seguinte: todas as terras de Geirmund em Hornstrandir foram confiscadas e transformadas em terras de propriedade comum. O fato de que um de seus escravos roubou ovelhas não pode ser mais do que um pequeno fragmento da explicação, mesmo que os eruditos da Alta Idade Média tenham-na considerado suficiente.

Frustração no Þorskafjarðarþing

O fato de que terras particulares sejam passíveis de tornar-se terras públicas deve ser embasado em uma decisão das camadas dominantes da sociedade. No *Íslendingabók,* Are Frode conta de que maneira um antigo local do þing em Kjalarnes viu-se transformado em terra de propriedade comum depois que um crime foi cometido por lá. O local foi então transferido para Þingvellir, de acordo com "os conselhos de Úlfljót e de todos os seus conterrâneos". Não é difícil imaginar que as pessoas talvez encarassem a atividade de caça desenvolvida mais ao norte por Geirmund como uma forma de injustiça contra a sociedade. Precisamos apontar os holofotes para a mais alta corte dos Fiordes Ocidentais naquela época: o Þorskafjarðarþing. É lá que essa questão deve ter sido analisada. Esse julgamento ocorreu logo após o falecimento de Geirmund.

No interior de Þorskafjörður, às margens do Músará, ainda hoje podem ser vistos resquícios das tendas que abrigavam os visitantes do þing. Precisamos voltar aproximadamente até o ano 910, quando todas as construções ainda estavam de pé.

Deveria haver uma estranha frustração no ar; insatisfações que deveriam ter se acumulado por um bom tempo, pois havia muitos homens como Þorbjörn Bitra, que tinham sido espezinhados. Outros também haviam visto os recursos passarem sem deles tirar nenhum proveito. Pensemos em todos os homens livres que haviam seguido Geirmund: será que não fariam jus a uma parte das mercadorias vindas de Hornstrandir? E quem ficaria com os escravos? Para além disso, havia a maior entre todas as questões: quem assumiria aqueles domínios e a colônia de Geirmund em Hornstrandir?

De acordo com o que a *Þorskfirðinga saga* afirma sobre os domínios de Geirmund, havia opiniões divergentes em relação a isso. Steinólf, o Baixo, e Gils Nariz-de-Navio põem-se a cantar de galo. Knjúk dos Promontórios está lá, junto com Þórólf e Kolli de Barðaströnd, o mensageiro Örlyg e líderes dos escravos, e também com gente da propriedade de Selárdalur, o ambicioso genro Ketill Vapor e parte dos antigos guarda-costas de Geirmund. Úlf, o Vesgo, é o chefe daquelas regiões. Caso ainda estivesse vivo, Önund Pé-de-Pau provavelmente também estaria lá. A tensão da batalha pelo poder está no ar.

Os mais sábios dentre esses homens devem ter pressentido o rumo que a situação poderia tomar. Sem um acordo relativo à sucessão haveria um grande derramamento de sangue. Seria preciso uma conciliação entre os homens mais importantes nos domínios de Geirmund para que não entrassem em conflito uns contra os outros. Mesmo que as morsas tivessem desaparecido, evidentemente ainda havia muitos outros recursos a explorar em Hornstrandir.

As discordâncias estavam relacionadas a quem assumiria o controle daquela região. Não sabemos quem ofereceu a sugestão, que deve ser destacada como uma das mais brilhantes em toda a história da Islândia, juntamente com a cristianização. Þránd Perna-Fina pode ter sido o responsável, ou talvez ninguém menos do que Úlf, o Vesgo, que não apenas deve ter exercido uma forte influência sobre o þing, mas também desponta como um respeitado negociador da paz na *Þorskfirðinga saga*. Não sabemos.

Mas conhecemos o resultado:

As regiões de caça localizadas ao norte que pertenciam a Geirmund Pele-Negra são transformadas em terras de propriedade comum, um patrimônio de todos os islandeses.

Todos — o que naquela época queria dizer todos os chefes e todas as figuras importantes — teriam direito a estar na região. Todos teriam o direito de caçar, colher e coletar o que quer que se pudesse encontrar por aquelas plagas, e ser proprietário daquilo que assim obtivessem.

Essa decisão é válida até hoje na Islândia.

Uma mensagem de Þórð Narfason em Skarð

Em nossa busca pelo túmulo do viking negro, precisamos voltar à história de Þórð Narfason sobre a luz na floresta de tramazeiras em Geirmundarstaðir. Conforme lembramos, Geirmund não suportava olhar para aquela floresta. Percebemos que Þórð empregou um motivo com frequência usado ao se falar sobre os xamãs do norte: os homens com poderes mágicos não suportavam ver a luz da cristandade, pois, onde a floresta de tramazeiras se erguia, mais tarde foi construída uma igreja.

Diversas mensagens podem ser encontradas nessa história. Podemos detectar o que vem de Þórð quando notamos que o "camponês" Geirmund e seu "pastor" conduzem o gado de um lado para o outro — essas imagens correspondem à época de Þórð, não à de Geirmund.

Por que criar uma história dessas?

Uma coisa era registrar os antepassados de Geirmund no norte longínquo. Foi mencionada uma certa ambivalência relativa a Geirmund da parte de homens como Þórð. Vemos nas sagas que outros colonizadores, antepassados de autores cristãos mais tardios, são associados a um motivo diferente: o pagão nobre, ou seja, o pagão que pressentia o advento de uma nova ordem mais benéfica e comportava-se de acordo com seus ensinamentos. Na *Laxdæla saga*, Gest Oddleifsson vê uma luz bonita sobre a montanha de Helgafell (onde mais tarde um mosteiro e uma igreja seriam construídos). Geirmund é atormentado por essa mesma luz.

Assim o antigo antepassado poderia chegar ao céu cristão e, mesmo que não atingisse a graça completa, teria ainda a esperança de salvar a alma: a linhagem poderia reencontrar-se no céu. Temos certeza de que Þórð Narfason era versado no pensamento cristão. A purificação e a salvação da alma foram por ele apontadas entre os mais importantes temas existenciais na primeira fase da escritura das sagas islandesas. O aspecto interessante, no caso de Geirmund, é que inexiste qualquer tentativa de conceder-lhe a salvação da alma. A cristandade será por toda a eternidade um espinho em seus olhos.

Mas podemos vislumbrar uma outra mensagem na história de Þórð. Por que Geirmund haveria de nutrir um ódio tão profundo por aquele lugar se nada do que viesse a acontecer por lá teria qualquer tipo de influência sobre o destino dele? Não seria plausível que tivesse dor nos olhos ao vislumbrar uma igreja que não estava lá: afinal, a igreja seria erguida mais de cem anos após sua morte.

A resposta mais óbvia é que o destino de Geirmund seria justamente ser enterrado sob a igreja. E, como Geirmund tinha poderes mágicos do norte, deveria saber que tipo de destino o aguardava. Por esse motivo, a luz começou a afligir-lhe os olhos ainda em vida.

Em primeiro lugar, todas essas hipóteses encaixam-se à contextualização de Sturla: Geirmund foi enterrado "na floresta da propriedade", segundo escreve. Þórð usa a palavra *hvammr* para se referir à floresta de tramazeiras que ficava próxima à propriedade, onde a igreja "encontra-se hoje", ou seja, na segunda metade do século XIII.

Vislumbramos um erudito que codifica o conhecimento dos antepassados sobre a localização do túmulo de Geirmund em uma história que os mais "espiritualizados" pudessem compreender, ao mesmo tempo em que a maneira de contá-la não serviria de chamariz para saqueadores e ladrões de sepulturas. Conhecimento importante para uns poucos escolhidos. Þórð sentiu a necessidade de registrá-la em pergaminho para assegurar-se de que não fosse perdida, em nome do lugar e da linhagem. Consta na *Laxdæla saga* que a igreja em Helgafell foi construída sobre o túmulo de uma profetisa e que essa profetisa pagã aparece em um sonho para reclamar do local onde se encontra. Histórias desse tipo eram conhecidas por Þórð e seus contemporâneos, e graças a essa referência não deveria ser difícil compreender onde Geirmund fora enterrado.

Um local de descanso como esse teria embasamento na realidade. O lugar onde houve um local sagrado permanece eternamente sagrado.

Os túmulos dos grandes homens tornavam-se com frequência locais de encontro para aqueles que continuavam vivos: um centro sagrado. Mesmo que Geirmund seja visto com certa ambivalência por seus descendentes cristãos, duas ou três gerações pré-cristãs ainda podem ter se reunido junto ao túmulo do colonizador e estabelecido uma tradição. Talvez porque as pessoas acreditassem que antepassados poderosos levavam as forças para o túmulo, o que assim o transformava em uma oficina de poderosas forças cosmológicas. E foi justamente nesses locais de encontro que em geral foram construídas as primeiras igrejas da Escandinávia.

A igreja de Skarð sempre foi propriedade privada, e assim permanece até hoje. Consta também que houve uma igreja em Skarð antes da cristianização da Islândia, um detalhe repleto de significado — caso de fato corresponda à realidade — que serviria para dar mais força à ideia de que o local de repouso do colonizador havia se transformado em um lugar de reunião muito antes que as primeiras igrejas fossem erguidas por lá. Evidentemente não sabemos nada acerca da localização da igreja original, mas novas igrejas com frequência eram erguidas sobre as fundações de uma mais antiga. Um dos motivos práticos para esse costume era que, se uma igreja fosse realocada, era preciso escavar o cemitério e levar todos os ossos para a nova localização. A igreja de Skarð é mencionada em antigos documentos da Idade Média.[106]

Não parece improvável que o túmulo de Geirmund esteja em um lugar qualquer nos arredores da igreja atual.

Além disso, existe mais um detalhe.

Um acontecimento estranho em Skarð, ocorrido há trinta anos. Foi por volta da época em que Snorri Jónsson contou-me a história sobre os escravos irlandeses na ilhota perto de Hornstrandir.

"Tudo e todos acabariam perdendo a cabeça."

O ano é 1983. Está planejada uma grande celebração religiosa no verão de Skarð, durante a qual várias pessoas, entre elas a presidente recém--eleita Vigdís Finnbogadóttir, vão receber um fac-símile do mais belo livro da Idade Média: o *Skarðsbók*. Kristinn Jónsson, um camponês que ainda hoje mora em Skarð, queria preparar a igreja para as festividades. Os preparativos incluíam a construção de fundações realmente sólidas para o prédio. Em tempos antigos, bastava construir a igreja sobre uma fundação de pedra, e possivelmente foi esse o motivo que levou a igreja de Skarð a ser arrancada das fundações em 1910. Segundo Kristinn, era muito desagradável ver a igreja erguer-se ou baixar-se conforme houvesse gelo ou tempo ameno.

Era uma operação complexa. Seria preciso cavar cerca de um metro e meio sob o assoalho da igreja, assentar novas fundações e prendê-las a grandes tonéis que mais tarde seriam preenchidos com cimento. Þorvaldur Brynjólfsson, da propriedade de Lundur em Lundareykjadalur, um camponês e experiente arquiteto eclesiástico, foi convidado a realizar o projeto. Þorvaldur já tinha uma idade bastante avançada na época e faleceu antes que eu ouvisse essa história. Ele pertencia à geração de camponeses que acreditava na visão socialista da Federação das Cooperativas Islandesas e, além disso, era porta-voz do Partido Progressista, que por muitos anos defendera os distritos rurais e a agricultura como principal área de interesse político. *"Það var vandfarið að Þorvaldi"*, disse Kristinn Jónsson ("Havia um problema com Þorvaldur") — ele era um homem sensível.

Þorvaldur chega a Skarð semanas antes das festividades.

"Você não tem muito tempo", informa Kristinn.

"É o que vamos descobrir", respondeu Þorvaldur.

Ele começa a cavar.

Sob o altar da igreja, Þorvaldur encontra os restos de um trabalho de carpintaria. Trata-se de um caixão. Dois homens do Museu Nacional da Islândia são chamados e vão até o local. As escavações revelam a presença de uma lápide hexagonal em pedra vermelha ao lado do caixão. Tudo indica que ela tenha pertencido a Ólöf, a Rica (1410-1479), a maior dentre todas as nobres na história da Islândia; essa mulher descreveu relações sexuais prazerosas a Deus para fazer penitência e encomendou o bonito altar que ainda hoje se encontra na igreja de Skarð.

Os arqueólogos pedem para levar a lápide a Reykjavík a fim de estudar as inscrições. Kristinn responde com uma negativa. Aquele era um local de repouso sagrado, e ele não queria que ninguém o remexesse mais do que o estritamente necessário.

Os homens de Reykjavík são obrigados a acatar a resposta de Kristinn. Afinal, ele é o dono da igreja e de tudo na terra mais abaixo. A atmosfera começa a tornar-se tensa. Þorvaldur segue cavando. Mais caixões são encontrados: a esposa de um pastor do século XVII e uma pesada lápide que pertencera ao guarda-costas Björn Þorleifsson, também conhecido como "o Rico": o viúvo de Ólöf. Os arqueólogos continuam o trabalho com os pincéis enquanto o projeto de Þorvaldur atrasa cada vez mais.

A situação chega a um ponto crítico. Kristinn percebe quando Þorvaldur sai da igreja, com o rosto enrubescido de raiva. Os arqueólogos haviam começado a debochar do camponês por achá-lo destrambelhado e antiquado, e também a zombar de seu envolvimento com o Partido Progressista — mas Þorvaldur não estava disposto a conviver com essa situação. Além disso, era o trabalho dos arqueólogos com os pincéis que o impedia de concluir o projeto a tempo. Não há como saber quem começou. A celebração religiosa estava cada vez mais perto sem que os acadêmicos de Reykjavík parecessem se importar.

Mas, finalmente, terminaram o trabalho, e Þorvaldur enfim pôde retomar a escavação. Não havia muito tempo.

No dia fatídico, Kristinn Jónsson não se encontrava presente; estava colhendo algas na região costeira próxima de Skarðsströnd. Pelo que pude depreender a partir dos relatos de Kristinn e do meu tio Steinólfur, Þorvaldur estava cavando em um lugar qualquer perto das escadas da igreja quando percebeu o "fenômeno".

Muitos anos mais tarde, Steinólfur encontrou-se com Þorvaldur e perguntou o que ele tinha visto sob a igreja. Þorvaldur não quis responder, porém disse o seguinte: "Se eu tivesse dito o que vi, tudo e todos acabariam perdendo a cabeça".

Meu tio Steinólfur insistiu, levado pela curiosidade que tomaria conta de qualquer outra pessoa que tivesse ouvido uma frase dessas, mas não houve como extrair o segredo de Þorvaldur.

Perguntei a Kristinn ao que Þorvaldur estaria se referindo, e na opinião dele Þorvaldur teria encontrado mais um caixão, provavelmente o de Björn, o Rico. Mas essa parece uma hipótese improvável, pois Þorvaldur já havia encontrado a lápide correspondente junto dos outros caixões. Um caixão a mais ou a menos dificilmente faria com que tudo e todos perdessem a cabeça.

Devemos ter em mente que Þorvaldur estava sob uma pressão enorme por causa do prazo, e além disso estava bravo com os citadinos do museu, que haviam zombado de seus ideais. Deve ter sentido que, se aqueles rapazes fossem chamados de volta e vissem aquilo que ele tinha visto, a celebração religiosa não poderia ocorrer na data planejada, e ele seria pessoalmente responsabilizado por isso.

O que foi que Þorvaldur viu?

Não pode ter visto um navio e dificilmente consideraria um punhado de pregos enferrujados como um achado arqueológico digno de atenção. Até onde sei, Þorvaldur não tinha grandes conhecimentos sobre arqueologia, mas tampouco é preciso formação na área para distinguir um túmulo pagão de um túmulo cristão: a diferença está nos objetos enterrados com o morto. Os pagãos equipavam os mortos para a vida no além, enquanto a Igreja, desde o princípio, demonstra uma profunda aversão a essa prática.

Esse é o tipo de conhecimento geral que Þorvaldur com certeza detinha. Imagino que tenha visto objetos e que os tenha associado a costumes pagãos; talvez uma bossa de escudo, uma espada ou uma ponta de lança. Talvez ainda outra coisa — um objeto entalhado em presa de morsa, ou uma descoberta ainda mais impressionante.

Pelo que pude apurar, Þorvaldur não contou a ninguém o que viu. Levou esse segredo consigo para o túmulo. Por outro lado, foi sincero o bastante para dar a entender que havia qualquer coisa sob a igreja de Skarð capaz de fazer com que "tudo e todos" perdessem a cabeça.

O camponês Þorvaldur provavelmente encontrou o túmulo do viking negro.

Tudo leva a crer que é Geirmund quem está enterrado lá. Tudo leva a crer que esse caçador e navegador, o rei do Atlântico, encontra-se lá — cada vez mais perto da desintegração total no mundo da matéria.

Apago a luz. Levanto-me com os ombros duros e faço uma mesura para o meu antepassado em trigésimo grau, essa sombra vinda do Ginnungagap. Agradeço-lhe pela companhia. Ao sair do escritório, penso que, se eu tivesse apenas uma fração da capacidade de planejamento e da inteligência prática de Geirmund, provavelmente ocuparia uma posição de prestígio na sociedade moderna.

Mas, enquanto arrasto os pés no caminho para casa, ocorre-me que nesse caso eu jamais teria encontrado o tempo necessário para escrever esta saga a respeito dele.

POSFÁCIO

SE ESTE LIVRO LEVAR ALGUÉM a repensar a ideia moderna de que o escritor e o pesquisador devem estar totalmente separados, de que somente o pesquisador tem acesso à "verdade" e que apenas o escritor tem um texto legível, então boa parte do meu objetivo com esta obra terá sido atingida. Tentei realizar este projeto essencialmente artístico usando as duas metades do cérebro, e por causa disso considero este livro um "híbrido".

O trabalho sobre a forma do livro consistiu em descobrir o meio-termo entre o pesquisador e o escritor. Entre outras coisas, a maior parte das associações entre as expedições expansionistas e a crise econômica da época em que vivemos, que haviam me inspirado como autor a escrever esta saga a respeito de Geirmund, foram excluídas ao longo do processo de redação do texto. Assim o leitor sente-se livre para ver ou ignorar essas associações conforme prefira. No que diz respeito ao pesquisador, boa parte das minhas reflexões acerca da metodologia empregada foi deixada de fora, uma vez que têm relevância limitada para o leitor comum.

Este projeto não teria sido concluído sem a ajuda de uma série de pessoas e instituições. Em primeiro lugar, eu gostaria de mencionar os professores universitários que leram partes do manuscrito: Torgrim Titlestad, FransArne

Stylegar, Reidar Bertelsen, Bjørn Myhre, Judith Jesch, Jan Erik Rekdal, Einar Gunnar Pétursson e Vésteinn Ólason. Agradeço a essas pessoas por terem diminuído o número de erros e por terem amigavelmente expandido meus horizontes em suas áreas de especialidade. Assumo a responsabilidade por todos os erros que eventualmente persistam. Agradeço do fundo do coração a todas as pessoas que responderam às minhas consultas, ajudaram-me em questões práticas ou leram partes do manuscrito para fazer correções textuais e factuais, mas a lista seria demasiado longa para incluir o nome de todos. Mesmo assim, deixo registrado um agradecimento especial a Eldar Heide, que ofereceu contribuições inestimáveis no que diz respeito à navegação e aos navios vikings.

No geral, devo admitir que partes importantes do livro jamais teriam sido concluídas sem a ajuda de outros pesquisadores receptivos com quem fiz contato durante o processo de escrita. Entre essas pessoas estão Inge Særheim, da Universidade de Stavanger, e Hallgrímur Jökull Ámundarson, do Instituto Árni Magnússon na Universidade da Islândia. Ambos me ajudaram a obter o material necessário para a pesquisa toponímica e, além disso, responderam às minhas perguntas: muito obrigado! Um agradecimento efusivo a Tapani Salminen pela ajuda com assuntos ligados à cultura siberiana e também a Andrei Golovnev e Dina Fedorova, que ofereceram ajuda na parte relacionada à Biármia. Nikolai Krenke e Aleksandr Orekhov também fizeram contribuições acadêmicas no que diz respeito à Sibéria: *spasiba!* Aos geneticistas Agnar Helgason e Peter Forster, agradeço pela generosidade e pela paciência que tiveram com este leigo. Agradeço também a Haraldur Bernharðsson da Universidade da Islândia pelas respostas sólidas em questões relacionadas à linguística histórica. Obrigado a Þórir Jónsson Hraundal por correções relativas às fontes árabes e a Gørill Nilsen pela ajuda com tudo aquilo relacionado a gordura e óleo, e também pela leitura. Mais uma vez: possíveis equívocos em dados relativos às áreas de especialidade desses pesquisadores são atribuíveis tão somente a mim.

Muitos projetos de pesquisa tiveram relevância direta ou indireta para este livro. Em primeiro lugar, menciono o projeto de produção de óleo na Islândia, coordenado por Gørill Nilsen da Universidade de Tromsø e financiado na Islândia pelo Conselho de Cultura dos Fiordes Ocidentais e pelo Conselho de Cultura da Região Oeste. Agradeço ao museu Strandagaldur e ao Conselho de Cultura e Turismo de Dalabyggð pelas diversas contribuições a este livro, com agradecimentos especiais a Sigurður Atlason e Halla Sigríður Steinólfsdóttir. As pessoas relacionadas ao projeto Encontro das Tradições Artesanais Norueguesas e Groenlandesas compartilharam conhecimentos importantes comigo e me convidaram a confeccionar cordas — eu não poderia deixar de agradecer a Hans Reidar Bjelke e a Terje Planke. Agradeço ao projeto responsável pelo drácar *Harald Hårfagre* por diversas contribuições, com um agradecimento especial aos pesquisadores de cultura tradicional Jon Bojer Godal e Marit Synnøve Vea de Avaldsnes.

Tenho muito a agradecer também ao município de Karmøy e ao projeto Avaldsnes, coordenado por Arnfri Opedal, inclusive por terem me resgatado no retorno da Sibéria. Agradeço a Irene Edel Porter, Colman Etchingham e Charles Doherty por todas as sugestões acadêmicas e práticas. Baldur Jónasson trabalhou nos mapas, e Kjartan Hallur desenhou o logo que aparece no início de cada seção na edição original: *hjartans þakkir!*

Deixo também o meu profundo agradecimento às instituições que tornaram economicamente possível a realização deste projeto de livro: Associação dos Autores e Tradutores Noruegueses de Não Ficção, Fritt Ord, Cooperação Cultural Norueguesa-Islandesa e Fundação Clara Lachmann.

Agradeço a Trygve Åslund da editora Aschehoug pelas inúmeras conversas agradáveis e por todas as sugestões oferecidas a este projeto. Gostaria também de agradecer ao time da editora Spartacus pela sólida colaboração. Um agradecimento especial a Øystein Morten e também ao meu editor Frode Molven pela incrível parceria.

Por fim, eu gostaria de agradecer a toda a minha família, tanto na Islândia como aqui na Noruega, pelo apoio e pela paciência enquanto eu trabalhava neste projeto. Agora, quando tudo se aproxima do fim, penso em Snorri Jónsson e tenho vontade de dedicar este livro a todas as pessoas que contam histórias para as crianças — sejam antigas ou novas, verdadeiras ou inventadas. Ninguém imagina o que pode surgir a partir delas.

Notas

ROGALAND
A ORIGEM DRAMÁTICA

[1] Snorri Sturluson (*Edda*), 28-32.

[2] A antiga cultura nórdica tinha uma teoria hereditária com mais nuances do que a teoria aristotélica, que passou a ser dominante a partir do século XIII. Esta última entendia a mulher como a terra que recebia a semente do homem e a fazia crescer, sem no entanto deixar marcas próprias sobre o rebento. O povo nórdico acreditava que uma criança podia herdar traços biológicos tanto do pai como da mãe.

[3] A história existe em todas as redações do *Landnámabók*: *Hauksbók*, *Sturlubók* e *Melabók*. As primeiras versões do *Landnámabók* foram escritas no século XII, enquanto as versões conservadas remontam aos séculos XIII e XIV.

[4] Na redação do *Landnámabók* conhecida pelo nome de *Melabók*, a estrofe tem uma variante corrompida (*lectio difficilior*). Na maioria das vezes, essa é a variante mais antiga — a ideia é que, em um ponto qualquer da tradição oral, as palavras deixaram de ser compreendidas e passaram a ser repetidas incorretamente, sem que ninguém conseguisse encontrar o caminho de volta à formulação original.

As variantes mais compreensíveis via de regra incluem alterações tardias que visam tornar o texto inteligível. Esses pontos corrompidos da poesia escáldica são um sinal confiável de idade avançada — nos poemas mais recentes do período cristão e em registros posteriores, encontram-se de todo ausentes.

[5] A palavra "chude" é uma designação genérica e obsoleta para diferentes povos fino-úgricos da Rússia.

[6] Houve tentativas de se estabelecer uma ligação entre este nome e o antigo nome inglês Leofwine. Trata-se de uma ligação improvável, em especial porque o antigo nome inglês era masculino. Por outro lado, o antigo nome inglês pode ter dado origem ao padre estrangeiro Lifvini, que aparece na *Sturlunga saga*.

[7] Conheço pessoalmente a criança nascida do casamento de um islandês com uma groenlandesa, e a fisionomia islandesa é praticamente imperceptível.

[8] A ligação de Geirmund a Rogaland é enfatizada por diversas vezes no *Landnámabók*.

[9] Vide o capítulo 30 do *Melabók*.

[10] Os mais antigos historiadores noruegueses, como Teodorico, o monge (aprox. 1180), não associam Harald a nenhuma linhagem de reis, uma vez que, segundo o que escreve, o próprio Teodorico desconhece a existência de uma ascendência real. O mesmo tipo de observação aparece também em obras mais tardias, como a *Ólafs saga Tryggvasonar* de Odd, o monge e a *þátt* conhecida pelo nome de "*Hversu Noregr bygðisk*", parte integrante do *Flateyjarbók*.

[11] Geirmund chegou a ser considerado um "futuro unificador do reino" em potencial.

[12] É estranho que outros pesquisadores adotem sem nenhum tipo de crítica o raciocínio de P.A. Munch, de acordo com o qual entre o rei Hjör e Geirmund Pele-Negra faltariam duas gerações: um misterioso Flein e seu filho Hjör Fleinsson, homens jamais mencionados em

relação a essa linhagem real. Essa teoria foi mais tarde expandida, e chegou-se a postular que a estirpe de Ögvald teria perdido o poder após a morte de Hálf, quando "outros assumem seu lugar". Mas essas hipóteses não têm nenhuma base nas fontes disponíveis.

[13] Asgaut Steinnes define a Rogaland da Idade Média como "os vilarejos de Karmsund e a região um pouco mais para dentro, a norte do Boknafjorden". Os antigos textos legais estabelecem uma diferença entre "*sunnan fiarðar*" e "*norðan fiarðar*" ao mencionar Rygja. Essa divisão da Islândia faz ainda mais sentido caso os pesquisadores estejam certos ao afirmar que, a partir da Idade do Ferro tardia, o poder em Rogaland divide-se entre centros de poder ao norte e ao sul do Boknafjorden.

[14] O fato de que o nome Alviðra se origina de Alver em Hordaland também encontra respaldo no *Landnámabók*, pois foi de Hordaland que vieram os colonizadores de Alviðra.

[15] Essa parte diz respeito principalmente às rotas marítimas que chegavam e saíam desses locais. Toda a linguagem marítima é conservadora ao extremo, e há motivos para crer que houve tentativas de reaproveitar topônimos de cenários conhecidos ao dar nome para as rotas marítimas. A fim de limitar a quantidade do material analisado, detive-me nos topônimos e marcos de importância central. O material norueguês foi delimitado por meio da base de dados do Statens Kartverk, disponível em http://kart.statkart.no/. No que diz respeito a Avaldsnes, levei em conta a região norte de Karmøy e os principais marcos na rota de chegada (Utsira, Føyno/Feøy e Røvær). No caso de Utstein, baseei-me nas regiões próximas de Mosterøy, Rennesøy e Kvitsøy e, por fim, na região a norte de Sola, as praias em Hafrsfjord e o litoral a oeste de Hafrsfjord, por onde os navios passavam antes de navegar rumo ao interior do fiorde.

[16] Esta parte da pesquisa foi parcialmente inspirada por Magnus Olsen, que afirmou que, no que diz respeito ao nome das propriedades, "encontramo-nos diante daquilo que mantém a maior força de continuidade na transferência de topônimos noruegueses".

[17] Do volume sobre Stavanger (1915), levei em conta os topônimos de Avaldsnes, Torvestad e Utsira (uma localização importante para todo o tráfego marítimo relacionado às Ilhas Britânicas). Em Utstein: topônimos de "Rennesø e da centena de Mosterø"; em Sola: topônimos da paróquia de Sole. Trata-se de um total de cerca de sessenta topônimos. Os registros islandeses não fazem diferenciação entre nomes de propriedades e topônimos, e, portanto, a comparação inclui também os topônimos da região na Islândia. Trato as formas singulares e plurais de um mesmo topônimo como uma coincidência de 100%, ou seja, Stange (da forma plural Stangir) coincide perfeitamente com a forma singular Stöng que se observa na Islândia. Em Skarðsströnd, levei em conta os registros das seguintes propriedades, todas pertencentes aos homens que integravam o núcleo de colonizadores reunidos ao redor de Geirmund: Heinaberg (no extremo leste), Níp, Búðardalur, Hvarfsdalur, Barmur, Hvalgrafir, Geirmundarstaðir, Skarð, Frakkanes, Ballará (bem como Kvennahóll), Purkey e Dagverðarnes (bem como Skáley), Akureyjar, Rauðseyjar, Hafnareyjar, Rúfeyjar e Ólafseyjar. Os grandes fatores de incerteza surgem no material norueguês. Em Rogaland, não houve uma coleta e um registro sistemático dos topônimos antes da década de 1980. Outros fatores de incerteza devem-se à datação de topônimos, ou seja, a uma certeza em relação a até que ponto e sob que forma existiam na época dos vikings. No que diz respeito aos nomes das propriedades, baseei-me nas reconstruções das formas em nórdico antigo propostas por Oluf Rygh e comparei-as às mais recentes pesquisas em que são mencionadas. Os nomes cujas formas em nórdico antigo não puderam ser reconstruídas nem mesmo pelos especialistas nessa disciplina foram deixados de fora. Pesquisas mais aprofundadas

sobre os colonizadores em regiões documentadas tanto na Noruega como na Islândia poderiam resultar em um importante material para fins de comparação.

[18] Ainda que o mesmo fenômeno possa ser observado em outras propriedades reais, esse não seria motivo para descartar os resultados desta pesquisa.

[19] A palavra tem origem no latim *infans* e aparece inicialmente em sagas que versam sobre a vida de santos em documentos oficiais da Idade Média norueguesa.

[20] A base de dados de topônimos no norgeskart.no e no *Ísland-atlasen* não são exaustivas, mas assim mesmo trazem indicações relevantes sobre a presença de topônimos. Incluir todos os registros de topônimos seria um trabalho de anos. A maior parte dos registros de topônimos locais ainda não se encontra digitalizada, seja na Noruega ou na Islândia. A digitalização dos registros há de tornar esse tipo de pesquisa mais fácil no futuro.

[21] Do ponto de vista etimológico, *graut* pode se referir a uma "mistura grossa e rústica feita a partir de cereais", bem como ao antigo nórdico *grjót* ("pedra") e *grýt-*, ambos radicais recorrentes em topônimos noruegueses e islandeses.

[22] Provavelmente *graut* passou a ter o sentido de "mingau de cereais" devido ao fato de que esse tipo de comida era preparado em panelas de pedra-sabão.

[23] Vide o capítulo 118 do *Heimskringla II*.

[24] Podem-se mencionar os impressionantes achados da Idade do Bronze nos montes tumulares de Reheia (Blodheia), achados da época romana em Flagghaugen, junto à igreja de Avaldsnes (um dos mais importantes achados tumulares do período em todo o norte da Europa), e os grandiosos túmulos de navios vikings encontrados em Storhaug e Grønhaug.

[25] Consta, por exemplo, que o chefe Ingimund, da *Vatnsdœla saga*, em geral era o primeiro a chegar aos navios que aportavam em Húnavatnsós "e cobrar daquelas mercadorias taxas alfandegárias na medida do que julgasse razoável". Vide o capítulo 17 da *Vatnsdœla saga*.

[26] Os topônimos com a terminação *-heimar* encontram-se entre os mais antigos na Islândia, e na Noruega o topônimo Manheim está sempre ligado a grandes propriedades.

[27] De acordo com essa fábula, quando o inverno chegou, as diversas cabeças de uma das serpentes começaram a brigar entre si ao decidir qual seria o melhor lugar para se abrigar durante o inverno. Uma cabeça queria ir para cá, a outra queria ir para lá. A outra serpente, que tinha diversas caudas, mas apenas uma cabeça, abrigou-se de imediato e passou o inverno todo aquecida. A serpente de várias cabeças morreu congelada.

[28] O autor da *Hálfs saga* menciona uma saga perdida chamada **Esphœlinga saga* e usa material genealógico antigo também desaparecido. (O asterisco indica uma saga que já não existe mais.) A concepção da *Hálfs saga* como uma fonte histórica confiável não é novidade — a ideia circula pelo menos desde a década de 1940. Vários pesquisadores que conheço pessoalmente fizeram estudos aprofundados acerca dessa antiga saga e chegaram a essa mesma conclusão.

[29] Vide o capítulo 64 da *Ólafs saga Tryggvasonar* no *Heimskringla*.

[30] Por um motivo ou outro, o monge islandês quer nos dar razão para que acreditemos na tradição. Já foi sugerido que o corpo do rei Ögvald poderia estar no grandioso monte tumular de Storhaug. Uma recente datação por dendrocronologia revelou que o conteúdo do túmulo foi enterrado entre maio e junho do ano 779, ou seja, muito depois da época de Ögvald (quer tenha vivido ou não).

[31] Tanto o *Landnámabók* como a *Hálfs saga* descrevem a morte de Hálf pelo fogo. O poema éddico *Hyndluljód* menciona Hálf e sua mãe Hild (estrofe 19), e o trecho "*Hversu Noregr*

bygðisk" do *Flateybók* trata a respeito de Hild e Hjörleif e do filho que tiveram, o *berserk* Hálf. A *Edda* de Snorri refere-se a Hálf e à linhagem de Hálf; vide os capítulos 28 e 65 do *Skáldskaparmál*. Muitas tradições populares ecoam a grandeza desse rei. Nas Ilhas Faroé, o poema *"Álvur kongur"* conta uma história sobre a traição de Ásmund contra Hálf em versos que devem ter posto os faroeses a dançar por muitos séculos e que possivelmente baseiam-se em uma antiga tradição. Além disso, a mesma história é cantada em uma canção popular sueca chamada *"Stolt Herr Alf"*.

[32] *"Halfr kongr/ hlæiandi do"*, conforme afirma a *Hálfs saga*.

[33] Trata-se do escaldo Einar Benediktsson falando sobre Grettir Ásmundarson, o personagem principal da *Grettis saga*.

[34] Vide a estrofe 21 da *Þórsdrápa* de Eilif Gordunarson.

[35] Vide por exemplo o capítulo 76 da *Óláfs saga helga* no *Heimskringla*.

[36] Vide a *þátt* sobre Geirmund na *Sturlunga saga*, em que Þórð Narfason aponta a existência da saga perdida *Hróks saga svarta*.

[37] Em sagas e poemas antigos encontram-se muitos exemplos de que escaldos e sábios educavam os filhos de reis: Halfdan, o preto, foi ensinado por Ölvi, o Sábio; Eirík Machado Sangrento, por Þóri Hróaldsson; Guðröð, o Luminoso, por Þjóðolf de Kvin; Eirík Hákonarson, por Þorleif, o Sábio, e assim por diante.

[38] Sigo as regras da teoria cognitiva e escrevo metáforas conceituais e outros elementos conceituais usando versalete.

[39] Um bom exemplo pode ser observado na estrofe atribuída a Kveldúlf, em que a morte do filho Þórolf é recontada de maneira a representar as nornas como sendo más, ao mesmo tempo em que Óðinn é acusado de tê-lo levado embora demasiado cedo.

A BIÁRMIA
NO MAIS LONGÍNQUO E ESCURO MAR

[1] Vide o capítulo 86 do *Hauksbók*.

[2] Este hábito permaneceu vivo entre os samoiedos até o século xx.

[3] Pode-se ler a respeito desse tema na página do programa "Creating the New North" ("A criação do norte moderno"), mantida pela Universidade de Tromsø.

[4] As fontes oferecem poucas informações acerca do comércio entre nórdicos e biarmeses, mas há fortes indícios de que os biarmeses do rei Hjör tinham muito em comum com os lapões do mar. Na *Vatnsdœla saga,* Ingimund paga os feiticeiros sámi com manteiga e estanho. Na *Ketils saga hœngs* os finlandeses demonstram grande entusiasmo em relação à manteiga. O estanho (em lapão, *dadne*) provavelmente era usado pelos lapões na confecção de vestuário e na construção de objetos mágicos. Nos textos dos descobridores europeus do século xvi, os líderes dos povos indígenas na costa siberiana usam brincos de prata e paetês. O toucinho também parece ter sido um artigo bastante popular; vide a *Helga þáttr Þórissonar* e a *Egils saga einhenda ok Ásmundar berserkjabana*.

[5] Descobertas arqueológicas em Storhaug e Karmøy indicam que houve contato entre chefes de Avaldsnes e o reino dos francos já no início do século viii.

6 Conforme se observa no *Konungs skuggsjá*.

7 Os majestosos túmulos de navios da época dos vikings (Grønhaug e Storhaug) e o estreito contato com a Irlanda dão testemunho disso.

8 Ottar de Hálogaland descreveu uma viagem à Biármia na segunda metade do século IX. Imagina-se que o navio em que viajou possa ter se parecido com o navio de Gokstad e que tinha uma tripulação de cerca de quarenta homens; há 32 lugares para remadores nesse navio. No entanto, o próprio Ottar descreve um episódio de caça à morsa em que, juntamente com "outros seis homens", caçou esses animais. As palavras de Ottar indicam uma tripulação bem mais humilde em um navio cujo principal meio de locomoção era a vela, com lugares apenas para uns poucos remadores. O trecho em que conta sobre a espera pelo vento reforça essa hipótese. Tudo sugere que o rei Hjör tenha buscado na Biármia o mesmo que o comerciante Ottar.

9 O nome Siggjo significa aproximadamente "aquele que é visível de longe".

10 A riqueza na época dos vikings era mais importante por causa do prestígio social que trazia consigo do que devido à utilidade do dinheiro, como acontece hoje.

11 Vide o capítulo 10 da *Egils saga* e o decreto real de 1313, que proibiu assustar os finlandeses a fim de extorqui-los.

12 Somente em tempos mais recentes houve tentativas de se analisar a realidade que serve como fundamento para os mitos nórdicos.

13 Aqui as palavras "finlandês" e "Finlândia" são empregadas no sentido nórdico antigo, em que "finlandês" refere-se aos povos fino-úgricos — quase sempre lapões, mas também outros povos estrangeiros. A Finlândia que hoje conhecemos não existia antes do século XX — as antigas denominações para aquelas regiões eram Ostrobótnia e Carélia.

14 Já foi demonstrado que não se trata necessariamente de uma construção erudita, mas antes de um mito originário pré-cristão para os líderes de maior destaque que mais tarde foi "historicizado" pelos eruditos. Esses mitos falam da aliança entre um deus e uma mulher dos *jötnar* e do filho extraordinário que tiveram, enquanto de acordo com os historiógrafos os homens nórdicos têm filhos robustos com mulheres "estrangeiras".

15 Vide o *Landnámabók*.

16 Há bons motivos para acreditar em uma aliança entre o rei Harald e Hákon, uma vez que todas as redações do antigo *Skáldatal* mencionam que um dos escaldos de Harald, Þjóðolf de Kvin, compôs um poema sobre Hákon Grjótgarðsson. Esse poema foi perdido.

17 Grjótgarð, o pai de Hákon, é chamado de *jarl* de Hálogaland no *Landnámabók,* mas também aparece ligado a Agdenes e a Selven (Sǫlvi), nos arredores de Trondheim, e a Andøya, em Nordland. Þórir Matador de Gigantes teria fugido do *jarl* Hákon Grjótgarðsson de Ǫmð (Andøya). Hákon provavelmente dominou a região norte de Vesterålen (onde ficam Andøya e Hinnøya), controlada por seus antepassados desde o século VIII.

18 Isto é, andar pelo "lado interno dos escolhos". O contrário disso era a *dúpleið,* ou seja, a navegação feita por uma rota externa em relação a todas as ilhas e escolhos, praticada em especial quando o objetivo era não ser percebido (vide o capítulo 19 da *Egils saga*).

19 Vide, por exemplo, o capítulo 30 da *Finnboga saga*.

20 Esses cabos também funcionam como excelentes amarras de âncora e são úteis na hora de içar a carga a bordo, bem como no momento de amarrar objetos pesados, segundo Olaus Magnus escreveu em 1550. Outro detalhe é que a parte do massame que ficava mais

exposta à fricção e ao desgaste tinha de ser feita preferencialmente de pele, uma vez que as fibras vegetais estragavam-se mais depressa naquelas condições.

21 Muitos produtos eram feitos a partir das morsas. A carne era considerada uma iguaria nas fontes europeias. O báculo (osso peniano) era usado para fazer punhos de faca; dois objetos do século x com essas características foram encontrados na Islândia. As cerdas do focinho eram usadas para fazer escovas usadas para esfregar os músculos e aliviar cãibras.

22 Vide o *Flateyjarbók*.

23 Conforme já exposto, os russos chamavam os diversos povos fino-úgricos mais ao norte de "chudes", e já houve quem achasse que os chudes eram o mesmo povo que os antigos nórdicos chamavam de biarmeses.

24 Por volta de 970, um antigo escaldo nórdico chamou o povo que vivia às margens do mar Branco de *bjarmskar kindir* — ou seja, "linhagens biarmesas" — e assim nos revelou que a designação devia se referir a diversos povos, exatamente como os pesquisadores haviam concluído. Vide a quinta estrofe da *Gráfeldardrápa* de Glúm Geirason. Muita tinta foi gasta na tentativa de estabelecer que grupo de povos seriam os biarmeses. Os principais estudos apontam para os carelianos e os vepesianos. Esses povos concentravam-se na região que ia do golfo da Finlândia, a sudoeste, rumo às margens do Ladoga e do Onega e ao longo de todo o território a leste, até o mar Branco. No sentido norte, a terra dos carelianos (Carélia) estendia-se até a costa oeste do mar Branco. Não seria impensável que esses povos, a certa altura e de acordo com determinadas fontes, devessem ser identificados como os biarmeses. Os arqueólogos com frequência parecem se referir aos carelianos e aos vepesianos quando discutem contribuições culturais feitas pelos "biarmeses".

25 As denominações *wīsu* e *yūra* são usadas para se referir tanto às regiões ao norte como aos povos que lá habitam.

26 A maioria das fontes árabes remonta à Alta Idade Média — as mais antigas referências foram deixadas por Ibn-Fadlan e seus contemporâneos no início do século x. Ib-Fadlan menciona os *jötnar* mudos (!) Gog e Magog, que talvez refletissem o comércio mudo com o povo que vivia às margens do mar Branco. O pesquisador russo K. K. Chapskii, especialista em morsas, afirma que, apesar de certos mal-entendidos, nos textos árabes está claro que estes se referem aos métodos tradicionais de caça à morsa ao descrever o povo *yūra*. Chapskii menciona o árabe Abi-Hamed, que teria escrito durante o século x, mas provavelmente se trata de al-Garnatī, que escreveu no século xii e na verdade chamava-se Abū Hāmid alAndalusī. O modo de vida do povo de caçadores mais ao norte não deve ter sofrido nenhuma transformação profunda no período compreendido entre os séculos ix e xiii.

27 O trecho citado consta da antiga obra *Ajāʾib al-makhlūqāt wa gharāʾib al-mawjūdāt* ("As maravilhas das criaturas e as estranhas coisas que existem").

28 A citação também pode se referir às grandes espécies de foca. Por volta de 980, al-Muqaddasi escreveu que da Bulgária vinham "dentes de peixe" e "cola de peixe". A cola era feita (entre outras coisas) de pele de morsa, de maneira que essa pode ser outra matéria-prima importante obtida a partir desse animal. Em 1588, o inglês Giles Fletcher escreve sobre os dentes de peixe de Pechora, que chegam até os persas por intermédio dos búlgaros do Volga.

29 Nesse ponto disponho-me a ler os relatos árabes como fontes relativamente confiáveis uma vez feito o descarte dos momentos exóticos — o que costumo chamar de

"desempacotar uma história". Nas descrições da temporada de caça há menções a comunidades de homens e comunidades de mulheres às margens do mar Obscuro. Houve quem achasse que essas histórias refletiam a caça e a pesca sazonal, uma tradição que se manteve ininterruptamente até o século XIX. Durante a temporada de caça, as mulheres ficavam sozinhas — essa era a "comunidade de mulheres" a que os textos árabes e outras lendas mais tardias se referem.

30 Mencionei que o texto de al-Garnatī traz as marcas da tradição oral. O fato de que al-Qazwīnī faz um esforço no sentido de moderar o exagero de al-Garnatī evidencia uma certa erudição; no texto dele, o peixe é como um camelo, e não como uma montanha, e mede o equivalente a cem casas, e não a cem mil. Na primeira metade do século XIII, Giovanni di Plano Carpini descreve os samoiedos como um povo de caçadores obstinados; Marco Polo faz o mesmo na segunda metade daquele século.

31 Marco Polo pode ser citado como fonte dessa informação. Ele afirma que o povo que vivia em uma região ainda clara (ou seja, não no próprio país da Escuridão) comprava peles dos caçadores mais ao norte e, assim, obtinha grandes lucros.

32 Encontros comerciais entre povos costeiros e povos do continente em geral ocorriam no inverno, quando era possível usar trenós.

33 Trata-se da *Alfræði Íslenzk*.

34 O óleo de foca da mais alta qualidade produzido às margens do mar Branco era usado na lã destinada à produção de roupas, segundo uma afirmação feita por Giles Fletcher em 1588.

35 No museu dos navios vikings em Roskilde foi realizado um experimento em que o material do fundo do casco foi impregnado com óleo de baleia-piloto. A conclusão foi categórica: "Os danos sofridos pelas tábuas tratadas com óleo de baleia-piloto podem ser caracterizados como 'desprezíveis a moderados', enquanto os danos sofridos pelas tábuas sem nenhum tipo de tratamento são 'graves'".

36 Tanto o óleo de foca como o óleo de morsa eram geralmente empregados para os mesmos fins.

37 Entre os lapões existia um "besuntamento norueguês", usado na proteção de calçados e outros artigos de pele e couro. Esse produto era uma mistura de alcatrão e óleo animal. Sabe-se que o óleo de mamíferos marinhos era uma mercadoria de importância central no comércio entre lapões e noruegueses. As numerosas valas de derretimento — instalações para a produção de óleo na fronteira entre a região habitada pelos lapões e a região habitada pelos antigos nórdicos — são uma indicação clara disso.

38 O escaldo Kormák comenta em uma estrofe do século X o preço absurdo para se alugar um navio viking. Ele tinha de pagar três øre de ouro ou aproximadamente 650 gramas de prata para fazer uma viagem curta de compras. Para ser proprietário de um navio era preciso um capital enorme, que se tornava ainda mais alto para encomendar a construção de uma dessas embarcações.

39 Na Islândia, as Vestmannaeyjar têm uma intensa atividade de teredos — uma ameaça constante para navios e barcos de madeira.

40 O líder de expedição Richard Chancelour escreveu por volta de 1550 que a maior produção vinha das margens do rio Duína (Duína do Norte), mas que também ocorria em muitos outros lugares. Willem Barentsz liderou uma grande expedição em 1594. Quando se aproximou da lendária Ilha Vaygach, batizou o fiorde que lá existe de "Trayen Bay" ("Baía

do óleo"). Lá, os homens encontraram grandes estoques de óleo animal na costa, além de peles. Essa constatação parece confirmar a produção de óleo que os árabes atribuem aos habitantes de Yūrā.

[41] O topônimo Fosna vem de *folgns/fylgsni* e significa "esconderijo". Provavelmente o nome era uma indicação de que os navios podiam esconder-se nesses portos, como acontece em Storfosna.

[42] Um templo como esse foi recentemente descoberto perto de Ranheim, a dez quilômetros do centro de Trondheim. A datação indica que funcionou durante o século ix. Suponho que muitos templos semelhantes devam ter existido por toda a Noruega.

[43] Existem muitas variações entre indivíduos de um mesmo grupo étnico. Mesmo após estudos realizados a partir dos esqueletos dos lapões, não foi possível estabelecer a constituição física de um lapão "típico". Outros pesquisadores afirmam que os samoiedos eram muito diferentes entre si, de acordo com a língua que falavam.

[44] Nas pesquisas antropológicas conduzidas na União Soviética durante o pós-guerra, as mesmas características foram observadas em relação ao povo que habita a Nenétsia.

[45] Houve quem escrevesse a respeito dos rostos "feios" — para o gosto europeu — dos povos tártaros do norte, o que por sua vez significa que outros grupos étnicos da região eram considerados "muito bonitos".

[46] Há um exemplo na *Alfræði Íslenzk*. Um feiticeiro sámi vê um pastor e diz: "Tive uma visão horrível. O homem que entoava cânticos na tenda que chamam de igreja ergueu as mãos e segurou um menino todo ensanguentado, tão luminoso e reluzente, que não aguentei olhar naquela direção; e essa visão me encheu de uma tristeza e de uma angústia tão intensas, que saí da tenda e caí desacordado". O motivo se repete, por exemplo, na *Ólafs saga Tryggvasonar* do *Flateybók,* capítulo 188.

[47] Desconheço fontes que representem os carelianos ou os vepesianos como povos xamânicos.

[48] Os membros de uma família estendida de Ramsta aparecem como heróis no título de sete obras poéticas: entre outras, as antigas sagas de Ketill Salmão, Grím Bochecha-Peluda, Odd-Flecha e Án Verga-Arco. Todos eram descendentes de Hallbjörn Meio-Troll, irmão de Hallbera, antepassada dos homens do Mýrar e personagem da *Egils saga.*

[49] Os sikhirtya poderiam ser os antepassados dos yaptik e dos yaungad, povos com uma habilidade extraordinária na caça de animais marinhos.

[50] Não se sabe até que ponto esse era um povo claramente definido ou uma mistura de várias culturas de nômades e caçadores costeiros, mas há indícios convincentes de que essa cultura mista não teria surgido antes da Idade Média tardia.

[51] Ainda em 1870 há registros de que os nenetses haviam levado 4.200 metros de pele de morsa para um encontro comercial no lugar onde hoje fica Salekhard, às margens do rio Ob.

[52] Na Ilha Vaygach, os samoiedos têm uma temporada de caça no inverno, o que se explica porque no inverno o gelo racha, mantendo uma via marítima aberta no mar de Kara. Essa abertura atrai focas e morsas, que por sua vez atraem ursos-polares.

[53] Nas escavações da cultura marítima em Yamal foram encontrados metais como cobre e prata, além de objetos de ferro como facas e pontas de flecha.

[54] Em nórdico antigo falava-se em *loklausu þing* — a expressão significava que a assembleia não tinha poder decisório caso um chefe importante não comparecesse. É o que se diz a respeito de Mörð Violino na *Njáls saga.*

[55] O equipamento usado era aproximadamente o mesmo desde a época dos vikings: lanças e arpões. Mais tarde, as lanças tornaram-se mais parecidas com enormes picaretas de gelo, que eram fincadas na grossa pele do pescoço de maneira a perfurar o coração dos animais.

[56] Não é sem motivo que Willem Barentsz foi chamado de "patrono holandês da caça à morsa".

[57] Tanto as alterações climáticas como a caça predatória desenfreada levada a cabo pelos europeus já foram apontadas como razões para o desaparecimento da cultura marítima no oeste da Sibéria. Muitos preferem a segunda explicação, e há quem afirme que práticas similares realizadas por americanos e japoneses no estreito de Bering teriam resultado no encolhimento da economia dos caçadores coriacos e kereques nos séculos XVIII e XIX. Em 1939, quando pesquisadores russos soaram o alarme, calcula-se que restassem apenas entre 1.200 e 1.300 morsas em todo o mar de Barents e em todo o mar de Kara. De acordo com uma fonte russa, os caçadores noruegueses seriam os maiores culpados pela matança.

[58] É assim que o *Heimskringla* descreve Gjesvær quando Þóri Sabujo, na companhia de Gunnstein e Karle, os homens de Ólaf, o grande (mais tarde Ólaf, o santo), conquista esse porto ao voltar da Biármia para casa.

[59] Segundo os caçadores europeus, as morsas emitem sons para chamar umas às outras; esse som é reproduzido como *"Huc! Huc! Huc!"*. Além disso, o som feito por filhotes é diferente do som emitido por indivíduos adultos. Talvez fosse a esses sons que os mongóis se referiam? Carpini descreve os eruditos tártaros na corte do imperador como filólogos minuciosos — e foi desses homens que recebeu ajuda para fazer a tradução de documentos para o latim.

[60] No capítulo 56 de seu primeiro livro, Marco Polo (1254-1324) descreve falcões-peregrinos a norte da Estrela do Norte. O imperador dos mongóis (khan) envia homens para capturar essas aves. A descrição de Marco Polo corresponde aos montes Urais e a Nova Zembla — ou seja, mais uma fonte corrobora o domínio sobre aquela região no século XIII.

[61] Como os mitos e as histórias do povo sikhirtya não foram preservados, uso aqui as lendas dos yuraks, povo ao qual se juntaram.

[62] A fonte para esse trecho é a descrição de um ritual xamânico dos samoiedos da Ilha Vaygach ocorrido em 1556 e registrado por Richard Johnson.

[63] Os samoiedos acreditavam que as pessoas tinham espíritos que as acompanhavam. Os xamãs eram capazes de pressentir essas presenças e saber quem se aproximava. Esses espíritos de companhia, que correspondem aos *fylgjer* do antigo folclore nórdico, assumiam a forma de meninas no folclore samoiedo.

[64] Texto baseado em uma narrativa dos exploradores ingleses que navegaram rumo ao rio Ob em 1556. Esses homens conseguiram afugentar uma baleia com um grito coletivo.

[65] Tradicionalmente as indicações presentes nas antigas fontes nórdicas são interpretadas como se o destino de Ottar fosse o Duína do Norte, mas outros pesquisadores acreditam que teria sido um dos rios a oeste do mar Branco. Em anos mais recentes, o rio Varzuga, no sul da península de Kola, foi sugerido como uma possibilidade.

[66] Os holandeses escreveram que os samoiedos da Ilha Vaygach tinham brincos de prata e usavam ornamentos muito elaborados de paetês. Os nenetses confirmam que o povo sikhirtya dispunha de grandes quantidades de prata e cobre.

[67] Sabemos pouco sobre a importância dos cereais para os antigos povos nórdicos na Idade do Ferro, e seria equivocado pressupor que as condições existentes seriam as mesmas da

Idade Média. De qualquer modo, a necessidade de cereais é culturalmente determinada. Na época dos vikings, provavelmente eram os aristocratas que tinham a maior "fome de cereais".

IRLANDA

A TERRA QUE VERTE SANGUE E MEL

[1] Efetivamente, a ordem de São Cuteberto que havia em Lindisfarne e muitos dos tesouros e manuscritos sobreviveram ao ataque perpetrado em 793, e a igreja, que remonta ao século VII, não foi destruída. Ao descrever o ataque três séculos mais tarde, no entanto, Simeão de Durham afirma que a igreja foi destruída e que os vikings haviam roubado os tesouros e matado os monges.

[2] No original: "*Is acher in gaíth innocht,/ fufúasna fairggæ findf[.] olt;/ ní ágor réimm mora minn/ dond láechraid lainn úa Lothlind*". Em outras palavras: "O vento à noite sopra forte,/ encrespa as brancas cãs do mar,/ não temo os guerreiros do norte/ em mar tranquilo a navegar".

[3] Nos últimos anos os pesquisadores diminuíram o ceticismo relativo ao número de navios envolvidos e passaram a acreditar que os irlandeses, que eram simples observadores dessa batalha, não teriam motivo para exagerar a quantidade.

[4] *Skíri* equivale ao gaélico *scir* e ao inglês *shire*, e refere-se à região nos arredores de Dublin. O termo surge de maneira anacrônica nas antigas fontes nórdicas, uma vez que a divisão da Irlanda em *shires* dificilmente é mais antiga do que a conquista inglesa em 1170.

[5] Uma dessas filhas era *ingin* Áeda (nome desconhecido), ou seja, a filha de Áed Findlíath, rei da Irlanda entre 862 e 879. Com ela, Ólaf teve o filho Carlus. Mais tarde, Ólaf haveria de casar-se com a terceira esposa: a filha do rei escocês Cináed mac Alpín.

[6] No *Íslendingabók* de Ari, o Sábio, é apresentado como bisneto de Ólaf Geirstadalf, o que dificilmente poderia estar correto. A informação é mais tarde reproduzida no *Landnámabók*. Guðrøð talvez possa ser identificado com o dinamarquês Godofredo, o Velho (morto em 808), que construiu a Danevirke, lutou contra Carlos Magno e é descrito como *rex Nordmannorum* (leia-se: "rei dos dinamarqueses"). Os irlandeses devem ter perdido um nível das árvores genealógicas.

[7] Estudos recentes põem em dúvida essa conclusão, uma vez que a mais antiga forma devidamente atestada contém -*th* (Laithlind), e, portanto, dificilmente poderia ser derivada do nome de Rogaland. Nas fontes mais antigas, os escribas irlandeses teriam usado o termo para se referir aos centros de poder dos vikings nas ilhas Hébridas, na Ilha de Man e no restante da Escócia, porém essa conclusão não se encaixa com o texto dos antigos anais irlandeses.

[8] Vide o *Hrafnsmál* de Þorbjörn Hornklofi, décima estrofe.

[9] Ragnar e seus filhos lideravam um grande exército naval. Diversos indícios sugerem que mantinham uma base em Sjælland. É possível que esse domínio possa ter se estendido desde Skåne até Lindesnes, na Noruega, ao longo de todo o litoral de Viken, e que juntos tenham mobilizado forças dinamarquesas e norueguesas dessas regiões. Essa dinastia do Kattegat pode ser vista como o próprio berço da expansão escandinava rumo ao oeste durante a época dos vikings.

[10] Recentemente arqueólogos especializados em análise de madeira e construção naval aventaram a hipótese de que poderiam existir relações dinásticas entre as famílias de senhores no sudoeste da Noruega e em Viken antes mesmo que Harald Belos-Cabelos entrasse em cena.

[11] Essa é a explicação oferecida na *Þáttr af Ragnars sonum* (vide o *Fornaldarsögur Norðurlanda*).

[12] Se calcularmos modestos 25 litros de óleo por navio por ano (para o revestimento do casco, a impregnação da vela e o besuntamento do massame), acabamos com um número próximo de 10 mil litros. Os navios não precisavam de proteção no casco quando navegavam em águas fluviais, uma vez que o teredo vive apenas em águas salgadas.

[13] Ossory corresponde ao atual distrito de Kilkenny e situava-se entre os reinos de Munster e Leinster.

[14] Recordar detalhes genealógicos de cinco gerações atrás era necessário na antiga cultura nórdica. Certas referências a Kjarval no *Landnámabók* são anacrônicas. Após uma pesquisa mais detalhada observou-se que essas linhas genealógicas existem somente em uma cópia do *Landnámabók* feita no século XVII (*Skarðsbók*), e a partir de então se passou a considerá-las uma interpolação tardia. Pesquisadores ligados à crítica das sagas também sugeriram que os islandeses podem ter conhecido narrativas heroicas a respeito de Cerball durante o contato com o ambiente norueguês-irlandês no século XI e decidido incorporar esse rei às suas próprias genealogias. Essa hipótese parece altamente improvável. O motivo que levou os islandeses a incluir Kjarval e a excluir outros reis de suas genealogias foi provavelmente o fato de que foi Kjarval, e não os outros reis, quem casou as próprias filhas com homens que pertenciam aos antigos círculos nórdicos. Uma das mais antigas alianças entre Kjarval e homens nórdicos foi o casamento entre Þórir e Friðgerð, que segundo o *Landnámabók* era filha de Kjarval. A versão da saga de Kjarval presente nos anais irlandeses corrobora essa hipótese.

[15] O *Skáldatal* afirma que Starkad, o Velho, servia esses homens na condição de escaldo; o *Heimskringla* afirma que os poemas de Starkad são "os mais antigos que se pode obter" (no século XIII). Esses poemas não chegaram até nós.

[16] Vide o capítulo 184 do *Hauksbók*.

[17] O aspecto mais curioso dessa embarcação é que parece ser um navio especialmente construído para viagens comerciais. Em muitos aspectos, e especialmente a meia-nau, apresenta semelhanças com o *Skuldelev 1*: o casco tem reforços que sugerem a presença de cargas pesadas. Imagina-se que a diferença entre navios militares e navios comerciais não teria surgido menos de um século mais tarde.

[18] Em diversos locais ocupados pelos antigos nórdicos, como Woodtown e Dublin, encontram-se resquícios de escória — uma indicação clara da obtenção de ferro. Também foi encontrada uma proa de navio do século IX reaproveitada como marco de porta em uma casa em Dublin. Cabe também lembrar que o navio *Skuldelev 2*, encontrado no fiorde de Roskilde, foi construído em Dublin no ano de 1042.

[19] Descobertas arqueológicas indicam claramente que os irlandeses e os escoceses pescavam muito pouco antes da época dos vikings.

[20] As genealogias inventadas durante a Idade Média geralmente se revelam por meio de contradições relativas à tradição mais antiga. Um bom exemplo disso pode ser encontrado na genealogia de Harald Belos-Cabelos.

[21] A descoberta de prata em Waterford e Ossory poderia estar ligada a tesouros vindos de Woodstown, o que sugere uma forte relação econômica entre Waterford e aquela região. Talvez esse fato estivesse relacionado às ambições de Cearbhall mac Dúnlainge, rei de Osraige.

[22] O *longphort* de Woodstown mede 500 x 120 metros e é um dos maiores desse tipo — maior até mesmo do que aqueles encontrados em Dublin.

[23] Em 1898 o estudioso P. W. Joyce escreveu: "*Oxmantown or Ostmantown, now a part of the city of Dublin, was so called because the Danes or Ostmen (i.e. eastmen) built there a town of their own, and fortified it with ditches and walls*" ["Oxmantown ou Ostmantown, hoje parte da cidade de Dublin, recebeu esse nome porque os dinamarqueses, ou Ostmen (isto é, 'homens do leste'), lá construíram uma cidade e a fortificaram com fossos e muralhas"]. Ressalte-se que Joyce não faz qualquer distinção entre dinamarqueses e noruegueses ao escrever sobre a presença escandinava na Irlanda. Desse modo, não haveria motivo para acreditar que essa distinção existia para os escritores dos anais irlandeses!

[24] Na Irlanda, *Bally-*, como nos topônimos Ballygunner e Ballytruckle, respectivamente as propriedades de Gunnar e Þorkell. Na Inglaterra, *-thorpe*, como no topônimo Raventhorpe (*Ragnhildarþorp) em Yorkshire e Lincolnshire. Na Normandia, *-ville*, como nos topônimos Mondeville e Auberville, derivados dos nomes próprios Ámundi e Ásbjörn.

[25] Em Voss encontramos uma propriedade chamada Ullestad. Em documentos noruegueses do início do século XIV, o nome era escrito na forma do dativo — Ulfaldastoðum — e portanto deve vir de *úlfaldi*, a antiga palavra nórdica para camelo. Um certo Brynjólf Camelo (em nórdico antigo, Brynjólf Úlfaldi) morou na região no início do século XI, mas não sabemos se a denominação da propriedade em Voss teria origem nesse nome. Vide os capítulos 61 e 62 da *Ólafs saga helga*.

[26] Uma importante descoberta adicional foi realizada pelos arqueólogos irlandeses, que descobriram que justamente entre Oxmantown ao norte e Islandbridge ao sul existia um vau no Liffey — justamente onde o rio atinge o ponto mais largo.

[27] Eyvind pode ter agido como os cunhadores de moedas na Inglaterra e na Irlanda, conhecidos pela "lealdade flexível".

[28] Sabemos que a foca e as espécies menores de baleia eram um recurso muito procurado pelos vikings na Irlanda. O importante, nesse caso, era o óleo tão necessário, porém os anais históricos mostram que os irlandeses protegiam esses recursos com unhas e dentes. Os vikings que mataram toninhas na costa de Ciannachta em 828 não passaram despercebidos. Anos mais tarde, o líder Saxolb (Sakólfr) foi morto pelos homens de Ciannachta e os nórdicos foram obrigados a se render.

[29] O nome completo desse rei era Áed Findlíath mac Néill (filho de Niall).

[30] Um debate recorrente diz respeito a que mudanças políticas ocorridas na Irlanda devem ser atribuídas aos vikings.

[31] O fato de que Áed tenha mais tarde escolhido as mesmas escavações como palco ao arrancar os olhos de Lorcán, aliado dos reis de Dublin, revela-nos que esse tipo de ataque era compreendido como a profanação de um local sagrado.

[32] Pode-se pensar nas parábolas do *Ynglingatal*, que remontam aproximadamente ao século X e trazem histórias sobre reis presunçosos e criminosos que recebem o castigo merecido na morte.

[33] As fontes islandesas situam a morte de Eirík no ano de 871; a ascensão de Harald ao trono deve ter ocorrido no início da década de 860. Em 865, Harald Gadelha venceu uma batalha decisiva em Orkdal e estabeleceu-se em Trøndelag. Foi sua primeira vitória, e aos poucos Harald começou a retirar o poder das mãos de Guðorm, seu tio materno. Guðorm já havia garantido as Terras Altas (Opplandene) para Harald: Ringerike, Hedmark, Gudbrandsdalen, Toten, Hadeland e Raumerike. Vide a saga de Harald Belos-Cabelos no capítulo 28 do *Heimskringla I*.

[34] Aproximadamente trinta anos mais tarde, em 825, essa descrição foi registrada em um dos monastérios irlandeses no reino dos francos.

[35] Certos pesquisadores acreditam, com base na descrição feita por Dicuil, que viagens periódicas à Islândia teriam sido feitas por navegadores irlandeses muito antes de 795, provavelmente já no início do século VIII.

[36] Uma tradição mais tardia revela que somente o óleo da mais alta qualidade servia para impregnar as velas de tecido rústico. A manutenção da temperatura correta durante o derretimento da gordura era imprescindível.

[37] Na época, os escoceses eram irlandeses que haviam emigrado no século V. O epíteto do filho sugere uma esposa celta: *bjola* vem do gaélico *beolán* — "boquinha" —, e *feilan*, mais tarde o epíteto de Ólaf, foi associado ao gaélico *fáelán*, isto é: "pequeno lobo".

[38] O nome deste poeta é Hallfreðr, o problemático, e há diversos momentos como esse nas *lausavísur* números 9 e 29.

[39] Esta era uma rota de navegação frequente.

[40] A mãe de Steinólf chamava-se Öndótt, e Öndótt Corvo era também o nome do homem sob cuja proteção Bjarni morava em Agder. O nome indica que deve se tratar da mesma família. Nesse ponto o *Landnámabók* é uma fonte importante.

[41] Após as primeiras expedições à região habitada pelo povo sikhirtya, os ingleses estabeleceram a companhia baleeira Moscovie Company.

[42] Um espelhamento interessante ocorreu na década de 1580, quando os europeus lançaram-se em uma expedição para encontrar a Passagem do Nordeste: o construtor responsável pelos navios da expedição era sueco.

[43] O estabelecimento de uma colônia em um novo país ocorre em quatro fases: 1. descoberta (possivelmente acidental; vide os irlandeses e Naddoð); 2. exploração do terreno (por meio de buscas e expedições de caça, por exemplo); 3. preparativos para a colonização (com a soltura de animais enquanto um grupo de pessoas tenta passar o inverno na região); e 4. colonização estratégica. Entre as diferentes fases podem se passar anos ou mesmo décadas, a depender das características do local a ser colonizado. Nesse ponto, Geirmund e seus aliados encontram-se na segunda fase desse processo.

[44] Conforme se pode ver nas histórias, provavelmente houve uns poucos que chegaram antes desses jovens ambiciosos. Nesse caso havia somente duas alternativas: os primeiros a chegar teriam de ser varridos de lá ou então teriam de aceitar os novos senhores.

[45] A casa tem 68% de chance de ter sido erguida entre 770 e 880, e 100% de chance de ter sido erguida antes do ano 900.

[46] A palavra *hvalrétt*, empregada na *Laxdæla saga*, é frequentemente mal-interpretada como se viesse de *hvalreki*, ou seja, o direito de utilizar baleias (mortas) encalhadas na praia — mas dificilmente essa atividade resultaria em uma fonte de renda digna de atenção.

[47] No que diz respeito à corrente do Golfo, uma viagem desde a Irlanda rumo ao norte é mais favorável do que uma viagem desde a Noruega rumo ao oeste, pois neste último caso é preciso navegar em sentido perpendicular à corrente. No retorno da Islândia para a Irlanda, os navios provavelmente seguiam um trajeto mais ao oeste em relação à rota usada na viagem de ida caso se aproveitassem da corrente do Golfo.

[48] O pesquisador Þorsteinn Vilhjálmsson chama esses talentos de "habilidades mentais de navegação". Não sabemos até que ponto esses primeiros navegadores empregavam a pedra do sol (*solarsteinn*).

[49] Aqui temos a principal razão para que me pareça totalmente impensável que Geirmund e seus homens tenham chegado à Islândia tão tarde quanto Sturla Þórðarson afirma. Se alguém tivesse chegado antes a Breiðafjörður, sem dúvida teria escolhido esse lugar idílico para se estabelecer. As melhores e mais ricas regiões seriam ocupadas primeiro.

[50] Estabelecer-se primeiramente em Búðardalur parece um tanto duvidoso. O lugar tem uma vista ruim para o mar e situa-se no interior do continente. Talvez a explicação seja que a Búðardalur de Geirmund situava-se mais perto do mar do que a Búðardalur de hoje (obviamente não se trata aqui da localidade de Búðardalur mais recente). Já foi sugerido que as primeiras barracas de Geirmund eram próximas aos promontórios de Hvalgrafir.

[51] Geirmundarstaðir, a propriedade de Geirmund, provavelmente se localizava onde hoje é Skarð. O *Landnámabók* fala em "Geirmundarstaðir undir Skarði", e Manheimar — a propriedade dos escravos de Geirmundarstaðir — fica ao lado de Skarð. Desde aquela época, Geirmundarvogur mudou de nomenclatura e Geirmundarstaðir ganhou o nome de Skarð.

[52] O antigo *bær* de Úlf deve ter existido aproximadamente onde hoje se localiza Skerðingsstaðir ou Miðjanes.

[53] O caçador chamava-se Jóhann D. Baldvinsson.

[54] Vide o capítulo 29 da *Egils saga*. Dificilmente poderia haver dúvidas de que o texto refere-se a morsas, uma vez que o autor menciona ilhas próximas em cima das quais havia "baleias" (em nórdico antigo, *hvalr*). A não ser pela morsa (em nórdico antigo, *hrosshvalr* ou *rosmhvalr*), não existe nenhuma outra "baleia" que suba em ilhas e movimente-se em terra firme. Trata-se possivelmente de uma história passada pela tradição oral ao longo de séculos antes de enfim ser registrada sob uma forma escrita. A arqueologia sustenta essa tese. Na região próxima a Akrar e Hítarnes, ou seja, no litoral da parte interna das Hvalseyjar, localizadas na propriedade de Grím, o Careca, ossadas de morsa foram encontradas com frequência ao longo dos séculos. Em 1884, Sigurður Vigfússon escreveu que "são tantas presas encontradas em Hítarnes, que já se aventou a hipótese de que pertencessem a um barco da Groenlândia naufragado em 1266". Essa teoria, no entanto, já foi refutada.

[55] O mais antigo documentário sobre os inuítes da Groenlândia, filmado por Robert J. Flaherty em 1922, traz imagens preciosas que podem jogar luz sobre a caça praticada na época da colonização. Podemos ver como os inuítes aproximam-se discretamente de um pequeno bando de morsas na praia e arpoam um desses animais. A partir de então, cinco homens seguram a corda que se prende ao arpão e mantêm a morsa na orla enquanto o animal sangra. Passado certo tempo, deve ter se tornado necessário desenvolver uma técnica para se aproximar das morsas sem chamar atenção. Os nenetses usam um escudo camuflado; outra técnica possível é fazer tocaia nos lugares certos. Há indícios de que os nenetses tenham aprendido essas técnicas com o povo sikhirtya.

[56] De acordo com a *Egils saga*, no início os colonizadores de Borgarfjörður tinham demasiado poucos animais domésticos. O transporte de gado em navios vikings deve ter sido muito difícil, e os animais eventualmente transportados eram jovens e em pequeno número. Basta pensar na quantidade de água que uma única vaca consome ao longo de um dia e, em seguida, cogitar levá-la em uma viagem de duas semanas em alto-mar. Foram necessárias décadas para estabelecer um rebanho bovino capaz de garantir a alimentação dos habitantes. Outro fator decisivo para o transporte por terra foi o estabelecimento de uma tropa de cavalos no menor tempo possível. Os porcos parecem ter se adaptado bem à Islândia na época da colonização, porém começaram a morrer no século XVII.

[57] Se os caçadores biarmeses realmente tiverem ido à Islândia, estariam acostumados a enfrentar um clima ainda mais adverso. Essa situação poderia explicar a súbita riqueza do domínio de Geirmund em um período relativamente curto. Uma vez estabelecida uma base de caça, Geirmund poderia suprir permanentemente a demanda dos senhores com uma grande quantidade de produtos. Mas primeiro foi preciso ter *skip í forum* — navios comerciais responsáveis por fazer o transporte entre Breiðafjörður e Dublin.

[58] O fato encontra-se registrado no *Leabhar Ua Maine* e no cap. 21 da *Laxdæla saga*, quando a tripulação de um navio islandês aporta em uma área remota da Irlanda e o prático explica que todos se encontram longe dos portos e mercados onde os estrangeiros podem sentir-se a salvo.

[59] Diversos indícios sugerem que teriam navegado rumo a Castlerock, acompanhando o sistema de rios que levava até o lago Lough Neagh. De lá haveriam tomado o caminho mais curto por terra até o centro eclesiástico em Armagh.

[60] Os anais trazem tanto a forma Sechlainn como a forma Sechnaill. Esse Máel não deve ser confundido com o antigo grande rei Máel mac Máele Rúanaid, morto em 862. Não sabemos muito sobre esse rei. Sabemos que, como Áed, era filho de Niall. Pode ser um irmão ou outro parente de Áed. De acordo com as genealogias irlandesas, a dinastia de Áed com os Uí Néill do norte (Cenél Eóghain) tinha parentesco com a dinastia dos Uí Néill do sul, ou seja, com Meath e Brega. O motivo para acreditarmos que Máel Sechnaill era aliado de Áed Findlíath é o fato de que surge uma forte ligação entre os Uí Néill do norte e os Uí Néill do sul após essa conquista de Áed. Em 917, Niall Glúndub, o filho de Áed, lança um ataque contra os pagãos de Munster (na região de Limerick) junto com os amigos dos Uí Néill do sul. Quando esse mesmo Niall, como grande rei da Irlanda, ataca Sigtrygg em Dublin em 919, tem consigo o rei de Brega (Máel Mithig) e o neto de Máel Sechnaill.

[61] Os homens de Tara queriam avançar rumo ao grande local de comércio e se possível conquistá-lo, enquanto os vikings queriam expandir o reino, o acesso a pessoas para o mercado de escravos e o acesso a cereais, carne e outros recursos de agricultura. Dublin precisaria de uma base sólida para resistir. Quando os vikings enfim foram expulsos em 902, os reis de Brega estavam na vanguarda e sem dúvida foram os que mais celebraram a vitória. Por muito tempo Ólaf havia nutrido ódio em relação a esses homens.

[62] Segundo as fontes irlandesas, Ólaf teria matado Auðgísl, um outro líder de Dublin, por ciúme.

[63] Encontramos um exemplo no ano de 867. Um homem armado de Munster, provavelmente de origem escandinava, aborda um grupo de noruegueses liderados pelo *jarl* Báirith (Bárð) e por Háimar (nórdico antigo Hjálmar?). O homem de Munster apresentou-se como um amigo que gostaria de liderar o grupo norueguês em uma batalha contra os irlandeses de Connacht. Na verdade, tratava-se de um enviado dos irlandeses. O homem arranjou um

encontro com os líderes e conseguiu matar Hjálmar com uma lança. De acordo com os anais irlandeses, foi a partir de então que os irlandeses deram início à invasão.

[64] Consta nos anais de Ulster de 869 [= 870]: "Máel Sechnaill, filho de Niall, um dos dois reis do sul de Brega, foi morto à traição por Úlf, o forasteiro de pele escura". Nos anais de Clonmacnoise de 868 [870]: "Moyleseaghlin mc Neale, rei da metade de Moybrey, foi morto à traição por um danês chamado Uwlfie". *Chronicorum Scotorum* [870]: "O saque de Laighen, de Ath-cliath a Gbhran, por Aedh Finnliath [sic], filho de Niall Maelsechlainn, filho de Niall, meio-rei do sul de Bregh, foi morto à traição por Fulf, um Duch-gall".

[65] Note-se que essa hipótese não está vinculada à comprovação das relações que existiam entre Máel Sechnaill e Áed Findlíath. Ólaf, o Branco, pode ter usado Úlf, o Vesgo, para esse tipo de missão a despeito da eventual inimizade com o grande rei, uma vez que a região de Brega sempre fora desejada pelos vikings de Dublin. Havia chegado a hora de Úlf e Geirmund mostrarem de que lado estavam.

[66] Existem historiadores que optaram por duvidar da existência de qualquer tipo de ligação direta entre marcadores étnicos e grupos sociais e culturais nos textos históricos europeus, de acordo com os quais os conceitos de "povo" e "nação" devem ser entendidos como unidades territoriais sob o governo de uma determinada organização política. *Finngaill* pode simultaneamente referir-se a uma antiga liderança viking, ou seja, "os antigos vikings" que estavam na Irlanda antes que Ólaf e Ívar conquistassem Dublin.

[67] Também é possível que os escravos fossem importados em grandes números para a Islândia com base na hipótese de Nieboer-Domar; de acordo com essa hipótese, como a necessidade da força de trabalho era grande, os colonizadores poderiam exercer maior controle social sobre trabalhadores escravizados do que sobre trabalhadores livres.

[68] O adjetivo nórdico *frjáls*, que signifiva "livre", vem de **frīhals*, ou seja, "aquele que tem o pescoço livre".

[69] Ao fazer uma descrição no século XII, Geraldus Cambrensis afirma que a Irlanda encontra-se entre a Espanha ao sul e a Islândia ao norte. É uma descrição bastante precisa.

[70] Essa hipótese foi curiosamente demonstrada graças às pesquisas genéticas, que concluíram que a realidade sentimental influencia os genes.

[71] Na *Laxdæla saga*, Ólaf Pavão é filho da irlandesa Melkorka; na *Vatnsdæla saga*, Þorkell Þorgrímsson é filho da escrava Nereið, das ilhas Órcades. Esses filhos de escravas tornaram-se importantes chefes na sociedade islandesa e devem ter oferecido todos os devidos cuidados às mães.

[72] Vide a saga de Ólaf, o santo no capítulo 23 do *Heimskringla II*. Não sabemos se a clemência era comum em meio aos antigos chefes islandeses; a descrição de Snorri pode trazer resquícios do grande respeito que nutria por Erling Skjalgsson.

ISLÂNDIA
DE CAMPO DE CAÇA A ILHA DE SAGAS

[1] Baseado no texto de Dimock de 1867.
[2] *"En er Geirmundr fór á meðal búa sinna, þá hafði hann jafnan átta tigu manna."*

[3] O mais correto seria compreender um *frelsingi* (*frelsingjar*, no plural) como um homem completamente livre, seja porque nasceu livre ou porque foi totalmente liberto da escravidão. Até certo ponto, isso permite fazer uma distinção entre um *frelsingi* e um *leysingi*; vide a *Egils saga*.

[4] Na redação do *Landnámabók* conhecida como *Þórðarbók* consta que o objetivo da obra é demonstrar que os islandeses "não vinham de [uma linhagem de] escravos e loucos". Se esse raciocínio também vale para as redações anteriores, pode em parte explicar a escassez de comentários a respeito da escravidão.

[5] A antiga palavra nórdica *gofugr* sugere uma origem nobre, mas nesse caso o irmão gêmeo Hámund seria igualmente "grandioso" sem que esse fato jamais seja motivo de comentário. Esse detalhe indica que *gofugr* também se refere à intensa atividade desenvolvida.

[6] Os conflitos do *Landnámabók* são associados direta e indiretamente ao nome de Geirmund. Conforme vimos no capítulo sobre a Irlanda, Geirmund provavelmente tinha cerca de vinte anos quando chegou à Islândia. O terceiro aspecto que desacredita a explicação de Sturla é o fato de que as sagas tanto descrevem conflitos entre homens velhos como entre homens jovens.

[7] Trata-se dos homens da **Esphœlinga saga*, uma possível saga perdida.

[8] Essa tendência pode ser igualmente observada no *Landnámabók*.

[9] Há motivos de sobra para acreditar que essa visão deva ganhar força no futuro. Até 2005 não foi possível fazer sequer uma descoberta arqueológica capaz de jogar luz sobre a vida em Breiðafjörður na época da colonização.

[10] A visão igualitária da imigração norueguesa surgiu por volta dos anos 1970. Mesmo assim, estudos comprovaram que as propriedades em Jæren tinham enormes variações de tamanho.

[11] No *Íslendingabók* de Ari, o Sábio, o meio-irlandês Helgi, o Magro, é chamado de "nórdico". A Islândia teria sido "habitada" em primeiro lugar pela Noruega. Mas tanto Helgi, o Magro, como Auð, a Profunda, vinham da Rota do Oeste. Essa predisposição xenófoba tem raízes muito marcadas na visão de mundo dos autores das sagas. As tragédias da *Njáls saga* encontram-se associadas a um louco das ilhas Hébridas que criou a bela Hallgerð Pernas-Longas. Snæúlf, das ilhas Hébridas, tinha um temperamento obstinado e explosivo, e envolve-se nas tragédias que se desenrolam nas ilhas Faroé — vide a *Ólafs saga Tryggvasonar* no capítulo 97 do *Flateybók*, por exemplo. Outros pesquisadores mencionam o "silenciamento" da influência gaélica na Islândia.

[12] O epíteto provavelmente se refere a uma mulher pequena e rechonchuda de busto avantajado.

[13] A história do *Landnámabók* sobre Andakelda, onde Geirmund teria escondido sua prata — *fé* — é um exemplo disso. Quando Sigurður Vigfússon viajou pela região em 1881, fez sugestões concretas sobre a melhor forma de retirar a água do poço (provavelmente como forma de ter acesso à prata) — mesmo nessa altura a crença na história ainda é forte!

[14] O chefe Snorri Sturluson, por exemplo, teria perdido cem bois em um único inverno.

[15] Pesquisas demonstraram que os animais domésticos islandeses são mais noruegueses do que irlandeses, o que enfraquece essa hipótese. As vacas islandesas têm parentesco com as vacas manchadas de Trøndelag, e supõe-se que as ovelhas também venham da Noruega. O cavalo islandês, por outro lado, aparenta maior proximidade com o cavalo das ilhas Shetland, muito embora as pesquisas feitas tenham se baseado em uma quantidade

reduzida de dados empíricos. No que diz respeito às ovelhas e às cabras, parte-se acima de tudo da semelhança visual entre os animais. O parentesco próximo da vaca islandesa com a vaca manchada de Trøndelag foi demonstrado a partir de exames de sangue.

[16] Estudos indicam que, entre outros cereais, a cevada e a aveia eram cultivadas nas regiões adjacentes a Dublin. Esses cereais foram os mais importantes para os primeiros colonizadores da Islândia.

[17] Não conhecemos o nome de nenhuma das escravas de Geirmund — apenas o nome de um pequeno número de capatazes (*brytar*).

[18] Somente as grandes espécies de foca podem ser usadas para a fabricação de cabos. Os nenetses da Sibéria também costumam fazer cabos, principalmente a partir de morsas e focas-barbudas. Jón Ólafsson, de Grunnavík (*Ichtyographia Islandica*, 1737), menciona espécies de foca desconhecidas na Islândia, como a foca-do-gelo, a foca-verde e a foca-bolha, e é possível que parte desses nomes se referisse à foca-barbuda ou a outras grandes espécies de foca.

[19] Muitas baleias podem ter vivido próximo da terra, e os maiores animais também se aproximavam da terra quando eram feridos. Grandes quantidades de baleia-piloto (*Glopicephalus melaena*) foram registradas em Breiðafjörður. Mesmo assim, a caça das grandes baleias dificilmente pode ter sido uma fonte importante de renda. A razão para tanto é que, ao contrário do óleo de várias espécies de foca, o óleo de baleia começa a apodrecer depressa. As grandes baleias não forneciam material para a confecção de cabos, e a carne desses animais torna-se venenosa logo após a morte — o calor no interior do animal e o isolamento proporcionado pela camada de gordura fazem com que um violento processo de putrefação tenha início quando as vísceras começam a se dissolver, o que destrói a carne. Esse é o contexto para que se compreendam as antigas descrições de pessoas que morriam após consumir os cadáveres de baleias encalhadas.

[20] A imagem mostra uma vala de derretimento dos chukchi junto ao estreito de Bering, (Orekhov 2010). Lembramo-nos também das "valas de cozinhar" usadas por Flóki-Corvo e seu povo, que os eruditos do século XIII ainda tiveram a oportunidade de ver.

[21] A julgar pelo tamanho dessas construções, deviam ser capazes de abrigar dois navios de tamanho similar ao *Skuldelev 1*, capaz de transportar aproximadamente 24 toneladas de carga.

[22] Quando dominamos o processo, conseguimos obter 24,5 litros de óleo a partir de 37,5 quilos de gordura — uma taxa de aproveitamento de 65%.

[23] Foi o que fizeram os colonizadores nórdicos da Groenlândia, e foi também a tradição na Islândia durante boa parte do século XX, até que os vasilhames de vidro se tornassem comuns. Os estômagos eram primeiramente enchidos de ar e então defumados.

[24] Gørill Nilsen fez outros experimentos e descobriu que o óleo de foca leva muito mais tempo para queimar do que o óleo de baleia e o óleo de fígado de bacalhau, e por esse motivo deve ter sido muito procurado para o uso em lamparinas de pedra-sabão. Na tradição islandesa, o óleo de foca era principalmente usado em lamparinas, uma vez que era mais fluido e mais inflamável do que qualquer outro óleo. Por ser tão fluido, era também o mais apropriado para a aplicação no casco dos navios. E podemos imaginar que o óleo de morsa tivesse a mesma qualidade; o óleo de foca e o óleo de morsa eram usados para os mesmos fins na tradição mais tardia.

[25] O projeto chama-se *Møte mellom norsk og grønlandsk tradisjonshåndverk* [Encontro das tradições artesanais norueguesas e groenlandesas] e reúne artesãos de todos os países nórdicos, bem como da Groenlândia.

[26] Os nenetses, um povo marítimo que provavelmente descende do povo marítimo originário da Sibéria, levou 4.200 metros dessas tiras de pele de morsa para vender em Shalekhard no século XIX.

[27] As presas de morsa encontradas nas escavações feitas na Austurstræti, em Reykjavík, demonstram que eram retiradas de acordo com uma técnica determinada.

[28] Não é impensável que Geirmund tivesse em seu grupo alguns "ourives de presas", capazes de transformar as presas de morsa em tesouros valiosos. No século XVII esses artistas ainda viviam naquela região. Jón, o erudito foi um artista talentoso e provavelmente aprendeu o ofício quando morava em Skarð, ou em Ólafseyjar. Nessas regiões foi encontrada uma grande quantidade de presas de morsa.

[29] Tradicionalmente Hrappsey sempre fez parte de Dagverðarnes, e o limite entre as ilhas que pertencem a Dalasýsla e a Snæfellssýsla encontram-se no estreito conhecido pelo nome de Arneyjarsund, ao sul de Hrappsey. De acordo com o *Landnámabók*, Geirmund dispõe de terras que chegam até Fábeinsá, o que significa que Dagverðarnes encontra-se em seus domínios. Segundo as antigas fontes, os arrendatários de Hrappsey pagavam o aluguel com plumas de pato aos senhores de Skarð — a antiga propriedade de Geirmund.

[30] A *Eyrbyggja saga* traz várias referências à rota de navegação entre Dublin e Dagverðarnes, mesmo em anos anteriores a 999 (vide os capítulos 29, 39 e 40, por exemplo).

[31] Cabe dizer que eu andei por todos os pontos imagináveis de Dagverðarnes à procura desses resquícios. Tudo indica que tenham desaparecido, provavelmente debaixo d'água, pois ouvi dizer que os coletores de algas encontraram paredes submersas. No porto de Dagverðarnes também havia um lugar chamado Íravarða ("torre de vigia dos irlandeses"). Essa construção foi derrubada por uma violenta tempestade marítima em 1627, o que foi considerado um acontecimento fora do comum. Além disso, há o topônimo irlandês Dímun, e os anais do século XIII mencionam que os irlandeses tinham ido até lá para fazer comércio. O nome da rota marítima chamada de Írskaleið ("rota dos irlandeses") aparece logo além do porto de Dagverðarnes.

[32] Perto da propriedade de Hrappsey há um grande círculo de pedras. De acordo com um documento de 1927, trata-se de uma construção muito antiga. Se de fato esses resquícios forem as fundações de uma construção, trata-se de uma construção céltica, e não nórdica.

[33] As plumas de pato eram uma das mais importantes mercadorias de importação em Dublin.

[34] Vide o *Heimskringla II* (*Ólafs saga helga*).

[35] Loftur, o irmão mais velho, confirmou a história. Certa vez, durante a primavera, houve escassez de comida. Meu avô Magnús abateu duas focas, e assim houve uma grande festa na propriedade.

[36] Mesmo que habitem a Islândia desde a última Era do Gelo, raposas-polares não nadam até as ilhas e ilhotas — esses animais detestam se molhar. Dessa forma os êideres puderam nidificar sem nenhuma preocupação nas inúmeras ilhas e ilhotas de Breiðafjörður — mas assim não fizeram ninhos em terra firme.

[37] Esse trecho vem de uma descrição da Islândia feita por Þórður Þorláksson e publicada em Wittenberg no ano de 1666.

[38] O *Landnámabók* conta que as pessoas comeram raposas no terrível ano de 975. As peles possivelmente eram exportadas para Dublin na época dos vikings, juntamente com outros artigos das regiões árticas, mas não existe comprovação material dessa hipótese.

[39] Escrevo "colonizador" entre aspas porque não acredito que Kjallak tenha sido um colonizador independente, como o *Landnámabók* o descreve. Minhas razões encontram-se no texto.

[40] Sabe-se, por exemplo, que logo se começou a cultivar cereais em Flatey e também em Akurey nas terras de Þránd Perna-Fina; nas Akureyjar na costa de Skarð e Fagridalur, perto de Hvalgrafir, em Ballará (onde cresceram ervilhas!), na Akurey próxima a Dagverðarnes e em muitos outros locais ao longo de Skarðsströnd.

[41] Essa história é baseada em uma história oral registrada por Einar G. Pétursson, que a ouviu de um camponês de Kvenhóll segundo o qual Geirmund também seria *kvensamur* — um mulherengo. Lembremo-nos de que seu avô era Hjörleif, o Mulherengo!

[42] O camponês chamava-se Sigujón Sveinsson.

[43] A forma mais recente do nome é Kjarlaksstaðir, mas as fontes antigas trazem sempre Kjallaksstaðir.

[44] Imagino que com isso se pretenda dizer que Björn chegou doze invernos depois que Ingólf colocou os pés na Islândia pela primeira vez (866) *að leita landa* ("em busca da terra"), como se diz em nórdico antigo. Guðbrandur Vigfússon, por outro lado, entende que com essa formulação pretendia-se dizer que Björn teria chegado doze invernos depois que Ingólf havia se estabelecido no país, ou seja, *byggði landit* (874). Nesse caso, Björn teria chegado em 886. Meus cálculos têm por base o *Íslendingabók* de Ari, o Sábio, onde consta que Ingólf chegou quando Harald tinha dezesseis anos (866) e voltou "após uns poucos invernos", de maneira que o ponto inicial do cálculo seria o primeiro contato com a Islândia.

[45] Esta é a explicação oferecida por Friðrik Eggerz, enquanto Steinólfur Lárusson acredita que o nome venha das pedras arredondadas do rio Ballará. Bodlestrond, no sul de Jæren, tem o nome relacionado a esse mesmo tipo de pedra, que em nórdico antigo era conhecido como *ballarstein*.

[46] Os topônimos foram mencionados por Magnús Jónsson em Ballará e registrados por Einar G. Pétursson.

[47] Em Svefneyjar e Rúfeyjar foram encontrados crânios e presas de morsa. Cinco presas foram encontradas em Hvanneyjar (nos arredores de Bjarneyjar) e muitas outras foram encontradas em Svefneyjar e em vários locais em Vestureyjar e em Drápssker nos arredores de Hergilsey; duas presas foram encontradas em Brjánslækur (não podemos esquecer as valas para cozinhar de Flóki-Corvo!) e outras duas foram encontradas em Ballará, conforme já foi dito. E esse é apenas um conjunto aleatório de histórias desse tipo, reunidas por um único homem do século XIX na região de Breiðafjörður.

[48] Vide o *Haraldskvæði*, 16ª estrofe, onde consta que os guardas de Harald Belos-Cabelos recebem inúmeras posses materiais, bem como escravas do leste europeu *mǫn strœn* — ou seja, para satisfazerem-se.

[49] Cabe notar que a promiscuidade sexual parece ter sido uma característica das pessoas de Skarð também na Idade Média.

[50] Vide, por exemplo, Þorbjörn Þjóðreksson no primeiro capítulo da *Hávarðar saga Ísfirðings*, Sigurð Babão na saga de Harald Manto-Cinza (*Heimskringla*) e o *jarl* Hákon na *Ólafs saga*

Tryggvasonar, chamado de "antiético nos assuntos relativos às mulheres", mesmo que o escaldo Hallfreð, o problemático tenha escrito poemas de conteúdo erótico com o objetivo de fazer o elogio do *jarl*.

[51] Vide o capítulo 7 da *Grettis saga*.

[52] O *Landnámabók* já foi visto como um documento que pretendia servir aos interesses das famílias influentes na Islândia do século XII.

[53] O exemplo pode ser encontrado na *Vatnsdœla saga* e na *Finnboga saga*; ambas contam a história do célebre Finnbogi, o Forte. A *Vatnsdœla saga* revela uma predisposição negativa ao extremo no que diz respeito a Finnbogi, que por outro lado recebe grande simpatia na *Finnboga saga*. Os mesmos acontecimentos são narrados a partir de vilarejos diferentes e de perspectivas distintas.

[54] Este homem é Ingi Sigurðsson, de Hvalsá, em Kollafjörður.

[55] Haukur Jóhannesson, de Hornstrandir, registrou histórias acerca desse assunto em um manuscrito ainda não publicado de 2010. Também ouvi histórias similares a respeito de Hornstrandir durante a minha época de pescador em Norðurfjörður, um pouco mais ao sul.

[56] A caça ocorria fora de Hornstrandir, mas as estações baleeiras localizavam-se em Jökulfirðir. No *Landnámabók*, essa é a região atribuída a Örlyg, o mensageiro de Geirmund — mas Örlyg vai para lá a mando de Geirmund. Em Veiðileysufjörður houve uma estação baleeira até 1903, e em Hesteyrarfjörður houve outra até 1915, tocada por uma proprietária de Haugesund chamada Guðrún Ása Grímsdóttir.

[57] Detalhes sobre essa migração encontram-se conservados sob a forma de fragmentos no *Landnámabók*. Tanto o *Sturlubók* como o *Hauksbók* afirmam que uma das propriedades de Atli, o líder de Geirmund, situava-se no sul, em Barðsvík. O pesquisador Jakob Benediktsson afirmou que essa explicação deve estar errada, uma vez que encontramos o topônimo Atlastaðir em Fljótavík, bem mais ao norte. Mais tarde no *Landnámabók* Atli recebe o epíteto "de Fljóti" ("í Fljóti"), em uma confirmação de que deve ter estado por lá. Atli começou sua atividade em Barðsvík. A tradição toponímica reforça a ideia de que houve uma migração rumo ao norte. Hornvík situa-se praticamente no meio do caminho entre Barðsvík e Fljótavík. Nas águas salobras de Skipaklettur temos Austmannaklettur e o topônimo Þrælavirki ("muralha do escravo"). Segundo a tradição, Atli teria mantido seus próprios escravos por lá. Muitos outros topônimos indicam a mesma coisa. Em Heljatvík (mais tarde Hælavík) as condições são ideais para as morsas no local conhecido como Lönguskuer, e no terreno próximo encontramos os topônimos Þrælakofar e Þrælatóttir. Foi provavelmente lá que Kjaran estabeleceu a primeira base quando chegou com sua comitiva a Hornstrandir. Depois migrou rumo ao oeste, em direção a Kjaransvík. O mesmo vale para Björn, que provavelmente estabeleceu a primeira base em Bjarnarnes ("promontório de Björn"), não muito longe de Látravík ("baía da parição"). Quando os recursos escasseiam em Bjarnarnes, ele se muda para a região de Brimilshöfn, em Almenningar Vestri.

[58] Cabe também mencionar que jamais foram realizadas grandes escavações arqueológicas em Hornstrandir e Breiðafjörður. Esse fato levou certos arqueólogos a afirmar que não sabemos praticamente nada sobre a Islândia durante a época dos vikings.

[59] Os islandeses não fazem nenhuma distinção entre *y* e *i* desde o século XIII.

[60] Vébjörn está fugindo do *jarl* Hákon Grjótgarðsson (morto em 900). Þorstein, responsável

por dar início ao conflito com o *jarl* Hákon, é filho do colonizador Helgi Hrólfsson. Diz-se que Helgi teria chegado a Eyjafjörður quando o local já estava completamente povoado. Deve ter sido após a morte de Kjarval em 888, quando Helgi, o Magro, e Hámund Pele-Negra estabeleceram-se por lá. Þorstein parte da Islândia, deixando a colônia do pai em Skutulsfjörður (que tem esse nome por causa do *skutull*, "arpão", que teria sido encontrado na orla). Isso provavelmente aconteceu no início dos anos 890. Depois que Þorstein matou o guarda-costas de Hákon, Vébjörn também precisou fugir depressa. A viagem acabou na casa de Atli por volta do ano 895.

[61] No sistema europeu de *manors*, que foi um modelo de escravidão bastante popular no continente a partir do século IX, havia um esquema parecido nas propriedades dos escravos: um supervisor que tinha abaixo de si escravos e arrendatários. Os *manors* tinham dimensões variáveis; em uma região documentada da Baviera, os grupos de trabalhadores geralmente eram compostos por catorze homens que faziam o trabalho no campo e 24 mulheres que faziam trabalhos manuais — no caso, produção têxtil.

[62] Bjarni Bjarnason de Hestur, em Önundarfjörður, navegou por Látraröst a caminho de Fellsströnd em 1688. Em seu livro de memórias, *Feðgaævir*, ele se refere ao episódio como "uma viagem célebre". O motivo foi que a rota escolhida era muito incomum.

[63] É nesse local que se encontram os topônimos Hvallátr, Látravík e Hvalsker.

[64] Consta que, antes de chegar à Islândia, Knjúk tinha ligações com Helgi, o Magro, Eyvindsson, mesmo que haja um anacronismo na maneira como tudo se apresenta.

[65] Mais tarde, Geirstein Mandíbula foi posto em Hjarðarnes por Knjúk dos Promontórios, talvez para cuidar do transporte das mercadorias que saíam de Arnarfjorden e faziam a travessia do urzal em direção a Vatnsfjörður, o fiorde a que Flóki-Corvo e seus homens chegaram e que se encontrava "cheio de caça".

[66] A travessia do urzal é descrita da seguinte maneira: "A partir de Kleifakot [no interior de Ísafjörður] estende-se um vale, Gjörfidalr, onde a estrada se encontra em um local chamado Skálmardalsheiði, que tem esse nome devido ao outro extremo do caminho, Skálmardal, em Múlasveit. O caminho tem apenas de duas a três milhas, e o urzal é ainda menor; Gjörfidalr é um vale razoavelmente longo, a estrada é boa e não existem geleiras por aquelas plagas; por ser curta, a estrada é usada com frequência, especialmente por quem viaja a pé no inverno, em detrimento da travessia por Þorskafjarðarheiði, que tem pelo menos o dobro da extensão". Vide o *Isefjords syssel* de P. E. Kristian Kålund.

[67] A tradição toponímica afirma que Ketill Vapor (em nórdico antigo Ketill Gufa) assumiu Rosmhvalanes ["Promontório das morsas"] em Reykjanes, no sudoeste da Islândia, foi morar em Gufuskálar e a partir de então em diversos outros locais chamados *Gufu-* nas proximidades de Reykjavík, Borgarfjörður e Snæfellsnes, sem, no entanto, jamais estabelecer-se em um local de forma permanente.

[68] Vide o capítulo 77 da *Egils saga*.

[69] Exemplos dessa prática podem ser encontrados na *Sturlunga saga*.

[70] Nem todas as estrofes da *Grettis saga* são autênticas, mas de qualquer maneira podem ter sido escritas após a morte de Önund. A poesia escáldica demonstra que a saga esteve em processo de construção entre os anos 1000 e 1300, e que as estrofes aproveitaram material de uma tradição oral mais antiga.

[71] Vide a *Grettis saga*.

72 Akrar é provavelmente um topônimo, como Kaldbak. Nos antigos manuscritos, o emprego de maiúsculas e minúsculas não é observado de maneira consistente. Kaldbak, por exemplo, encontra-se grafado com iniciais minúsculas em todos os manuscritos em que o nome é mencionado. Neste caso, pode tratar-se de um topônimo que o escriba da saga, talvez séculos mais tarde, já entenda como um substantivo comum.

73 Como o próprio nome indica, o solo em Åkra é bom para o cultivo de cereais. Hoje essa é uma propriedade de setecentos hectares, e de acordo com os antigos contratos de arrendamento existe uma longa tradição que considera Åkra a maior propriedade em Karmøy. Åkrahamn (em nórdico antigo Akrahǫfn) é o melhor porto no oeste de Karmøy. Por esses motivos a propriedade era uma das mais importantes em Karmøy na época dos vikings — cinco descobertas arqueológicas que remontam a antes do ano 1000 nos dão testemunho disso, além dos topônimos Mannes (*man* = escravos) e Trælhaug ("monte dos escravos"), ambos indicações de uma forte presença de escravos.

74 Do alto de Steinsfjellet, onde ainda hoje se veem as ruínas de um forte, era possível ter controle total sobre tudo o que acontecia entre Åkra e Ferkingstad, bem como acompanhar o tráfego marítimo no mar além.

75 Vide o capítulo 9 da *Grettis saga*.

76 Fiz a travessia desse urzal tanto no inverno como no verão, e concordo com a afirmação de Kålund segundo a qual os trinta quilômetros até Steingrímsfjörður são "uma boa estrada, dadas as circunstâncias".

77 A *Þorskfirðinga saga* conta que Atli, o Vermelho, filho de Úlf, o Vesgo, empreende uma viagem rumo ao norte com onze homens através do urzal. Nesse ponto a estrada segue ao longo da costa oeste do fiorde e chega a Reykjanes. A mesma saga afirma que Úlf morava em Miðjanes. Um pouco mais ao sudoeste encontramos Hvalhaushólmi, "onde há uma grande casa [abrigo] de navio, construída de pedra e rocha natural".

78 Em 2006 levei o arqueólogo Ragnar Edvardsson para ver as antigas fundações de Geirmundarstaðir em Steingrímsfjörður. O fato de que houve uma atividade intensa no local foi confirmado pelo grande número de fundações, entre as quais se encontrava uma depressão no solo cuja forma sugeria uma antiga casa viking. Apesar disso, uma escavação abrangente do local vai ter de esperar por um momento mais propício.

79 Este era o antigo nome de Hesteyrarfjörður.

80 Vide a estrofe número 37 do *Hávamál*.

81 No caso de Búðardalur, não existem fontes que indiquem a existência de uma igreja antes do século XIII. A igreja de Skarð é mais antiga. Esse detalhe pode nos ajudar com a datação: dificilmente a história teria surgido antes do século XIII. Mesmo assim, nada impede que tenha aproveitado uma tradição ainda mais antiga.

82 No que diz respeito à história registrada por Jón Árnason a partir da tradição oral em Skarðsströnd, precisamos ter uma coisa em mente: a mesma família vive em Skarð desde a Alta Idade Média. Essas condições são ideais para a preservação de histórias e lendas.

83 Antes do ano 1000 os samoiedos enterravam os mortos na terra e usavam pedras para marcar os túmulos.

84 Existe um forte ceticismo em relação a essas lendas antigas. Essa ideia é expressa num livro em que o monte Illþurrka é apresentado como se fosse um moledro resultante da

superstição dos viajantes, que ao passar por aquele ponto jogavam-lhe mais uma pedra. A partir disso teria surgido o monte, feito originalmente para facilitar a travessia de um pântano que havia por lá e que mais tarde secou (vide *Illþurrka*" = "má secura"). Depois, teriam surgido histórias fantasiosas a respeito de um túmulo.

[85] Outro exemplo dessa tendência é a explicação oferecida para o nome de Manheimar, o lar dos escravos em Skarð. O nome viria supostamente do século xv, quando Ólöf, a Rica, manteve ingleses presos no local. Essa explicação pode ser descartada sem nenhuma dificuldade, uma vez que o nome Manheimar aparece em documentos escritos muito antes do nascimento de Ólöf, e evidentemente prisioneiros não são a mesma coisa que escravos. Mesmo assim, foi dessa forma que Friðrik deu sentido ao nome.

[86] Uma obra recente discute a localização de Klofasteinar, ou seja, o marco do limite da colônia de Geirmund em direção ao leste. O autor relata exatamente o mesmo processo. Primeiro Friðrik indica um local incorreto, e depois esse local se consolida na tradição. Nesse caso, Kristján Skúlason Magnúsen tem uma explicação mais confiável: as Klofasteinar são pedras que se localizavam (e ainda se localizam) na foz do Búðardalselva, e essa observação coincide de maneira idêntica com a descrição da colônia de Geirmund nas redações do *Melabók* e do *Sturlubók*: "Kristian Kålund provavelmente baseou-se na afirmação de Friðrik, e desde então todos vêm fazendo o mesmo".

[87] Nesse ponto é oportuno fazer esclarecimentos adicionais: uma forte hostilidade entre esses dois parentes, Friðrik e Kristján, pode jogar luz sobre o motivo que levou Friðrik a buscar outras explicações — Kristján não podia estar certo! Essa compreensão acerca do túmulo de Illþurrka logo foi obscurecida na tradição. Quando Kålund visitou a região entre 1872 e 1874 para coletar dados que serviriam para a sua grande obra sobre a topografia da Islândia, Kristján Magnúsen tinha acabado de falecer (1871). Friðrik Eggerz (morto em 1894), por outro lado, gozava de plena saúde. Notamos que Friðrik deve ter sido o consultor de Kålund, uma vez que este afirma sem hesitar que Herríð, a esposa de Geirmund, encontra-se sepultada sob o monte Illþurrka. E assim a interpretação de Friðrik viu-se confirmada. Não temos nenhuma história a afirmar que Herríð tinha envolvimento com feitiçaria, nem que era uma forasteira. A explicação de Friðrik contradiz frontalmente a mensagem da antiga tradição, segundo a qual a esposa era uma "feiticeira".

[88] Meus agradecimentos a Eldar Heide por ter fornecido esses exemplos.

[89] Para ser mais específico, *Ýrr* transforma-se em um substantivo regular em *ijō-*.

[90] Meus agradecimentos a Haraldur Bernharðsson de Árnastofum por esse esclarecimento.

[91] Quando topônimos como Yrstad são explicados como se derivassem da forma original *Ýrarstaðir, a interpretação torna-se pouco segura caso desejemos apontar para o mesmo nome da filha de Geirmund.

[92] Agnar Helgason alegou que seria preciso, entre outras coisas, obter material genético de pessoas com o grupo haploide Z1a na Islândia, na Escandinávia e nas regiões dos nenetses. Após uma análise mais detalhada desse material seria possível chegar a um resultado mais confiável.

[93] Eventuais restos humanos ou materiais poderiam revelar se há um homem ou uma mulher sob o monte e possivelmente qual é a ascendência dessa pessoa.

[94] Os pesquisadores dos nenetses já comentaram a grande escassez de resquícios físicos que esse povo deixa para trás ao abandonar um local.

[95] Nota-se que em certas regiões, como Borgarfjörður, há muitas pessoas com a prega mongol.

[96] Na tradição "ossiânica" das canções populares irlandesas, o ciclope é um *troll* gigante com uma única perna e uma garra ou mão de ferro que sai da barriga. O *troll* é um mensageiro do rei norueguês em Bergen; ele entrega uma mensagem na Irlanda e, em seguida, desaparece da história. Outras histórias populares irlandesas descrevem Fer Caille, o homem pela metade irlandês que se encontra no próximo mundo. Esse homem pela metade tem um porco que guincha nas costas e é seguido pela esposa negra com um grande queixo.

[97] Em meio ao povo komi, esse monstro é conhecido pelo nome de Vörysmort ("homem da floresta") e tenta capturar pessoas e animais. Jamais se deve chamá-lo pelo nome. Os ienissei-ostiacos também contam histórias sobre uma criatura pela metade, que tem um único olho na testa e assusta os animais com berros e gargalhadas assustadoras. Esse monstro fala com as pessoas e tenta atraí-las para si, e acaba por controlar as vítimas que chegam demasiado perto. Avistar essa criatura sobrenatural da floresta é um prenúncio de catástrofe, doença ou morte.

[98] De acordo com Friðrik, Harís seria uma distorção do nome Herdís, o que parece improvável, uma vez que via de regra os topônimos são os nomes que melhor conservam as formas antigas. Além disso, nas antigas histórias Herdís teria escondido seus tesouros em Harísargil, exatamente como Geirmund em Andakelda. Esses tesouros jamais foram encontrados.

[99] Não sabemos se havia pessoas morando mais ao fundo de Hrafnfjörður, mas no local chamado Skipaeyri provavelmente existiam abrigos para navios e uma região portuária.

[100] Þórhallur Vilmundarson, editor da saga na série *Íslensk fornrit*, considera-a mais próxima das sagas lendárias que das sagas históricas.

[101] Os pesquisadores concordam que a *Þorskfirðinga saga* baseou-se em uma saga mais antiga, hoje perdida, bem como na redação do *Sturlubók*. A saga conservada, mais recente, apresenta certas contradições, pois entre outras coisas menciona que não existem razões para os conflitos entre Steinólf, o Baixo, e seus rivais: Þóri do Ouro e Þórarin Corvo em Króksfjörð. Uma observação como essa, na minha visão, deve-se ao fato de que conflitos são mais lembrados do que motivações econômicas. Infelizmente não dispomos de espaço para fazer aqui uma análise mais profunda dos conflitos entre Þóri do Ouro e Þórarin Corvo, mesmo que essa análise seja possível.

[102] Supõe-se que o acordo negociado por Úlf, o Vesgo, entre as partes conflituosas em Þorskafjörður deve ter sido celebrado por volta do ano 920.

[103] Com esse exemplo podemos ver que os "velhos" também têm conflitos; vide a explicação oferecida por Sturla Þórðarson, segundo a qual Geirmund "chegou velho" à Islândia e assim teve poucos conflitos.

[104] O *Hauksbók* emprega a palavra *heygðr*, ou seja, "posto no túmulo", porém a relação etimológica entre *heygja* e *haugur* não existia naquela época; *heygðr* era uma palavra empregada a respeito de qualquer enterro, não apenas o enterro em um monte tumular.

[105] Somente nas descrições da paróquia feitas no século XIX podemos ler acerca de um monte onde Geirmund poderia estar enterrado, mas as afirmações são muito vagas. Friðrik Eggerz escreve que as pessoas "tinham a impressão de sentir o monte tumular onde [Geirmund] estava enterrado em Geirmundarstaðir". Antes disso, Kristján Magnúsen mencionara um monte próximo de Geirmundarstaðir que naquela época era conhecido como Skiphóll ("monte do navio"). O arqueólogo Sigurður Vigfússon foi a Geirmundarstaðir no verão de

1881 e escavou o monte chamado de Geirmundarhóll ou Skiphóll. Vigfússon escreveu: "Esse é um monte formado pela natureza, e originalmente não era nada além de uma encosta à margem do um rio". Nesse ponto o mais grandioso dentre todos os colonizadores sofre um processo de metaforização e transforma-se em um monte natural: esse detalhe encerra em si mesmo toda uma história.

[106] No século XVII a igreja era composta por sete partes; mais tarde ela foi reconstruída, porém em dimensões um pouco menores. No século XVIII a igreja de madeira foi demolida e substituída por uma de turfa, que novamente foi demolida em 1847, quando então uma nova igreja de madeira foi construída no mesmo local, que foi destruída por uma tempestade em 1910. Em 1916 uma nova igreja foi construída sobre as mesmas fundações, um pouco mais baixa e um pouco mais estreita do que a anterior. Essa igreja ainda se encontra de pé em Skarð no ano de 2013.

ESTE LIVRO, COMPOSTO NA FONTE FAIRFIELD,
foi impresso em papel pólen soft 70 g/m², na Edigráfica.
Rio de Janeiro, setembro de 2021.